低调做人的智慧课

低调做人的智慧课

不管你出身卑微还是出身名门，不管你是默默无闻还是功成名就，面对纷繁复杂的社会，也应该保持做人的低调。会不会做人决定人的幸福厚度，放低身架，懂得低头，就可以不断发展自己、成就自己。低调做人既是做人的修养与品格，也是铸就事业辉煌的谋略和智慧。

低调做人说起来容易做起来难，有的人也知道低调做人的重要性，但不知道从何做起，有的人甚至认为低调做人过于消极、被动，无助于个人的生存、发展。这都是不懂得低调做人哲学的应用方法的缘故，事实上，低调做人要从身边的每一件小事做起，讲究的是认真做事的精神和审时度势的智慧。

低调做人的智慧课

【改变无数人命运的黄金法则】

李世化◎编著

企业管理出版社
ENTERPRISE MANAGEMENT PUBLISHING HOUSE

图书在版编目（CIP）数据

低调做人的智慧课 / 李世化编著. -- 北京 ：
企业管理出版社，2015.1
ISBN 978-7-5164-0937-4

Ⅰ. ①低… Ⅱ. ①李… Ⅲ. ①人生哲学—通俗读物
Ⅳ. ①B821-49

中国版本图书馆CIP数据核字(2014)第286167号

书　　名：低调做人的智慧课
作　　者：李世化
责任编辑：杨苏敏
书　　号：ISBN 978-7-5164-0937-4
出版发行：企业管理出版社
地　　址：北京市海淀区紫竹院南路17号　　邮编：100048
网　　址：http://www.emph.cn
电　　话：总编室 68701719　　发行部 68467871　编辑部 68701408
电子邮箱：80147@sina.com　　zbs@emph.cn
印　　刷：河北华商印刷有限公司
经　　销：新华书店
规　　格：170毫米×240毫米　　16开本　　22印张　　240千字
版　　次：2015年1月第1版　　2019年1月第2次印刷
定　　价：38.00元

前言

与低调比起来，一般人更喜欢“高调”。是呀，谁不愿意意气风发、潇潇洒洒地活着，谁不想自己更优秀一点、事业发展得快一点，钱赚得多一点，生活更舒适一点……这些都是人之常情，无可厚非，但如果以此作为自己“高调”做人的资本就值得商榷了。因为“高调”做人无形中增加了自己做人的成本，人为地为自己制造成事的障碍。

生活中的智者无不是低调做人的高手。

低调就是得意时不忘形，失意时不抱怨，占据优势却要拿出谦恭的姿态，遇到挑衅忍让为先。低调做人的人看起来似乎不显山不露水，但具有非凡的胸怀和洞悉一切的力量。低调不仅仅是一种品性的修养，更是一种为人处世的策略。

本书力图对低调做人进行全方位的剖析，以使读者了解得更透彻。本书从以下三个方面对低调做人做了解读：

一是低调做人的现实意义。低调做人是个老生常谈的话题，谓其“常谈”，说明一般人难以做到，说明这个问题的必要性。在现实生活、工作中，想保持稳步上升的生存状态，就要把自己放在低处，给别人必要的尊重和宽容。

二是低调做人的应用方法。低调做人说起来容易做起来难，有的人也知道低调做人的重要性，但不知道从何做起，有的人甚至认为低调做人过于消极、被动，无助于个人的生存、发展。这都是不懂得低调做人的应用方法的缘故，事实上，低调做人要从身边的每一件小事做起，讲究的是认真做事的精神和审时度势的智慧。

三是低调做人的思想基础。如果每一个人从来都是以自我为中心，总想着压人一等、胜人一筹，或者凡事稀里糊涂，对周围的人和事没有准确的认识，对客观形势没有正确的判断，做起事来必然要么不管不顾，要么轻重不分、敌我不分，这样的人要做到低调做人又从何谈起呢?

这里需要申明的是，低调做人不是什么高深的大道理，全是为了处世的实用经验和生存之道的具体阐释。所以，本书的目的绝非让你仅仅停留在对“低调做人”这个命题的感悟上，而是希望每个人都能身体力行。如是，则我们的人生会少了几分阻滞，我们的社会则多了几分和谐。

目 录

上篇　低调做人的现实意义

第一章　忍得住气　吃得了亏

第二章　谦谨自守　恃才不傲

第三章　杜绝狭隘　学会宽容

第四章　少小瞧人　多尊重人

第五章　给人面子　留己面子

第六章　讲究礼节　关注细节

中篇 低调做人的应用方法

第七章 注重实际 脚踏实地

第八章 进退有度 屈伸有理

第九章　同事交往　和谐第一

第十章　表现忠心　处处小心

第十一章 说顺耳话 说场面话

第十二章 有序竞争 追求双赢

下篇 低调做人的思想基础

第十三章 改变自己 适应环境

第十四章　追求个性　不能任性

第十五章　看得清人　走得对路

第十六章　客观分析　从容应对

第十七章　心态超然　轻装上阵

上篇　低调做人的现实意义

低调做人是个老生常谈的话题，谓其“常谈”，说明一般人难以做到，说明这个问题的必要性。没有人不希望自己能春风得意，但得意之后就忘形也是我们经常见到的。在现实生活、工作中，想保持稳步上升的生存状态，就要把自己放在低处，给别人必要的尊重和宽容。

第一章　忍得住气　吃得了亏

做人要低调似乎是个老生常谈的话题，但绝对是为人处世的一大玄机。所谓低调也就是放低自己、抬高别人，可以迅速拉近与他人的距离，避免成为别人的敌对目标。低调做人说起来如此简单，但当一个人功成名就的时候，能做到低调做人的又有几人呢？

1. 遇事低头就没有过不去的桥

有了一点成绩就洋洋自得，自以为高不可攀，这样的人注定要摔大跟头。更多的人本来就在别人的屋檐下，也就更需要适时低头。民间有一句俗语，叫“人在屋檐下，不得不低头”。就是说，人在力量不如别人的时候，不能不低头退让。这句话，可以说洞彻世事人情，非常有智慧。然而，仔细看这句话的后半句，我们会发现“不得不”一词里隐含着太多的勉强和无奈，这是一种消极的、不情愿的低头，既然是勉强和不情愿的，做起来就不免流露出不满的情绪，这种不满如果让对方看到，很可能会影响你处世的效果。因而，我们要把这句俗语改成“人在屋檐下，一定要低头”。把“不得不”改成“一定要”并不是在玩文字游戏，而是要求权势和力量不如对方的人要积极主动地低下头来，变消极为积极，变不情愿为心甘情愿。

所谓的“屋檐”，通俗点说，就是别人的势力范围，也就是说，只要你在这势力范围之内，靠这势力生存，那么你就在别人的屋檐下了。这屋檐有的很高，任何人都可抬头站着，但这种屋檐不多，以人类容易排斥“非我族群”的天性来看，大部分的屋檐都是非常矮的！也就是说，进入别人的势力范围时，你会受到很多有意无意的排斥和限制，以及不知从何而来的欺压，除非你强大到不用靠别人来过日子的程度。即使如此，你也不能保证一辈子都可以如此自由自在，不用在人屋檐下避避风雨。所以，在人屋檐下的心态就有必要调整了。

所以，只要是在别人的屋檐下，就“一定”要低下头，不用别人来提醒，也不用撞到屋檐了才低头。

“一定要低头”，起码有这样几个好处：你很主动地低下了头，不致成为明显的目标；不会因为头抬得太高而把矮檐撞坏。要知道，不管撞坏撞不坏，你总要受伤的，尽管你的头是“铁”的，但老祖宗早就有“伤敌

一千，自损八百”的古训。不会因为脖子太酸，忍受不了而离开能够躲风避雨的“屋檐”。离开不是不可以，但是必须考虑要去哪里。要知道，一旦离开，再想回来就不那么容易了。在“屋檐”下待久了，就有可能成为屋内的一员，甚至还有可能把屋内人赶出来，自己当主人。

在历史上，各种斗争极其复杂，忍受暂时的屈辱，低头磨炼自己的意志，寻找合适的机会，是一个欲成大事者必不可少的心理素质。西汉时期的韩信忍胯下之辱正是这种“一定要低头”的最好体现。因为他不低头就把自己弄到和地痞无赖同等的地步，奋起还击，闹出人命吃官司不说，还很可能赔上一条小命。

另一种“一定要低头”，属于更高一个层次，就是有意识地主动消隐一个阶段，借这一阶段来了解各方面的情况，消除各方面的隐患，为将来的大举行动做好前期的准备工作。隋朝的时候，隋炀帝十分残暴，各地农民起义风起云涌，隋朝的许多官员也纷纷倒戈，转向农民起义军。因此，隋炀帝的疑心很重，对朝中大臣，尤其是外藩重臣，更是易起疑心。唐国公李渊（即唐高祖）曾多次担任中央和地方官，所到之处，有目的地结纳当地的英雄豪杰，多方树立恩德，因而声望很高，许多人都来归附。这样，大家都替他担心，怕遭到隋炀帝的猜忌。正在这时，隋炀帝下诏让李渊到他的行宫去晋见。李渊因病未能前往，隋炀帝很不高兴，多少有点猜疑之心。当时，李渊的外甥女王氏是隋炀帝的妃子，隋炀帝向她问起李渊未来朝见的原因，王氏回答说是因为病了，隋炀帝又问道：“会死吗？”

王氏把这消息传给了李渊，李渊更加谨慎起来，他知道隋炀帝对自己起疑心了，但过早起事又力量不足，只好低头隐忍，等待时机。于是，他故意广纳贿赂，败坏自己的名声，整天沉湎于声色犬马之中，而且大肆张扬。隋炀帝听到这些，果然放松了对他的警惕。试想，如果当初李渊不主动低头，或者头低得稍微有点勉强，很可能就被正猜疑他的隋炀帝杨广除掉了，哪里还会有后来的太原起兵和大唐帝国的建立？

“一定要低头”的目的，是为了让自己与当时的环境有和谐的关系，把二者的摩擦降至最低，是为了保存自己的能量，以便走更长远的路，更为了把不利的环境转化成对你有利的力量，这是一种柔韧，一种权变，更是最高明的生存智慧。

在人屋檐下是我们经常遇到的情况，它可能会以很多不同的方式出现，当你看到了“矮檐”，请不要“不得不”，而要告诉自己：“一定要低头！”

2．做个表面的弱者又有何妨

有些人看上去平平常常，甚至还给人“窝囊”不中用的弱者感觉。但这样的人并不可小看。有时候，越是这样的人，越是在胸中隐藏着高远的志向和抱负，而这种表面“无能”，正是他心高气不傲、富有忍耐力和成大事讲策略的表现。这种人往往能高能低、能上能下，具有一般人所没有的远见卓识和深厚城府。

刘备一生有“三低”最著名，它们奠定了他王业的基础。一低是桃园结义。与他在桃园结拜的人，一个是酒贩屠户，名叫张飞；另一个是在逃的杀人犯，正在被通缉，流窜江湖，名叫关羽。而他，刘备，皇亲国戚，后被皇上认为皇叔，肯与他们结为异姓兄弟。这一低，使两条浩瀚的大河向他奔涌而来，一条是五虎上将张翼德，另一条是儒将武圣关云长。刘备的事业，从这两条大河开始汇成汪洋。

二低是三顾茅庐。为一个未出茅庐的后生小子，刘备前后三次登门求见。不说身份名位，只论年龄，刘备差不多可以称得上长辈，这长辈喝了两碗那晚辈精心调制的闭门羹，却毫无怨言，一点都不觉得丢了脸面，连关羽和张飞都在咬牙切齿。这又一低，一条更宽阔的河流汇入他宽阔的版图，勾画出一张宏伟的建国蓝图，成就了一个千古名相。

三低是礼遇张松。张松本来是想卖主求荣，把西川献给曹操的，但曹操自从破了马超之后，志得意满，骄人慢士，数日不见张松，见面就要问罪。又差点将其处死。刘备派赵云、关云长迎候张松于境外，自己亲迎于境内，宴饮三日，泪别长亭，甚至要为他牵马相送。张松深受感动，终于把本打算送给曹操的西川地图献给了刘备。这再一低，西川百姓汇入了刘备的帝国。

最能看出刘备与曹操交际差别的，要算他俩对待张松的不同态度了：

一高一低，一慢一敬，一狂一恭。结果，高慢狂者失去了统一中国的最后良机，低敬恭者得到了天府之国的川内平原。在这个故事中，刘备胸怀大志，却平易近人礼贤下士，慢慢成就了自己的基业。与之相反，曹操心高气傲，目中无人，白白丢掉了富饶的天府之国，并且还因此耽误了统一中国的大计。单从这一点上看，刘备是真英雄，虽然他没有所谓的气势架子；而曹操则一副狂徒之态，傲气冲天，耀武扬威。他因此吃了大亏，其实一点都不冤。

一个人，无论你已取得成功还是还没有出师下山，其实都应该谨慎平稳，不惹周围人不快；尤其不能得意忘形而狂态尽露。特别是年轻人，初出茅庐，往往年轻气盛，这方面尤其应当注意。因此心气决定着你的态度，态度影响着你的事业。

所以说，懂得获胜不骄、有功不傲的人是真正懂生活、会做事的人，他们会因此而成为强者，成为前途平坦、笑到最后的人。

3. 忍住即将爆发的激动情绪

人与人之间经常会产生矛盾，有的是因为认识的水平不同；有的是因为对对方不了解；有的是原本有某些偏见和误解。如果你有较大的度量，以谅解的态度对待别人，忍住最容易爆发的激动情绪，这样你就可能赢得时间，矛盾也可能得到缓和。

爱因斯坦博士是全世界都尊敬的人，他是全球数学、物理方面无可争议的专家。这位创造相对论和原子理论的人，竟然也咽下过一口“气”。有一天，他坐上汽车后，正想一个问题，数错了钱。售票员大声讽刺他：“你这么大个人，会不会算数呀？”爱因斯坦一笑置之：“不会就不会吧！”

社交过程中，由于偏见和误解常常会使一方伤害另一方。假设另一方耿耿于怀，那关系就无法融洽。如果受伤害的一方有很大的度量，不念旧恶，那会使原先持偏见者感情受到震动。

度量问题不是个无关紧要的小问题。度量如海还是度量如杯，在重要关头，它就可以关系到事业的成败。为一点小事斤斤计较，争吵不休，既伤害了感情，影响了友谊，也无益于你成大事，结果不是双赢而是两败。因此，摒弃个人成见，不在社交场合为区区小利争斗，不为炫耀自己而去贬低他人，发扬一点忍让精神，对许多事情进行“冷处理”，摆脱互相之间无原则的纠缠和无必要的争执，不计较一切无关大局的小事……那么，你的风度将会获得社交场合中众人的青睐，你的事业也会如虎添翼，收到双赢的效果。

有位爱尔兰人名叫欧·哈里，他曾上过卡耐基的课。他受的教育不多，可是很爱抬杠。因为推销卡车不顺利，他来求助于卡耐基。听了几个简单的问题，卡耐基就发现他老是跟顾客争辩。如果对方挑剔他的车子，他立刻会涨红脸大声强辩。欧·哈里承认，他在口头上赢得了不少的辩论，但却没能赢得顾客。他后来对卡耐基说：“在走出人家的办公室时我总是对自己说，我总算整了那混蛋一次。我的确整了他一次，可是我什么都没能卖给他。”

所以，卡耐基的难题是如何训练欧·哈里自制，避免争强好胜。

欧·哈里后来成了纽约怀德汽车公司的明星推销员。他是怎么成大事的？这是他的说法：

“如果我现在走进顾客的办公室，而对方说：‘什么？怀德卡车？不好！你送我我都不要，我要的是何赛的卡车。’我会说：‘老兄，何赛的货色的确不错，买他们的卡车绝错不了，何赛的车是优良产品。’

“这样他就无话可说了，没有抬杠的余地。如果他说何赛的车子最好，我说没错，他只有住嘴了。他总不能在我同意他的看法后，还说一下午的何赛车子最好。接着我们不再谈何赛，我就开始介绍怀德的优点。

“当年若是听到他那种话，我早就气得脸一阵红、一阵白了——我就会挑何赛的错，而我越挑剔别的车子不好，对方就越说它好。争辩越激烈，对方就越喜欢我竞争对手的产品。

“现在回忆起来，真不知道过去我是怎么干推销的！以往我花了不少时间在抬杠上，现在我守口如瓶了，果然有效。”

正如明智的本杰明·富兰克林所说的：

“如果你老是抬杠、反驳，也许偶尔能获胜，但那只是空洞的胜利，

因为你永远得不到对方的好感。”

因此，你自己要衡量一下，你是宁愿要一种字面上的、表面上的胜利，还是要别人对你的好感？

你可能有理，但要想在争论中改变别人的主意，一切都是徒劳。那就不妨试试先咽下这一口气再说。

4. 要明白人生的风险无处不在

有这样一个颇有深意的寓言：

一个生前十分胆小，一辈子担惊受怕的灵魂，来到了万能的上帝面前，请求他给自己一个最安全最快乐的来世之身。

上帝说：“那你就去做人吧。”“做人有风险吗？”灵魂问。“有，勾心斗角，残杀，诽谤，夭折，瘟疫……”上帝答道。“另换一个吧！”“那就做马吧！”“做马有风险吗？”“有，受鞭笞，被宰杀……”他又要求换一个。他想换成老虎，却得知老虎也有风险。“啊，恕我斗胆，看来只有上帝您没风险了，我留下，在您身边吧！”这个灵魂突然请求道。上帝哼了一声：“我也有风险，人世间难免有冤情，我也难免被人责问……”说着，上帝顺手扯过一张鼠皮，包裹了这个魂灵，把他推到下界：“去吧，你做它正合适。”

这个寓言的涵义也许是多维的，但我们首先能从中感到这样一层意思，那就是在任何一种生命的历程中，风险几乎无处不在，无时不有。妄想处于一个没有风险的世界，只能是天外奇谈。

那么，既然如此，对于这种冷冰冰的现实状况，我们必须拿出一个切实有效的对策来。

惧怕风险和打击是我们面对社会的一种强大恐惧心理，如果一个人从孩童时期即被灌输这种恐惧感，那么这种十分不利的心理因素往往将终生陪伴着他，这样，对于风险，他将始终处于一种被动挨打的境地。这显然将大大不妙。

而许多站在成功之巅的人则会放言：世界上根本不存在什么风险和失败。所谓的外来打击，那只是因为自身太弱小的缘故。

这种说法虽然自有其一定的道理，但毕竟也属于“过来人”站着说话不腰疼的表现。对于普通人而言，必须承认风险和打击的客观存在，在人生的征战过程中，既不能因此而畏首畏尾，缩手缩脚，也不能目空一切，不加防范。前者将使人一事无成，后者将导致“光荣率”极高。这两种错误的认知和行为，实际上正是人生状况的两种极端表现，都是我们所力求避免的。

5. 尽量不做出头的椽子

生活中有句俗语，叫做“出头的椽子先烂”，说的是一种为人不可太露的道理，《庄子》中的“直木先伐，甘井先竭”说的也是这个意思，挺拔的树木容易被伐木者看中，甘甜的井水最容易被喝光。同样，在人生的竞技场上，不加选择而处处锋芒毕露的人很容易受到伤害。

当然，人要向着胜利的终点奋斗。“显露才华”作为一种必要的进取手段，还是要施行的，但一定要掌握好时机；同时，“露”还要掌握一定的方法和技巧。否则，容易招致忌妒和猜疑，使得人在进取的道路上平添不必要的麻烦和阻力，妨碍自身才能的发挥。另外，“露”是为了做好事，而非显出别人的能力低，恃才放旷、目中无人不可取。简言之，即态度要端正。

三国时，曹操军营中有个主簿，名叫杨修，才华横溢，思维敏捷，但后来却因恃才放旷，最终被曹操以造谣惑众、扰乱军心之罪而斩首。

曹操曾建造一个园子，造成后他去看时，没有发表任何意见，只挥笔在门上写了一个大大的“活”字。众人不解，只有杨修说：“门里添个‘活’字，就是‘阔’了，丞相嫌这园门太宽了。”众人这才恍然大悟，工匠赶紧翻修。又过几日，曹操再来看时，见园门按自己的意思改了，心里非常高兴。但是当他得知是杨修把他的意思猜透时，嘴上不说，心里却已经开始妒忌

杨修了。

古语云："木秀于林，风必摧之；堆出于岸，流必湍之；行高于人，众必非之。"杨修便是那秀于林之木，然而他"秀"得有些不是地方。他总是在无关重要的地方炫耀自己的才能，以致招来曹操的妒忌。才能用错了地方反而加速了失败。曹操本欲炫耀自己的心计，可是屡次被杨修点破，曹操焉能不怒，怎会容他？于是，推出去，斩！

后人叹杨修之死，诗曰："身死因才误，非关欲退兵。"可说是一语道破杨修的死因。老子曾说过一段话，"不自见，故明；不自是，故彰；不自伐，故有功；不自矜，故长。"也就是说，为人要谦虚诚恳，不可锋芒毕露，盛气凌人。

看来，露与不露，关键在"度"，在时机，抓住机遇露一把，就可能一鸣惊人，功成名就。切不可露而无方，否则一步不慎，就可能事事不顺，倒霉透顶。这一点，杨修的例子或许能给我们带来一些现实的启示。

在现实生活中存在着这样一种自视颇高的人，他们锐气旺盛，锋芒毕露，事事不留余地，处处咄咄逼人。他们有着充沛的精力，很高的热情，也有一定的才能，但这种人却往往在人生旅途上屡遭波折。

有一个被分配到某单位的大学生，下车间伊始，他就对单位的这也看不惯、那也看不顺，未到一个月，他就给单位领导上了洋洋万言的意见书，上至单位领导的工作作风与方法，下至单位职工的福利，都一一综列了现存的问题与弊端，提出了周详的改进意见。他的所作所为招来了众多的妒忌和排斥，结果被退回学校再作分配。

作为一个只知锋芒毕露而不知自我防护者的典型，这位大学生由于在工作上不注意讲究策略与方式，结果不仅妨碍了个人才能最大限度地服务于社会，还招来了妒忌和排斥。

6. 柔以避祸，忍以挡灾

福祸的初始如果可以被觉察到，那么我们就可以提前预防，并在危险没有形成的时候就避开它。这是需要大智慧的。通常人们都是在危险萌芽的时候茫然不知，而在危险来临的时候束手无措。若是掌握了柔与忍的做人哲学，在平时就能够谨慎处世，小心做人，敏感地觉察到事物的变化，那就可以把灾祸化于无形了。

秦始皇手下的大将王翦是一个战功赫赫的人才，始皇 11 年，王翦带兵攻打赵国的阏与，不仅攻陷，还一口气拿下了九座城邑。始皇 18 年，王翦领兵攻打赵国，只用了一年多的时间就攻战了赵国，逼迫赵王投降，赵国变成了秦国的一个郡。第二年，燕国派荆轲刺杀秦始皇，暴怒的始皇派王翦攻打燕国，王翦顺利地平定了燕国都城蓟胜利而回，燕王喜被迫逃往辽东。

王翦深受秦始皇的信任和重用，一生都功名显赫。

有一次，王翦率领六十万大军去攻打楚国，秦始皇亲自到灞上相送，他斟了满满一杯酒给王翦，说："老将军请满饮此杯，祝早日平定楚国，到时朕亲自给将军接风洗尘。"

王翦谢过始皇，将酒一饮而尽，说："陛下，战场之上，刀剑无情，老臣临行前有一个请求，不知当说不当说？"

秦始皇说："老将军但说无妨。"

王翦就向秦始皇请求赏赐良田宅园，始皇笑道："老将军是怕穷啊！寡人做君王，还担心没有你的荣华富贵？"

王翦说："做大王的将军，能人太多了，有功最终也得不到封侯。所以大王今天特别赏赐我临别酒饭，我也要趁此机会请求大王的恩赐，这样我的后代子孙就不愁没有家业了。"

秦始皇听了哈哈大笑。

王翦到了潼关，又派使者回朝请求良田赏赐，一连五次。秦始皇身边的人都担心他会发怒，但是秦始皇神色未变，反而看上去有些喜色。

王翦的心腹对他说："将军这样做会不会太过分了？哪有这样向君主要田要地的？难道您不怕皇帝怪罪吗？"

王翦说："不，皇上为人狡诈，不轻信别人。现在他把全国的军队都交到了我手上，心里一定有所顾忌。我多请求田产作为子孙的基业，让他以为我是个贪图钱财的人，而不是贪图王位权势，那他就不会对我有所猜忌了。"

王翦识人精到，而做人的策略更是圆融柔婉，能在猜忌心很重的秦始皇手下得到重用数十年，真的不是件容易的事啊！

自古以来，为人臣子的对于君王来说就像一把双刃剑，用得好了是杀敌防身的利器，用得不好就是夺权篡位的逆贼。所以当君主的对于战功、军权过大的臣子都免不了猜忌，有时候也难免要杀死有功之臣以防他谋位篡权。

汉朝萧何的功劳很大，有个门客就对他说："满朝之中您的功劳最大，已经没有什么封赏配得上您了。而且您还得到百姓们的拥护，现在皇帝在外打仗，还几次问起您在做什么，他这是怕您谋反啊。"萧何深以为然，他就按照门客的计策，多买田产多置房宅，还做了一些损害自己声誉的事情。汉高祖回来时，看到百姓拦路控告萧何，反而十分高兴。

商纣王宠信妲己，沉湎于歌舞酒宴之中，对那些忠言直谏的人就施以炮烙的刑罚。臣民们都感到世界末日就要到了，人们甚至相信妲己是狐狸精变的，她到世上来就是要让纣王亡国。

因为通宵达旦地饮酒作乐，纣王忘记了此刻是何年何月何日，他就问宫中的侍从："今天是什么日子？我怎么连日子也记不住了？"

侍从回答说："小的也忘记了。总之，千秋万岁，都是大王的好日子。"

纣王说："你去问问箕子，看他知不知道。"

箕子，名胥余，是纣王的叔父。他性情耿真，有才能，在朝中担任太师辅佐朝政。他看见纣王用象牙筷子，就叹息说："用了象牙筷子，就要有玉做的碗来配，有了玉做的碗，吃的东西就会追求珍奇。这就是奢华的开始啊！"

当侍从去问箕子的时候，他正在和朋友议论朝政，人人满腹心事，脸色阴沉。听了侍从的问话，箕子十分不解："这……怎么想起问这个？"

侍从说明了情况，说："大王记不得了，小人也记不得了，大王就让小人来问太师，说太师是一定记得的。"

箕子怔了半晌，最后才说："你回去告诉大王，就说我喝了酒，也不记得了。"

侍从依言回去复命。

朋友问箕子："你怎么会连日子都记不得了？"

箕子长叹一声："度日如年，何尝不记得？只是身为一国之主，连日子都记不得了，那国家也就危在旦夕了。可是国主都不记得，下面的人也都不记得，却只有我知道，那我的危险也就要来临了。"

后来，纣王变得越发荒淫残暴，箕子多次劝谏，纣王就把他关了起来。周武王灭纣后，放出了箕子，问他如何才能得到商朝百姓的拥戴，箕子说要施仁政，多安抚。但是他自己却不愿做周朝的臣子，就远涉别处，在那里建立了国家。

箕子的做法和王翦、萧何有着异曲同工之妙，他们采用的是韬晦的办法，用的是柔忍的做人策略，从而保住自己的身家性命。这是明哲保身之道，也是柔忍处世之法。

7. 坚忍的人不会自乱阵脚

有许多人的失败是因为对自己信心不足，事情发生的时候往往就会自乱阵脚，结果给了对手可趁之机。而一个深通柔与忍的做人哲学的人是不会这样的，他们在事情发生的时候会显得更加沉稳和理智，能够沉住气，运用智慧和策略，为自己找到解决问题的途径，即使是实力不如人的时候，也能够想办法反败为胜。

公元228年4月，诸葛亮率军北上，一举攻占了祁山，蜀军声势浩大，威震祁山南北。曹魏属地天水、南安、安宝三郡都先后归顺了蜀军。魏明帝曹睿亲临长安督战，魏军大将曹真率大军抵达眉城以抗击蜀军。

蜀军的前锋大将马谡，违反诸葛亮的战前部署，被魏军趁机而入，致使街亭失守。诸葛亮得知街亭失守的消息后，急忙调集军队，准备撤回汉中。诸葛亮分派仅剩的5千兵马去西城搬运粮草，这时刺马来报，司马懿统率15万大军已经兵临城下。此时城中兵马尚不足3千，众人听到大军压境，无不大惊失色。

诸葛亮深知，此时若是弃城逃跑，无疑会暴露实情，司马懿那15万大军追过来谁也不可能逃得掉。于是他神情自若地传令军士："将城中所

有战旗尽数放倒，所有兵士坚守城池，凡有擅自出入和大声喧哗者，一律斩首！”然后又命令将四方城门大开，每一城门处只派20名军兵扮作百姓，洒水扫街，装作若无其事的样子。一切安排就绪后，诸葛亮头戴方巾，身披鹤氅，带着两名书童，持琴登城，在城头上边弹琴边饮酒，一副安然自得的样子。

魏军的先锋部队见此情景，不知虚实，急忙回报司马懿。司马懿来到城下，远远见到城头诸葛亮的悠然神态，琴声悠扬丝毫不乱，那两个小书僮也是神情自若、十分镇静。再看四处城门大开，每一处都有几名百姓在细心地洒水扫街，对近在咫尺的魏军视而不见。司马懿本就是个多疑的人，见此情景心中立刻觉得不妙。多年来他通过与诸葛亮的交战，已经十分了解诸葛亮的性格了，知道他是个行事谨慎的人，从来不弄险，今天这样安然自若，城中又是秩序井然，对于自己的15万大军视若不见，显然是早有准备，城中定有埋伏。

于是司马懿急忙下令撤兵。司马懿之子司马昭见状劝阻说：“诸葛亮手中可能无兵，这样做是在迷惑我们，不如让我带兵攻城，就能知道虚实了。”但司马懿认定了其中有埋伏，又怎么肯让儿子涉险，坚决不许，15万魏军全部退撤。

诸葛亮在城头抚掌大笑，城中兵士见空城亦可退敌，无不惊喜交加。诸葛亮笑道：“司马懿知道我素来谨慎，不曾轻易弄险，而今见我稳坐城头，安然饮酒抚琴，城门大开，百姓泰然，所以认为我有奇兵伏于城中，所以才会不战而退。此疑兵之计是万不得已才用的，倘若随便用这个计策，一旦被敌人识破，必遭大败。现在司马懿急切中退兵，必然选择小路，可速去通告关兴、张苞二位大将设伏。”不只是司马懿对诸葛亮的性情、行事风格十分了解，诸葛亮也一样对司马懿是了若指掌。

不出所料，司马懿正率军沿小路向北退却，行至武功山时，忽然见张苞率军杀出。司马懿以为这是诸葛亮早已埋伏好的，就让魏军不许恋战，杀出退路。但是刚刚冲出不远，又见关兴率军从左路杀来，司马懿大惊，更加确信这一切都是诸葛亮预先的计谋，一时不知蜀军到底有多少军兵。魏军已成惊弓之鸟，丝毫不敢停留，丢掉粮草辎重，一路溃逃。

司马懿哪里知道，张苞和关兴的两路兵马总数不过5千，在此设伏只是虚张声势，并不打算实战。结果诸葛亮利用司马懿疑心重的特点，一座空城吓退15万大军，堪称经典。

但是如果诸葛亮不是如此足智多谋，不是拥有如此坚忍沉稳的意志，那么别说他敢不敢用空城计，就是用了，一旦在城头上显出慌乱之色，也会立刻被司马懿看穿的。

二战时期，德国海军中将冯·格拉夫·斯佩伯爵，担任德国东方舰队的司令官。在福克兰海战中，冯·格拉夫·斯佩伯爵突袭英国的斯坦利港，当时英国舰队的船都还没有生火，也就没有动力可以开动，如果当时德军能果断地杀入港中，英国人的重型战舰将会毫无反抗之力，任其屠宰。然而这位沙场老将发现英国人有两艘战列巡洋舰，这可比自己的装备好多了，他一时紧张过度，竟然率队撤退。结果在无遮无掩的大洋上被速度更快的英国军舰追击，而遭到了灭顶之灾。

事实上，德国人突袭的时候还是早上7点多，而英国人的船生火后有足够的动力发动还要等到一个多小时以后。这一战，斯佩伯爵在格奈森诺号上的长子，在莱比锡号上的次子，同时战死。

而英国舰队的指挥官斯特迪将军则以他的勇气和镇定获得了广泛的好评。当部下向他报告德国军舰已经逼近的消息时，他立刻下令各舰加煤生火——可是烧煤锅炉要等一个多小时才有足够的蒸汽使军舰开动，这期间动也不能动的英国军舰简直和靶标没什么两样。千钧一发之际，看看实在没有其他措施能采取，也没什么事能做，斯特迪将军下达了第二条命令：各舰按时开早饭。

结果斯佩伯爵自乱了阵脚，而斯特迪将军却以其镇静自若而安抚了军心，从而奇迹般地将出动来袭的德国军舰给打败了。

所以善用柔忍之术的人，坚忍的意志力是不可或缺的，否则遇事易败。拥有坚忍的意志力，才能够在事情发生的时候愈加冷静，不仅不会自乱阵脚，还会安抚周围的人一起冷静下来，共同商讨出解决问题的办法，这是为人处世成功之处。

8. 吃亏便是受益

人言大智若愚，越是有大智者，越是痴痴傻傻的样子。因此，这些人也越容易被那些自认聪明者捉弄。孰不知到最后却常常是捉弄人者反自找麻烦。

唐代寒山与拾得两位智者曾有过这样的一段对话。

一日，寒山对拾得说：“今有人侮我、笑我、藐视我、毁我伤我、嫌恶恨我、诡谲欺我，则奈何？”拾得回答说：“但忍受之，依他、让他、敬他、避他、苦苦耐他、不要理他。且过几年，你再看他。”

由此可推想，那种高傲不可一世的人的结局一定是够尴尬的了，而我们也一定可以想像得出拾得的胜利的微笑——尽管这可能是一种超脱圆滑的微笑。不过，它的确会给我们的生活带来一些好处。

“扑满”，就是我们常常说的用瓷或泥做的硬币储蓄盒。在小时候，我们常将父母给的一些零用钱放进去，当这个储蓄盒装满的时候，我们就将其打破，而将里面的钱取出来。然而，当它是空的时候，它却可以保全它的自身。

所以，如果我们知道福祸常常是并行不悖的，而且福尽则祸亦至，而祸退则福亦来的道理，我们真的应该采取“愚”、“让”、“怯”、“谦”这样的态度来避祸趋福。

“吃亏”往往是指物质上的损失，但是一个人的幸福与否，却往往是取决于他的心境如何。如果我们用外在的东西，换来了心灵上的平和，那无疑是获得了人生的幸福，这便是值得的。所以，该糊涂、该舍弃的时候就必须糊涂，舍弃。

若一个人处处不肯吃亏，处处都想占便宜，于是，骄心日盛。而一个人一旦有了骄狂的态势，难免会侵害别人的利益，于是便起纷争，在四面楚歌之下，又焉有不败之理？

因此，人最难做到的就是在“吃亏是福”的前提下，认识到两点，一个是“知足”，另一个就是“安分”。“知足”则会对一切都感到满意，对所得到的一切，内心充满感激之情；“安分”则使人从来不奢望那些根本就不可能得到的或根本就不存在的东西。没有妄想，也就不会有邪念。

所以，表面上看来“吃亏是福”以及“知足”、“安分”会让人有不思进取之嫌，但是，这些思想也是在教导人们如何成为一个对自己有清醒认识的人，做一个清醒的正常人。因为，一个非常明白的常识——即不需要任何理论就可以证明的是，一切的祸患不都是在于人们的“不知足”与“不安分”，或者说是不肯吃亏而引起的吗？

大多数人总是相信一切都能通过人们的努力而得到改变，但也有些人却认为，人的一切努力都是徒劳的，这两种不同的思想放在一起，就产生出中国传统思想中的一种不朽的东西，即宁肯吃一些亏也要换来非常难得的和平与安全。而在此和平与安全时期之内，我们可以重新调整我们的生命，并使它再度放射出绚丽的光芒。

而善于吃亏的人一般平安无事，而且一般不会吃大亏，从长远来看，反而是一种受益。相反，总爱贪便宜的人最终不会有真正的便宜可占，而且还会留下骂名，甚至因贪小便宜而毁了自己，这就是所谓恶有恶报。

在中国传统思想中，有“吃亏是福”一说。这是哲人们所总结出来的一种人生观——它包含了愚笨者的智慧、柔弱者的力量，领略了人生的豁达和由吃亏忍让而带来的安详与宁静。与这个貌似消极的哲学相比，一切所谓积极的哲学都会显得幼稚与不够稳重，以及不够超脱与圆滑。

“吃亏是福”的信奉者，同时也一定是一个“和平主义”的信仰者。林语堂在《生活的艺术》中对所谓“和平主义者”这样写道：“中国和平主义的根源，就是能忍耐暂时的失败，静待时机。相信在万物的体系中，在大自然动力和反动力的规律运行之上，没有一个人能永远占着便宜，也没有一个人永远做‘傻子’。”

9. 低调不等于低人一等

低调是一种生存的境界，一种做人的姿态。没有得意时的轻狂散漫，没有失意时的奴颜婢膝，宠辱不惊，恬淡隐忍，任世间如何变化，只用常人之心观己，以凡人之态示人。所以“低”并不等于“低人一等”。这种“低”恰恰是心境的最高境界，绝非是心态的自轻自贱。

人生最可怕的事情是不能正确地看待自己，而看低自己尤其可怕。总认为自己不如人就难免会产生低人一等的感觉。你越是那样想，便越是那样表现，便越是显出一副卑怜相，这在无形中也就“灭了自家威风，长了他人志气”。本来彼此平等的双方，就因为自卑心理在作怪，一下子把自己降到了低人一等的位子上了。这样为人，这样处世，岂有不败之理？而低调则是在任何形势下都不会轻视自己的一种心境。所以，做人一定要从“低人一等”的误区中走出来。

假如，你为了谋一份差事而去拜访某大公司的经理，你先要明白一个原则，就是：虽然你去谒见的可能是一个身份颇高的人物，而且又是你有求于他，但求不求在你，应不应在他，他仍是被动的。如果你与某一个人交往和办事时，心理上总有有求于人的感觉，那么你会变得神经紧张，一切显得不自然。这时需要迅速调整自己的自卑心理，以平常心待之，使自己的感觉处在最佳状态。

李白有一句诗，“安能摧眉折腰事权贵，使我不得开心颜！”如果面对“权贵”不卑不亢谓之低调，也只有不卑不亢才不会被他们轻视。所以，只要我们将心理上的那份胆怯收起来，充分显示出足够的自信，就会在处世过程中从容自若，游刃有余。

我们常常会碰到认为自己一钱不值的自卑的人。如果你仔细观察，这种为自卑所累的人，基本上有两个突出的心理特征：

一是过高的内心期待心理。这种人想得太多、太细，总想在别人面前留下好印象，能够得到别人的认可和好评，因而也就特别注意自己的形象和别人对自己的评价。其实，过分期待一种希望并没有什么不对，因为每个人都有虚荣心，但问题是如何来对待这份虚荣。如果为了满足这份虚荣而去伪装，那么就极有可能将自身最有价值的品质抛弃了，这样的人也就会在为人处世过程中束手束脚，无法展现自己的真实能力。

二是自信心理障碍。这类人看问题总是看到自己比别人差的一面，看到自己不如意的方面，因而易产生多疑多虑的心理障碍。这种心理障碍常常表现在对自己的高欲望和低信心所造成的心理落差上。这种落差，不仅容易使自卑者产生焦虑，同时还会令他十分敏感，对他人的言谈、行为、眼光等都十分留心，稍有一点怀疑便与自己联系起来，无端地认为别人在议论自己，以至变得越来越怯懦，越来越自卑，最终走向自我封闭，逃避正常的交往，丧失社交能力。

人的价值主要是通过自身的努力而达到或可能达到最大限度，而不是也不可能追求到绝对的完美无缺。因此，要学会正确对待自己的缺点，它是达到自我完善的第一步，也是极其重要的一步。只有学会正视自己，在心境中维持低调，在心态上自信自立，才能在为人处世过程中应付自如。

第二章　谦谨自守　恃才不傲

中国有一句成语叫做“锋芒毕露”，锋芒本意是刀剑的尖端，后人将之比作一个人的聪明才干。古人认为，一个人若无锋芒，则是扶不起来的“阿斗”，所以有锋芒是好事，是事业成功的基础。在适当的场合显露一下既有必要，也是应当。然而，锋芒可以刺伤别人，也会刺伤自己。如果一个人自恃有才，就狂妄自大，锋芒毕露，将才华当成炫耀和骄傲的资本，以博取大家的赞美和羡慕，满足自己的虚荣心，那么他的下场可想而知。

1．何妨把鲜花让给其他人

不要以为自己立了功，就有了讨好上司、固宠求荣的法宝和资本。事实上，立了功，其实是很危险的事情。要不历史上怎么有那么多人，功成就身退了呢？立了功，的确说明你是有才华、有智慧的，可是你绝对不能居功自傲，独享荣誉，而要恰到好处地把功劳让给上司。否则小心上司给你安个“居功自傲”的罪名把你灭了，也正遂身边那些嫉妒你眼红你的人的心。

三国末期，西晋名将王濬于公元280年巧用火烧铁索之计，灭掉了东吴。三国分裂的局面至此方告结束，国家又重新归于统一，王濬的历史功勋是不可埋没的。岂料王濬克敌致胜之日，竟是受谗遭诬之时，安东将军王浑以王濬不服从指挥为由，要求将他交司法部门论罪，又诬王濬攻入建康之后，大量抢劫吴宫的珍宝。这不能不令功勋卓著的王濬感到畏惧。当年，消灭蜀国，收降后主刘禅的大功臣邓艾，就是在获胜之日被谗言构陷而死。王濬害怕重蹈邓艾的覆辙，便一再上书，陈述战场的实际状况，辩白自己的无辜，晋武帝司马炎倒是没有治他的罪，而且力排众议，对他论功行赏。

可王濬每当想到自己立了大功，反而被豪强大臣所压制，一再被弹劾，便愤愤不平，每次晋见皇帝，都一再陈述自己伐吴之战中的种种辛苦以及被人冤枉的悲愤，有时感情激动，也不向皇帝辞别，便愤愤离开朝廷。他的一个亲戚范通对他说：“足下的功劳可谓大了，可惜足下居功自傲，未能做到尽善尽美。”

王濬问：“你说这话是什么意思？”

范通说：“当足下凯旋之日，应当退居家中，再也不要提伐吴之事，如果有人问起来，你就说：‘是皇上的圣明，诸位将帅的努力，我有什么功劳可夸的！’这样，王浑能不惭愧吗？”

王濬按照他的话去做了，谗言果然不止自息。

喜好虚荣，爱听奉承，这是人类共有的弱点，作为一个万人瞩目的帝王更是如此。有功归上，正是了迎合这一点。你想谁不愿意功劳卓著？尤其是作为君主，哪个能容忍臣下的功劳超过自己呢？

“伴君如伴虎”，是古人总结出来的至理名言。懂得如何与领导相处、明哲保身，充满着智慧的结晶。一些人自以为有功便忘乎所以，总是讨人嫌的，特别容易招惹上司嫉恨。把功劳让给上司，才是明智的捧场，是稳妥的自保。在官场上如此，在职场上亦是如此。

小江很有才气，由他编辑的杂志很有一套自己的独特风格，因此很受欢迎，有一次还得到创新奖。一开始他还很高兴，但过了一段时间，他却失去了笑容。他告诉一位朋友说，他的上司最近常给自己脸色看。

这位朋友问清楚他的情况后，指出了他犯的错误。原因是这样的：小江得了创新奖，受到了上级领导的好评，因此除了新闻部门颁发的奖金之外，上司另外给了他一个红包，还当众表扬他的工作成绩，并且夸他是块当主编的料。但是他并没有现场感谢上司和同事们的协助，更没有把奖金拿出一部分请客，他的上司刘主编从此处处为难他。遗憾的是，小江不相信朋友的分析，结果三个月后就因为呆不下去而辞职了。

这份杂志之所以能得奖，自然是小江贡献最大，但是他也不能独享了这份荣誉，这让上司怎么想？自然觉得他目中无人，恃才自傲。其次因为小江的才华也让上司产生不安全感，害怕失去权力，为了巩固自己的领导地位，小江自然就没有好日子过了。

与上司相处，一定要在各方面维护他做上司的权威，不要恃才傲物，居功自傲，那样终会成为上司和同事的“眼中钉”。工作中取得了成绩，会给你带来一定的荣耀，但是，你一定要把这份荣誉归功于上司，把鲜花让给上司戴，把众人的目光引到上司身上。否则，若是你抢了上司的风头，后果就严重了。

2. 不要随意卖弄自我

好卖弄的人往往都是虚荣心很强的人。虚荣是你心灵深处的魔鬼，使你变得自负，误以为自己很了不起，无所不能，可事实上并非如此。一些人为了引人注意，为了出风头，以满足自己永无止境的虚荣心，就不分场合、地点、对象，拼命地卖弄自己。

赵女士就是一位爱卖弄自己的人，她每天总是利用一切机会让人们知道她的存在。一位老兄在为儿子差两分没被清华大学录取而苦恼，一旁的赵女士生怕没了机会，忙插嘴道："真是的，我那儿子也不争气，要升初中了，才考了99分。"旁人不难看出，她到底是自贬还是自夸。一年秋季，她办完调动手续，满以为会被热情欢送，岂料送行的只有一名例行公事的干部。

王先生在他刚到工作单位的那段日子里，在同事中几乎连一个朋友都没有。那时他正春风得意，对自己的机遇和才能非常自得。因此每天都极力吹嘘他在工作中的成绩，吹嘘每天有多少人找他请求帮忙等等得意之事。然而同事们听了之后不仅没有人分享他的"成就"，而且还极不高兴。

不顾别人的感受，只顾卖弄自我，在多数场合是不受欢迎的，任何人都有一种逆反心理，都会自然而然地在心中对你的卖弄不屑一顾。如果你有优点，最好由别人去发现，而不是自我卖弄。

许多人都有一种虚荣的心理，比如在无意中获得了一件心爱的宝物，或办成了一桩得意的事情，往往爱在人前炫耀一番。这种炫耀久而久之就变成了一种卖弄，这样一来，别人知道自己拥有了宝物肯定会投以赞赏和羡慕的眼光，而且自己还因为有这样一件宝物，办成了一件漂亮的事而沾沾自喜。

有了好东西就和大家一起分享，把自己拥有的好东西露给别人看一看，把自己的得意之事说给别人听一听，本来也没有什么大不了的。但是，如果炫耀的心理太炽热，想听好听、奉承和赞美之辞的渴望太强烈了，就会陷入"卖弄"之歧途。而这种卖弄有时就像是毒药，会让你上瘾，最后失去做人的本性。

有这样一个故事：

一位年轻的律师花了一笔资金装修他的事务所。他买了一架豪华的电话机，现在这架电话机正摆在漂亮的写字桌上，秘书报告一位顾客来访，对于首位顾客，年轻律师按规矩让他在候客室等了一刻钟。

当顾客被允许进来时，律师就故意拿起了那部豪华电话的话筒，为了给客人更深的印象，他假装接通了一个极为重要的电话："可敬的总经理，我已对他说了，我们只是彼此浪费时间罢了……当然，我知道，好的……如果您一定要坚持的话……可是您要明白，低于两千万我不能接受……好，我同意……以后再联络，再见。"

他终于挂上了电话，面对那位顾客。而在门口站着不动的顾客脸色非常尴尬。"请问您有什么事？"律师微笑着问这位局促不安的客人。客人犹豫了半晌，低声说："我是技术工人，公司派我来给你接电话线。"

那些卖弄者往往矫揉造作，故意要显露某些东西，企盼获得他人的喝彩，以满足自我的虚荣之心。这种人生状态虽不会给人带来什么灾难，但却常常引发他人的厌恶，甚至鄙视，且易养成骄傲自满的心理，于人生的发展大大不利。

托马斯•肯比斯说："一个真正伟大的人是从不关注他的名誉高度的。"一个人不会因为自己的成就而傲慢，也就不会抱怨自己命运的悲惨。相反贪慕虚荣的自我卖弄，是一种腐蚀人类心灵的毒药。所以，请丢掉你那颗虚荣的心吧！我们要像元代王冕《题墨梅》诗中说的那样："不要人夸好颜色，只留清气满乾坤。"

3. 花要半开，酒要半醉

我们知道，凡是鲜花盛开娇艳的时候，就要立即被人采摘，也就是衰败的开始。我们也知道，在武术中有一高难度拳术，即"醉拳"。"醉拳"的厉害，在于一个"装醉"，表面上看来跌跌撞撞，踉踉跄跄，不堪一推，而其实"形醉而神不醉"，醉醺醺之中却暗藏杀机，就在你麻痹大意之时，将你打趴在地。所以，有"花要半开，酒要半醉"之说，人生在世，也是这个道理。如果你才华横溢，聪明绝顶自然是好事，但同时也要懂得内敛，学会“装醉”，不然，当你志得意满，目空一切的时候，别人会把你当成枪靶子、眼中钉。

春秋时期，郑庄公准备伐许。战前，他先在国都组织比赛，挑选先行官。众将一听露脸立功的机会来了，都跃跃欲试，准备一显身手。众将首先进行击剑格斗，都使出了浑身本领，争先恐后。经过轮番比试，选出了6个人来，参加下一轮射箭比赛。在比箭项目上，取胜的6名将领各射3箭，以射中靶心者为胜。第5位上来射箭的是公孙子都。他武艺高强，年轻气盛，向来不把别人放在眼里。只见他搭弓上箭，3箭连中靶心。他昂着头，瞟了最后那位射手一眼，退下去了。

最后那位射手是个老人，胡子有点花白，他叫颖考叔，曾劝庄公与母亲和解，立有大功。颖考叔上前，3箭射击，连中靶心，与公孙子都打了个平手。

只剩下两个人了，庄公派人拉出一辆战车来，说：“你们二人站在百步开外，同时来抢这部战车。谁抢到手，谁就是先行官。”公孙子都轻蔑地看了对手一眼，哪知跑了一半时，公孙子都脚下一滑，跌了个跟头。等爬起来时，颖考叔已抢车在手。公孙子都哪里服气，提了长戟就来夺车，庄公忙派人阻止，宣布颖考叔为先行官。

公孙子都因此怀恨在心。颖考叔不负庄公之望，在进攻许国都城时，手举大旗率先从云梯上冲上许都城头。眼见颖考叔大功告成，公孙子都嫉妒得心里发疼，竟抽出箭来，搭弓瞄准城头上的颖考叔射去，一下子把没有防备的颖考叔射死了。

颖考叔的死是因为他不知道糊涂保身，锋芒人露的缘故。当今社会，此理仍然行得通。你不露锋芒，可能永远得不到重任；你锋芒太露，却又易招人陷害。锋芒太露的人虽容易取得暂时成功，却为自己掘好了坟墓。当你施展自己的才华时，也就埋下了危机的种子。所以，做人切忌恃才自傲，不知饶人。锋芒太露易遭嫉恨，更容易树敌，也就是说，有时才华不宜显，有时聪明需内敛。

乾隆年间，纪晓岚以过人的才智名扬全国，深得皇上赏识。有一天，乾隆宴请大臣。大臣们吃得很开心，饮得也很畅快。乾隆又诗兴大发了，

他出了上联："玉帝行兵，风刀雨箭云旗雷鼓天为阵。"

乾隆皇帝要求百官对下联，竟然没人能对得上。乾隆皇帝这下更来兴致了，他想显示他本人的才华，便点名要纪晓岚答对，想出一下这位大才子的丑。不料，纪晓岚却把下联对上来了："龙王设宴，日灯月烛山肴海酒地当盘。"话音刚落，群臣赞叹。

乾隆皇帝听后，却不高兴了。他面有怒色，沉吟不语。大家颇为纳闷。纪晓岚当然明白是自己得罪了皇上，便接着说："圣上为天子，所以风、雨、云、雷都归您调遣，威震天下；小臣酒囊饭袋，所以希望连日、月、山、海都能在酒席之中。可见，圣上是好大神威，而小臣我只不过是好大肚皮而已。"乾隆一听，立即笑逐颜开，连忙表扬纪晓岚，说："饭量虽好，但若无胸藏万卷之书，又哪有这么大的肚皮。"

乾隆出的上联显示了一代帝王的豪迈气概，不料纪晓岚下联一出，十分工整，显不出乾隆上联的才气。乾隆一听，自然不快。幸好，纪晓岚及时发现并为自己开脱，有意抬高乾隆，贬低自己。自然，君臣一唱一和，大家都高兴。

做人要做到不露锋芒，既有效地保护自我，又能充分发挥自己的才华，不仅要说服、战胜盲目骄傲自大的病态心理，凡事不要太张狂太咄咄逼人，更要养成谦虚让人的美德。所谓"花要半开，酒要半醉"，凡是鲜花盛开骄艳的时候，也就是衰败的开始。人生也是这样。当你志得意满时，且不可趾高气扬，目空一切，不可一世，这样你不遭别人当靶子打才怪呢！

所以，即使你有非常出众的才智，但也一定要谨记：锋芒太露，必遭人忌。不要把自己看得太了不起，更不要稍有成就便得意忘形，以为自己绝顶聪明。殊不知树敌太多，事事必受他人阻挠。该收敛时就收敛，夹起尾巴好做人，切勿光芒晃人眼。

老子曾经说过："良贾深藏若虚，君子盛德容貌若愚。"即善于做生意的人，总是隐藏其宝货，不轻易叫人看见；君子之人，品德高尚，容貌却显得愚笨拙劣。有才华是好事，但不能作为炫耀的资本，既要显露才华，又要明哲保身，这才是为人处世、人际交往之上策。

4. 骄傲是无知的表现

骄傲是一个人对自己在某个方面或领域有卓越价值的肯定，是人对自己成绩的认知。生活中，人们总是不会缺乏骄傲的理由，一件新衣服，一种新发型，都能引起他们的骄傲之情。骄傲的情绪，人所难免，但过度的骄傲就是虚荣。

很多时候，骄傲和虚荣常常是一对孪生兄弟，虚荣的结果常常是骄傲。一个心性骄傲的人，从不会把别人放在眼里，他们总认为自己比别人强。但他们忘了，高傲的人只能让人厌烦，要知道人外有人，太过骄傲只能自取其辱。

古时候有则笑话，说有人做了首诗自吹道："天下文章有三江，三江文章唯我乡，我乡文章数舍弟，舍弟跟我学文章。"转了一个大弯，还是自己的文章好，如此骄傲之人做的文章未必就真好。

生活中，我们也常常会遇到这样的情况，越是知识渊博的人越表现得谦逊无比，相反只有那些"一瓶不满半瓶晃荡"的人越喜欢张扬。所以，一个人要想圆通处世或者成就大事都必须要戒傲，做到有才学而不张扬，有情趣而不肤浅！

相传南宋时江西有一名士傲慢之极，凡人不理。一次他提出要与大诗人杨万里会一会。杨万里谦和地表示欢迎，并提出希望他带一点江西的名产配盐幽菽来。名士一听就傻了眼，他实在搞不懂杨万里要他带的是什么东西，只好说："请先生原谅，我实在不知配盐幽菽是什么乡间之物，无法带来。"

杨万里则不慌不忙地从书架上拿下一本《韵略》，翻开当中一页递给名士，只见书上写着："豉，配盐幽菽也。"原来杨万里让他带的就是家庭日常食用的豆豉啊！此时名士面红耳赤，方恨自己读书太少，始觉为人不该傲慢。

骄傲有很多的害处，但最危险的结果就是让人变得盲目，变得无知，变得更加虚荣。骄傲会培育并增长盲目，让我们看不到眼前一直向前延伸的道路，让我们觉得自己已经到达山峰的顶点，再也没有爬升的余地，而实际上我们可能正在山脚徘徊。所以说，骄傲是阻碍我们进步的大敌。

曾经有一个学者，学富五车，精通各种知识，所以自认为无人可以和自己相比，很是骄傲。他听说有个禅师才学渊博，非常厉害，很多人在他面前都称赞那个禅师，学者很不服气，打算找禅师一比高下。学者来到禅师所在的寺院，要求面见禅师，并对禅师说："我是来求教的。"

禅师打量了学者片刻，将他请进自己的禅堂，然后亲自为学者倒茶。学者眼看着茶杯已经满了，但禅师还在不停地倒水，水溢出来，流得到处都是。"禅师，茶杯已经满了。""是啊，是满了。"禅师放下茶壶说，"就是因为它满了，所以才什么都倒不进去。你的心就是这样，它已经被骄傲、自满占满了，你向我求教怎么能听得进去呢？"

骄傲是陷阱，只有克服和防止骄傲，才能在人生之路上不断前进。古人讲："君子宽而不慢。"综观古今中外成大事者，都是虚怀若谷、好学不倦、从不骄傲的人。

骄傲是目中无人的盲目行为，是不自量力的狂妄作风。骄傲的本质是自我崇拜，是虚荣心膨胀的体现。当一个人过高地估计了自己的地位、声誉和财富，并对此产生自我崇拜时便产生骄傲的心态。骄傲的人，其实是无知的人，他们不知道自己能吃几碗干饭，他们不懂自己只是沧海一粟……

5. 耍小聪明只会自食其果

洪应明在《菜根谭》中说："文章做到好处，无有他奇，只是恰好。"才智的使用也是如此，用至好处，应是适当。当智则智，当愚则愚，愚也是一种智。必要时，甚至装一装"低能儿"，做一做"糊涂人"，都是明智之举。明朝刘基云："智而能愚，则天下之智莫加焉"，意思是说，智者能带几分愚，就是天下的大智慧了。所以说，大智若愚总是智，贵在"大智"，妙在"若愚"。

可惜很多爱慕虚荣的人都不懂得大智若愚的道理，他们认为自己聪明过人，有才气，能力强，故而沾沾自喜，看谁都是豆腐渣，惟有自己是朵花。

其实，聪明人分两种，一种是真聪明，一种是假聪明，也就是小聪明，区别在于他们对聪明的使用不同。前者懂得韬光养晦，也就是能够审时度势做到深藏不露，不到火候时不会轻易使用，大智若愚。后者则盲目自傲、自以为是、好大喜功，大愚若智，这就是小聪明。

西方有这样一种说法：法兰西人的聪明藏在内，西班牙人的聪明露于外；前者是真聪明，后者是假聪明。在从政的过程中，在出将入相的过程中，切忌只知伸不知屈；只知进不知退；只知自我显示，不知韬光养晦。

古人说："君子要聪明不露，才华不逞。"如果一个人总是喜欢显露自己的才干，那么他必然会遭受很多的挫折，这是做人太幼稚的表现。在现实生活中，做人要善于藏锋露拙。有才干本是好事，但是带刺的玫瑰最容易伤人，也会刺伤自己。

所以，真正聪明的人会掌握"度"，所谓"过犹不及"就是说，太聪明了反倒不如不聪明。明代大政治家吕坤以他自己丰富的阅历和对历史典故的深刻洞察，在《呻吟语》中说了一段十分精辟的话："精明也要十分，只须藏在浑厚里作用，古今得祸，精明人十居其九，未有浑厚而得祸者。今之人唯恐精明不至，乃所以为愚也。"译成今天的话就是：精明还是非常需要的，但要在"浑厚"中悄悄地运用。古往今来得祸的人绝大多数都是精明的人，没有因浑厚而得祸的。现在的人惟恐不能精明到极点，这就是之所以愚蠢的原因啊！

要小聪明的人有两种灾祸，一个是被人猜忌、防范而招祸，一个是自己会把事情办坏而难成大事。它可以使人得意于一时，获得心理上的满足，然而终究还是自毁，永远不会取得真正的、伟大的成功。一个欲成大事的从政人员若耍小聪明，机遇就会早早被扼杀在摇篮里。因而，我们要从杨修之死中吸取深刻的教训，在人际关系复杂的社会里，不要一味只是耍小聪明，炫耀自己的才能，必须懂得为人处世的大智能，才不至吃亏、遭忌。

《菜根谭》说："操履不可少变，锋芒不可太露。"意指自己的操守和志向不可有一点改变，自己的才华和锐气更不可过分暴露。又说："聪明人宜敛藏，而反炫耀，是聪明而愚懵其病矣！如何不败？"一个才智出众的人，应该是聪明不露，才华不逞，深藏若虚。若自以为了不起，过分炫耀自己，表面上看来像是聪明，其实却有点近乎无知。这样的人又如何

不失败呢？

锋芒毕露，炫耀才能，不仅会招致旁人忌恨，并且也会使自己轻浮自傲。所以，一个人无论身处官场还是商场，都最忌一味地耍小聪明，不管必要或不必要，不管合适不合适，时时处处显露精明，那样不仅不会对你未来的发展有所帮助，反而会成为招灾引祸的根源。

6. 才高自敛方是自保之道

我们身边总是不缺自视清高的人，更不缺狂妄自大的人，他们自恃有才，就好为人师，目中无人，就忘记了“山外有山，楼外有楼”的道理。本来有才华是上帝对一个人的恩赐，可是如果一个人将这当成骄傲的资本，那结果就不尽如人意了。

祢衡年少才高，目空一切。建安初年，20出头的祢衡初到许昌。当时许昌是汉王朝的都城，名流云集，司空掾、陈群、司马朗、荡寇将军赵稚长等人都是当世名士。有人劝祢衡结交陈群、司马朗。祢衡说：“我怎能跟杀猪、卖酒的在一起？”劝其参拜赵稚长，他回答道：“荀某白长一副好相貌，如果吊丧，可借他的面孔用一下；赵某是酒囊饭袋，只好叫他看厨房了。”这位才子惟独与少府孔融、主簿杨修意气相投，对人说：“孔文举是我大儿，杨德祖是我小儿，其余碌碌之辈，不值一提。”由此可见他何等狂傲。

献帝初年间，孔融上书荐举祢衡，大将军曹操有召见之意。祢衡看不起曹操，抱病不出，还口出不逊之言。曹操求才心切，为了收买人心，还是给他封了个击鼓小吏的官，借以羞辱他。一天，曹操大会宾客，命祢衡穿戴鼓吏衣帽当众击鼓为乐，祢衡竟在大庭广众之下脱光衣服，赤身露体，使宾主讨了个没趣。曹操恨祢衡入骨，但又不愿因杀他而坏了自己的名声。

曹操心想像祢衡这样狂妄的人，迟早会惹来杀身之祸，便把祢衡送给荆州的刘表。祢衡替刘表掌管文书，颇为卖力，但不久便因倨傲无礼而得罪众人。刘表也聪明，把他打发到江夏太守黄祖那里去。祢衡为黄祖掌书记，起初干得也不错。后来黄祖在战船上设宴，祢衡说话无礼受到黄祖呵斥，祢衡竟顶嘴骂道："死老头，你少啰嗦！"黄祖急性子，盛怒之下把他杀了。其时，祢衡仅 26 岁。

祢衡文才颇高，桀骜不驯，本有一技之长，受人尊重。但是祢衡没有因为这一技之长而受惠于世。他恃一点文墨才气便轻看天下。殊不知，一介文人，在世上并非有甚不得了，赏则如宝，不赏则如败履，不足左右他人也。祢衡似乎不知道这些，他孤身居于权柄高握之虎狼群中，不知自保，反而放浪形骸，无端冲撞权势人物，最后因狂纵而被杀害。

其实，一个人狂妄自大的程度并不取决于他有多少学问，而是取决于他的态度。也就是说，狂妄的人实际上也许并没有多少学问，往往是自吹自擂，夸夸其谈。他们所表现的高傲、不屑一顾等神态，实际上是一种心灵空虚的补充剂，以维持其虚荣心。

在一个风景优美，繁密茂盛的森林里，居住着许多动物，不但有狮子、老虎、狼、狐狸等食肉动物，还有蚊子、蜘蛛这样的小生命。

有一只蚊子，它每天都在想："在这个王国中，狮子应该是百兽之王了吧，没有比它更有力更强大的动物了。只要我能把它打败，那么我将会成为森林大帝。"

经过一番认真的准备，这只蚊子终于向狮王宣战了。它扇动着翅膀飞到狮子面前，对狮子说："狮子，我不怕你，你并不比我强大。不信，咱们较量较量。"

可惜蚊子的声音太弱小，狮子根本没听见，仍在那儿悠然地闭目养神。蚊子见了，气得火冒三丈，用尽吃奶的劲儿对狮子喊道："你这只笨狮子，我们比试比试，看看你有什么本事？是用爪子抓，还是用牙齿咬，我比你强得多。"说着蚊子吹着喇叭鼓足了力气向狮子冲去。

狮子这下可慌了，觉得脸上奇痒无比，睁大了眼睛瞧，还是看不清蚊子进攻的方向。蚊子恶狠狠地向狮子的脸上咬去，它专咬狮子鼻子周围没有毛的地方。狮子左躲右闪，用力晃动着头，张开血盆大口猛扑向蚊子，只是蚊子小巧灵活，狮子的嘴巴总是落空。气得它拼命挥动着爪子，一顿乱抓乱挠，尽管如此，还是没有捉住蚊子。

蚊子高兴极了，向狮子威胁说："快认输，不然我咬死你。"狮子从来没受过这个罪，它怒吼着扑向蚊子，不过很遗憾，又失败了。气得狮子哇哇乱叫，蚊子趁势又朝狮子发动了进攻，叮得狮子用爪子把自己的脸都抓破了。没办法，狮子落荒而逃。

"我赢了！"蚊子得意地吹着胜利的喇叭，唱起欢乐的凯歌飞走了，一边走一边喊："我战胜了狮子，我才是最了不起的，我要当森林之王！"蚊子得意忘形地飞着，完全忘了四周存在的危险，突然，它钻进了一个软软的东西中，身体被粘住了。它挣扎着，想要离开，但是越挣扎粘得越紧，这下它清醒了，原来自己被蜘蛛网粘住了。

一只蜘蛛凶光毕露地向它爬来，蚊子完全被胜利冲昏了头脑，并没有意识到自己的险境，它大声地对蜘蛛说："蜘蛛，我刚刚打败了狮子，你快放了我，我不屑和你打仗。"蜘蛛听了冷笑道："蚊子，你别白费气力了，不管你曾经打败过谁，现在都是我的俘虏，吃掉你易如反掌，你将成为我的晚餐。"

蚊子最后叹息着说："我同最强大的动物都较量过，取得了辉煌的战果，没想到，却败在一只小小的蜘蛛手上。"

无论什么时候，都不要争强好胜，更不要狂妄自大。要知道，强中更有强中手。争强好胜、狂妄自大可能一时会得胜，但一定不会长久。这样的人，迟早会自食其恶果。恃才傲物放在心中无关紧要，如果在言行上表现出来，就会招来诸多祸端。

7. "假糊涂"才是"真聪明"

在日常生活中过于聪明的人，常是别人猜忌妒嫉的对象。因为任何有所图谋的人，都不希望从事情刚开始筹划时便被识破。真正充满智慧的人，为了保全自己的一切，必会千方百计地掩饰自己的高明之处。

据古人传说，在舜未登上天子位的时候，他的异母弟弟象，为图占家业，几次要谋害他。昏庸的父亲和后母也总是偏心、纵容象。有一次，父亲和后母找舜，说谷仓顶坏了，要他爬上去修理。舜刚爬到仓顶，父、母、弟弟就收了梯子，放了一把火想要烧死他。幸亏他撑起大斗笠，乘着一阵大风往下一跳才得以脱险，从而保全了自己的性命。

有一次，父亲和后母要“命运多舛”的舜去淘井。那井很深，刚把舜吊到井底，上面的人就收了绳子，推下去几大堆泥土，以为这一回舜死定了。象很高兴。没想到，当他来到舜的卧室时，却看见舜正坐在床上弹琴。这是怎么回事？原来那井底还有另一个出口，舜是从那里逃脱的。这一下，象惊呆了，他悔恨、羞惭不已，上前向哥哥道歉。舜呢，显得若无其事的样子，微微一笑，说：“我并不计较。”

有一次，万章与孟子谈论到这个故事中的舜。万章认为，舜或者是糊涂，或者是伪善，二者必居其一；孟子则不同意这种看法。万章说：“怎么不对？两件事里，都表现出舜并不知象要害他，这岂不是糊涂？”孟子说：“怎么会不知道！只不过舜对弟弟仁慈罢了。”万章说：“依您之见，舜是心里忧心忡忡，表现得却像没那么回事，这岂不是强颜为欢，是十足的伪善吗？”孟子直摇头：“不，这怎么叫伪善？既然象已承认自己错了，有悔改之意，舜又怎能不高兴？这不叫伪善，叫宽宏大度啊！”

战国时，齐国的隰斯弥去见田成子，田成子和他一起登上高台向四面眺望。三面的视野都很畅通，只有南面被隰斯弥家的树遮蔽了。田成子当时也没说什么。隰斯弥回到家里，叫人把树砍倒，没砍几下，隰斯弥又不叫砍了。他的家人问：“您怎么这么快就改变主意了呢？”隰斯弥答道：“谚语说，知道深水中的鱼是不吉祥的。现在田成子将要干一件大事，事情非同小可，而我却表现出我能够在精微处察觉事情的真相，那我必然会有危险了。不砍倒树，未必有罪。而知道了别人的隐秘，那罪过和危险就不得了。所以我才决定不把树砍倒。”

从表面上看，似乎舜、隰斯弥很傻，糊里糊涂。而实际上这是一种精明人的糊涂啊！中国人素来是很精明的，越是精明的人越知道聪明人处世难，容易招致妒嫉、非议，甚至为聪明而丧生。曹操因为妒嫉杨修的才能而杀了他；隋炀帝因为妒嫉薛道衡的诗才把他杀了，还吟着薛道衡的诗句“庭草无人随意绿”，洋洋自得地说：“你还能写出这样的好诗吗？”所以，

从老子开始，中国人就深悟了“大智若愚”的道理，越是聪明，表现得越是愚笨，以便在别人的轻视和疏忽中找到自我发展的空间。

古话说：“木秀于林，风必摧之；堆出于岸，流必湍之；行高于人，众必非之。”所以真正有智慧的人，一般都采取“守拙”的方法，以保护自己，而那种把聪明全露在外面的举动实际上才真正是愚蠢的行为。

8．莫在过去的辉煌里长睡不醒

如果你曾经站在充满鲜花和掌声的领奖台上，那是值得你骄傲的。但是对于现在来说，那已经成为永远的过去了，别人不会永远记住你的风光，你也不要把那一次成功当成永远的成功和骄傲的资本，躺在那温暖的赞扬声里长睡不醒！

我们常说：“好汉不提当年勇”，说的就是这个道理。但是，很多人常常不能走出曾经胜利的辉煌记忆，习惯沉浸于虚无的胜利幻想中。他们因为过去的一次成功就自我满足，眼前显现的永远是早已逝去的鲜花与掌声。所以，他们自视清高、目中无人，更有甚者，为了维护自己的所谓“面子”和虚荣心，非但自己不思进取，还伺机嘲讽别人的努力，最终导致正常心理的扭曲。

有新闻报道，“某大学一名男生自杀了！”消息很快传遍了整个校园，整个城市，乃至全省。谁能相信他会自杀呢？四年前，他可是以全省第一名的成绩考入这所大学的。如此一个优秀的学生怎么会轻生呢？

熟悉他的同学、老师和老乡，都为他的轻率而备感痛心。这所大学虽是重点却一直鲜有省状元考进来，他进校后，学校领导、老师对他备加重视，仅对他个人的宣传就搞了半学期，他成了全校的热点人物，简直是无人不知、无人不晓。

老师的宠爱、同学的羡慕以及一些人的吹捧，让他有了飘飘然的感觉。从此，他变了，从那个勤奋上进、谦虚好学的少年变得极其高傲，他想当然地认为自己就是最棒的，所以，就不用像其他同学一样刻苦用心。他经常因为觉得老师讲得不好而不去上课，也从不参加集体活动，而是时常沉浸于武侠小说、言情小说的世界里混沌度日。

老师为他的滑坡而担忧，经常劝导他要戒骄戒躁。可是他总是把老师的话当作耳边风，他认为，自己这么聪明，对付那些考试是小菜一碟。就这样，虽然他从未在期末考试中挂“红灯”，但成绩平平。转眼到了大四，保研名单上自然没有他。于是，他终于不甘示弱起来，向全班同学宣称他要考上全国最著名大学的计算机硕士研究生。

从此，他开始起早贪黑地学习了。无奈，由于大学期间专业功底太差，最终他的成绩没有过线。这对于骄傲惯了的他来说，无疑是当头一棒。他整个人崩溃了，在成绩公布榜前默默伫立了很久。

当天晚上，宿舍的同学发现他没回来休息，也没太在意，以为他心情不好，去哪里散心了。可是，第二天一大早，人们在教学楼前发现了他的尸体。他的口袋里装着一份浸透了鲜血的成绩通知单和一封遗书。他说：“因为我知道自己再也骄傲不起来了，所以我选择了死亡。对我而言，没有了骄傲就如同剥夺了我的生命。”

一个年轻的生命就这样离去了，正是因为他一贯沉醉于自己曾经的辉煌，一旦幻梦变得支离破碎，他那颗习惯了赞扬和追捧的心，便难以负荷以至于精神崩溃。有一位哲学家说过：“一个人若种植信心，他会收获品德。”而一个人若种下骄傲的种子，他必将收获众叛亲离的果子，甚至带来不可预知的危险。这位男同学那样自满自得，不懂得戒骄戒躁，脚步一味地停留在原地，而虚荣心却日益膨胀，最终由于心理压力承受不住，使年轻的、本来该有所作为的生命走向了终结。可悲的是，直至死前他也未能明白自己失败的原由。是骄傲害了他，是虚荣心害了他！

人如果有了名气，常常会飘飘然。那个四岁就懂得让梨的孔融，是家喻户晓的人物。小小年纪就出名，长大后先被提拔做了侍御史，后来又改任北海相，他以为自己既有才又有名望，所以待人傲慢，甚至多次戏弄侮慢曹操，同其他官吏也合不来，遭到上怒下怨，以至被人陷害想图谋造反，不但自己遭受杀身之祸，而且殃及到两个儿子。

拿破仑，一个著名的军事家，也是一个只愿躺在过去的辉煌里而不愿醒的人。他率领的军队曾出奇制胜，所向无敌。可是胜利冲昏了他的头脑，战绩使他骄傲自大，目空一切，武断专横。他过高地估计自己，丧失了客观分析敌情的能力，终于导致滑铁卢战役的失败，由战争之神变为阶下囚。

大文豪王尔德曾说："人们把自己想得太伟大时，正足以显示本身的渺小。"因为"人外有人，天外有天"，谁也不是常胜将军。曾经的胜利，曾经的辉煌，还是留在心底，闲来无事，偶尔拿出来玩味一下，实无不可。万不可把它当成永远的荣耀，从此止步不前。一个真正的智者，是不愿靠吃老本生存的，更不会原地踏步，而是力求百尺竿头，更进一步。

一辈子总对自己不满意，这是胆小怕事的表现；一辈子自满自得，这是愚蠢的表现。过分的自我感觉良好实际上是一种无知，它虽能满足自己一时的虚荣心，也常使人错生优越感和自我幸福感，但实际上是自欺欺人，最终导致心理的变态和精神的崩溃。

第三章　杜绝狭隘　学会宽容

狭隘会扭曲一个人的心灵，造成心理贫穷，并最终毁灭自己。狭隘会使一个人变得冷酷、自私，只想索取不愿付出。这样一来，人们就会远离他，一切好机会也会远离他，最后他的路就会越走越窄，直至走进“死胡同”。

1. 宽容是人际关系的润滑剂

《菜根谭》里说：“路径窄处留一步，与人行；滋味浓时减三分，让人食。此是涉世一极乐法。”这句话的意思是说，在狭窄的小路上行走时要留出让别人能通过的空隙，不可把整条路都占尽了，得到利益时不防让三分给别人共享，不可一个人独享好处。

包布·胡佛是一位著名的试飞员，并且常常在航空展览中表演飞行。一天，他在圣地亚哥航空展览中表演完毕后飞回洛杉矶。在空中 300 米的高度，两具引擎突然熄火。包布·胡佛基于熟练的技术和丰富的经验，使得飞机安全着陆，虽然飞机严重损坏，但幸运的是没有人受伤。

在迫降之后，胡佛的第一个行动是检查飞机的燃料。正如他所预料的，他所驾驶的这架第二次世界大战时的螺旋桨飞机，居然装的是喷气机燃料而不是汽油。

回到机场以后，他要求见见为他保养飞机的机械师，那位年轻的机械师正为犯了错而极为难过。当胡佛走向他的时候，他正泪流满面。他造成了一架非常昂贵的飞机的损失，而且差一点还使得三个人失去生命。

大家都以为胡佛必然大为震怒，并且预料这位极有荣誉心、事事要求精确的飞行员必然会痛责机械师的疏忽。但是，出乎大家意料的是胡佛并没有责骂那位机械师，甚至于没有批评他。相反的，他用手臂抱住那个机械师的肩膀，对他说：“为了表示我相信你不会再犯错误，我要你明天再为我保养飞机。”

胡佛的宽容令人折服。

当乔丹在公牛队时，年轻的皮蓬是队里最有希望超越他的新秀。年轻气盛的皮蓬有着极强的好胜心，对于乔丹这位领先于自己的前辈，他常常流露出一种不屑一顾的神情，还经常对别人说乔丹哪里不如自己，自己一定会把乔丹击败一类的话。但乔丹没有把皮蓬当作潜在的威胁而排挤他，反而对皮蓬处处加以鼓励。

有一次，乔丹对皮蓬说：“你觉得咱俩的三分球谁投得好？”

皮蓬不明白他的意思，就说：“你明知故问什么，当然是你。”

因为那时乔丹的三分球成功率是28.6%，而皮蓬是26.4%。但乔丹微笑着纠正：“不，是你！你投三分球的动作规范、流畅，很有天赋，以后一定会投得更好。而我投三分球还有很多弱点，你看，我扣篮多用右手，而且要习惯性地用左手帮一下。可是你左右都行。所以你的进步空间比我更大。”

这一细节连皮蓬自己都不知道。他被乔丹的大度给感动了，渐渐改变了自己对乔丹的看法，虽然仍然把乔丹当作竞争对手，但是更多的是抱着一种学习的态度去尊重他。

一年后的一场NBA决赛中，皮蓬独得33分(超过乔丹3分)，成为公牛队中比赛得分首次超过乔丹的球员。比赛结束后，乔丹与皮蓬紧紧拥抱在一起，两个人泪光闪闪。

乔丹不仅以球艺，更以他那坦然无私的广阔胸襟赢得了所有人的拥护和尊重，包括他的对手。

正如比尔·盖茨所说：“以宽容的态度对待失败者正是硅谷成功的关键之所在。”在竞争中能够做到宽容的人是品德高尚的人。想超越别人不一定要期望别人遇到障碍，甚至故意给别人设置障碍。让自己更强大更优秀，同时还要真诚地欣赏别人的长处，这才是光明磊落的行为，这样，才能赢得别人真心诚意的尊敬。

2. 量小非君子

心胸豁达的人会对别人更宽容，而心胸狭窄的人则会蝇营狗苟斤斤计较，这两种人哪一种更受欢迎，不言而喻。我们当然不会希望自己的人际关系糟糕到别人都排挤和疏远自己，那么就需要我们尽量让自己的心胸宽

阔起来，对于一些小事不要太计较。

苏轼曾记叙了这样一个寓言故事：

在南方的河里有一条豚鱼，它游到了一座桥下，不小心一头撞在桥柱上。河豚不怪自己不小心，也不想着如何绕过桥柱继续向前游，而是生起气来。它认为是桥柱撞了自己，就气得不得了。它一生气就会张开嘴，竖起颌旁的鳍，胀起肚子，漂在水面上很长时间都动弹不得。一只老鹰飞过看到了漂在水面上的河豚，就抓起它，将肚子撕裂，把这条气呼呼的河豚给吃掉了。

苏轼说：世上有在不应该发怒的时候发怒，结果遭到了不幸的人，就像这个河豚，“因游而触物，不知罪己”，不去改正自己的错误，却“妄肆其仇，至于磔腹而死”，真是太可悲了！

很多年以前，莱德勒被安排在一艘停泊于重庆的美国海军炮艇上工作。他当时还只是一个低级的尉官，但因为一箱威士忌而突然间出了名。

在一次当地举办的“不看样品的拍卖会”上，他对一个密封的大木箱喊了个价。那个箱子沉甸甸的，据拍卖商说里面是一大箱的威士忌，可是人们都猜测那里面装满了石块，因为那个拍卖商一向是以他的恶作剧而闻名的。

莱德勒出价30美元。拍卖商指着他喊道:“卖了！”这时有人在小声说:“又一个受骗的美国佬！”但是当莱德勒打开木箱时，周围发出了一片嗡嗡的议论声，有懊悔的，也有羡慕的。大木箱内装的是两箱威士忌酒，这在战争时的重庆是极为珍贵的。

英国领事馆的一个秘书要出30美元向莱德勒买一瓶，还有人愿意出更高的价，但莱德勒都一一回绝了。因为他不久就要被调走，正打算开一个大型的告别酒会，这些酒正好用得上。

此时，作家欧内斯特·海明威到了重庆。他和很多人一样犯了酒瘾，可是在战时的重庆想找到一瓶好酒可太难了。海明威听说了莱德勒的事，就来到炮艇上，对莱德勒说：“我听说你有两箱醉人的玩意儿。”

“是啊。”

“我买六瓶，你要什么价？”

“对不起，先生，我不卖。我留着是为了一旦接到调令离开这里时，好好热闹一番。”

海明威掏出一大卷美钞，说：“给我六瓶，你要什么都行。”

“什么都行？”

“你说个价儿吧。”

莱德勒想了一想说：“好吧，我用六瓶酒换你六堂课，教我如何成为一个作家。”

“这个价可够高的，”海明威说：“真见鬼，老兄，我可是花了好几年的功夫才学会干这一行的啊！”

“而我却有好几年在拍卖时上当受骗，这才交上好运。”莱德勒笑了笑。

海明威做了个鬼脸：“成交了。”

莱德勒递给他六瓶威士忌。接着的五天里，海明威每天都给莱德勒上一堂课，他真是个了不起的老师，此外，他还喜欢开玩笑。莱德勒也不时地取笑他，特别是拿威士忌当笑料。“你知道，海明威先生，我在拍卖时投个机肯定是值得的。首先，我使那个拍卖商上了当，此外，我还震惊了那些太胆小而不敢出价的顾客。而此刻，我用六瓶威士忌正在得到美国最出名的作家辛苦摸索到的从事写作的诀窍。”

海明威眨了眨眼说：“你是个精明的生意人。我只是想知道，其余的酒你曾偷偷灌下了多少瓶？”

“我一瓶还没有打开呢，”莱德勒说，“我要把每一滴都为我的大型酒会留着。”

“孩子，我想向你提一点我个人的忠告。千万不要迟疑，去打开一瓶威士忌酒。应尽快地去尝试一下。”但是莱德勒并没有理解海明威的意思。

海明威因事要提前离开重庆。为了跟他学完最后一堂课，莱德勒陪他一起去机场。

“我并没有忘记，”海明威说，“我这就给你上课。”

飞机的发动机已在轰鸣，海明威紧凑着莱德勒的耳朵说：“你在描写别人以前，首先自己得成为一个有修养的人。为此，你必须做到两点：第一，要有同情心；第二，要能够以柔克刚。千万不要讥笑一个不幸的人。而当你自己不走运的时候，不要去硬拼，要随遇而安，然后去挽回败局。”

“我不明白，这与写作有什么相干？”莱德勒不明白地问。

“这对于你生活是至关重要的。”海明威一字一顿地说。

搬运工人已在装行李了，海明威向飞机走去。在半道上，他转过身来喊道：“我的朋友，我建议你在为你的狂欢会发出请柬以前，最好把你的酒先抽样检查一下！”

几分钟后，飞机已升入蓝天。困惑不解的莱德勒回到藏酒的地方，打开了一瓶，接着开了一瓶又一瓶，里面装的全是茶。原来，那个拍卖商还是把他给骗了。

海明威当然在一开头就知道了实情，但他只字未提，既没有发火，也没有讥笑莱德勒，并且愉快地遵守了交易中他应承担的部分。此时，莱德勒才懂得了海明威教导自己要做一个有修养的人的涵义。

人都是有缺点的，因而要指出别人的失误之处是很容易的事。但是有一点，我们自己同样也不完美，同样可能遭到别人的指责或嘲笑。因此，以冷静、礼貌的态度对待别人是非常必要的；你也会因此赢得对方的尊重。正如屠格涅夫所说：“不会宽容别人的人，是不配受到别人的宽容的，但谁能说自己不需要别人的宽容呢？”

3. 别让“仇恨袋”挡住你的路

一个人一旦陷入愤怒之中，往往就会失去理智，从而影响自己的判断力，做出些不恰当的事来。严重的话可能还会给自己和别人带来很大的麻烦。我们应该学会克制自己，并学会容忍。

在古希腊神话里，有一则关于“仇恨袋”的故事。

有一个名叫赫格利斯的大力士，他从来都是所向披靡、无人能敌的，因此，他踌躇满志、春风得意，惟一的遗憾就是找不到对手。有一天，赫格利斯行走在一条狭窄的山路上，突然，一个趔趄，他险些被绊倒。他定睛一瞧，原来脚下躺着一只袋囊，就是这个不起眼的袋囊绊了他。他没好气地对着袋囊猛踢一脚，然而那只袋囊非但纹丝不动，反而气鼓鼓地膨胀起来。赫格利斯恼怒了，挥起拳头又朝它狠狠地一击，但它依然待在那里，而且继续迅速地胀大着；赫格利斯暴跳如雷，捡起一根木棒朝它砸个不停，但袋囊却越胀越大，最后将整个山道都堵得严严实实，这下赫格利斯是完全过不去了。气急败坏却又无可奈何之下，赫格利斯累得躺在地上，气喘吁吁。不一会儿，一位智者从此经过，见此情景，就问他是怎么回事。赫格利斯懊丧地说："这个东西真可恶，存心跟我过不去，把我的路都给堵死了。"智者平静地说："朋友，它叫'仇恨袋'。你越是愤怒，它就越是庞大得难以逾越。如果一开始你就不理会它，或者干脆绕开它，它就不会跟你过不去，也不至于把你的路堵死了。"

在我们的生活里，这样的"仇恨袋"到处都有，只是它出现的时候会伪装自己，让我们不知道它的本质，可是结果却是一样的，我们会因为它而被拦住去路，难以前进。

曼德拉因为领导反对白人种族隔离的政策而入狱，白人统治者把他关在荒凉的大西洋小岛罗本岛上 27 年。当时曼德拉年事已高，但白人统治者依然像对待年轻犯人一样对他进行残酷的虐待。

罗本岛上布满岩石，到处是海豹、蛇和其他动物。曼德拉被关在总集中营，每天的工作就是将采石场的大石块碾碎成石料。他有时还要下到冰冷的海水里捞海带，有时干采石灰的活儿——每天早晨排队到采石场，然后被解开脚镣，在一个很大的石灰石场里，用尖镐和铁锹挖石灰石。因为曼德拉是要犯，看管他的看守就有 3 个。他们对他并不友好，总是寻找各种理由虐待他。

谁也没有想到，1991 年曼德拉出狱当选总统以后，他在就职典礼上的一个举动震惊了整个世界。

总统就职仪式开始后，曼德拉起身致辞，欢迎来宾。他依次介绍了来自世界各国的政要，然后他说，能接待这么多尊贵的客人，他深感荣幸，但他最高兴的是，当初在罗本岛监狱看守他的 3 名狱警也能到场。随即他邀请他们起立，并把他们介绍给大家。

曼德拉的博大胸襟和宽容精神，令那些残酷虐待了他 27 年的白人汗颜，也让所有到场的人肃然起敬。看着年迈的曼德拉缓缓站起，恭敬地向 3 个曾关押他的看守致敬，在场的所有来宾以至整个世界，都静下来了。

后来，曼德拉向朋友们解释说，自己年轻时性子很急，脾气暴躁，正

是狱中生活使他学会了控制情绪，因此才活了下来。牢狱岁月给了他时间与激励，也使他学会了如何处理自己遭遇的痛苦。他说，感恩与宽容常常源自痛苦与磨难，必须通过极强的毅力来训练。

人有七情六欲，心情不好的时候甚至会迁怒别人，更别说是当别人真的伤害了我们会怎样了。但是这种愤怒和狭隘的心理事实上对于我们为人处世都是不利的，能像曼德拉那样宽容才是真正有智慧的人。

一天，陆军部长斯坦顿来到林肯的办公室，气呼呼地说，一位少将用侮辱的话指责他偏袒一些人。林肯建议斯坦顿写一封内容尖刻的信回敬那家伙。

“可以狠狠地骂他一顿。”林肯说。

斯坦顿立刻写了一封措辞激烈的信，然后拿给总统看。

“对了，对了。”林肯高声叫好，“要的就是这个！好好教训他一顿，真写绝了，斯坦顿。”

但是当斯坦顿把信叠好装进信封里时，林肯却叫住他，问道：“你要干什么？”

“寄出去呀。”斯坦顿有些摸不着头脑了。

“不要胡闹！”林肯大声说，“这封信不能发，快把它扔到炉子里去。凡是生气时写的信，我都是这么处理的。这封信写得好，写的时候你已经解了气，现在感觉好多了吧，那么就请你把它烧掉，再写第二封信吧。”

我们在生气的时候，这种不满的情绪是需要发泄出来的，不然堆积在心里对健康是有害的。可是胡乱发泄、迁怒别人，或者是反击给伤害我们的人，这都不是良策，只会使得“仇恨袋”胀得越来越大。林肯的办法很不错，既发泄了不良情绪，又不会实际伤害别人，而且给了自己冷静的时间，从而可以更清醒地去解决问题。

在日常生活和工作中，总是难免会有些摩擦、误解乃至纠葛、恩怨，如果对此念念不忘、斤斤计较，那就好像在让“仇恨袋”压在自己身上，或者堵在路上一样，使得生活举步维艰。倒不如宽容一点，忍耐一些，退让一步，路才更容易走。

4. 己所不欲，勿施于人

《论语•卫灵公》一文中记载：子贡问曰："有一言可以终身行之者乎？"子曰："其恕乎！己所不欲，勿施于人。"这句话是孔子的经典语句之一，也是儒家文化精华之处，更是自古以来有道德有修养的人所奉行的格言警句。

自己不想要的东西，切勿强加给别人。孔子所强调的是，人应该宽恕别人，这才是仁义的表现。这句话揭示了处理人际关系的重要原则，如果我们都能够以对待自己的行为作为参照来对待他人，就会宽宏大量，柔忍处世，宽恕待人。

有一天早上，有人敲哥哥家的门，哥哥打开门，看到一个背着木匠工具箱的男人。木匠说："我正在寻找打短工的机会，也许你有些小事需要别人来做，你看我是否可以替你做这些事呢？"

哥哥说："我确实有份工作可以提供给你。"说着带木匠来到离家不远的小溪边，指着对岸说："你看，那边是我弟弟的家。上个礼拜之前，这里还没有小溪，可是他带着推土机回来，这里的草地就变成了小溪。他也许是想用这个来激怒我，因为之前我们曾吵过一架。可是我会让他更难受的。我想让你给我建一个篱笆墙，这样我就永远不用看见他的地盘了，让他明白他也没什么大不了的。"

木匠想了想，说："我明白了，我一定会把这件事做得让你满意的。"

哥哥给木匠把材料准备齐，就离开家去城里办事，等到日落时分，他从城里回来了，木匠刚刚把活干完。哥哥一看大吃一惊，哪有什么篱笆，眼前分明是一座桥！精致结实的木桥把小溪两岸连接起来，这是一件精美的作品，但不是他想要的。哥哥正想斥责木匠，忽然看到弟弟正从对面走过来，弟弟走上桥径直来到哥哥身边，羞愧得泪流满面，说："哥哥，我对你干了那些事，说了那些话之后，你还能建这样一座桥，想想我实在是太过分了。"哥哥恍然大悟，紧紧握住弟弟的手，感动得不能言语。

木匠微笑着收拾好工具，准备离开。哥哥说："请你留下来吧，是你帮助我们兄弟重归于好的，我很感激你。"

木匠说："不，我想还有别的地方需要我去帮他们建一座桥。"

在生活中，人与人之间常会发生矛盾，即使是血缘至亲也会有摩擦。可是这其中有许多的矛盾是可以避免的，只要我们对别人多一些理解，多一些宽恕，自己不能接受的事情也不要强迫别人去接受，别人不肯做的事也许你自己也同样不愿意做。如果能这么想，那世界上就会多些和谐，少些冲突。

5. 拥有一颗感恩之心

自私的人拥有再多也难以获得快乐，而拥有一颗感恩的心即便物质生活再贫穷，也可以拥有更多的快乐。

中央电视台曾报道过贵州山区的一个普通老师的感人事迹，让人不得不对他的那颗感恩的心肃然起敬。

这位老师姓陆，幼时的小儿麻痹让他无法像正常人一样站立行走，但他心灵手巧。在生计问题上，干什么都可以挣钱养活自己，而且比干老师挣钱多。但当村领导找到他时，他毅然选择了当教师。因为他知道村里已经因为没有人愿意当老师停课一年多了。而山里的条件之差也让许多孩子辍学在家。就在这种情况下，他开始了自己的教学生涯。这份工作对于常人而言没什么困难，但对于陆老师而言，他不得不面对眼前的一切困难。第一，学校已经没有学生，他得一个个去家访，争取让他们回学校。但山路难走，同学们的家又相距很远，甚至在家访中还得穿过森林。第二，他自己不能站立行走，为了能把学生请回教室，他为自己做了一双特殊的像船一样的鞋子固定在膝盖下，帮他攀爬陡峭的山路。为了在穿过森林时不致被野兽当作口中食，他还专门做了一只铜哨吓唬野兽。在那双特殊的鞋和铜哨的陪伴下，他将 70 多个学生请回了学校。几十年间，他的足迹遍布了周边的 7 个山区。

2006 年他 58 岁了，在社会各界的关注下，医院给他做了手术并让他第一次站了起来，第一次穿上鞋。面对这一切，在多少困难面前从没抱怨过一句的陆老师不禁潸然泪下。他说："感谢社会的关爱，58岁才第一次站起来，第一次穿上鞋都是社会给予的，我感谢社会。"一个为社会无私奉献了一生的人理应受到社会的关爱，而他却对此充满了感激。

在日常生活中，常有父母抱怨孩子们不听话，孩子们抱怨父母不理解他们，男朋友抱怨女朋友不够温柔，女孩子抱怨男孩子不够体贴。在工作中，也常出现领导埋怨下级工作不力，而下级埋怨上级不够理解，不能发挥自己的才能。总之，对生活永远是一种抱怨，而不是一种感激。他们只是在意自己没有得到什么好处，却不会想别人付出了多少。

心胸，只能容得下私利就得不到幸福。

当然，感激不是天生就有的，它是培养出来的，许多人从未真正感觉到它。因为我们只注意我们需要什么，却很少注意这些东西是别人付出多少代价换来的。如果你要拥有美好的生活，就应培养感恩的心。

一次，古罗马众神决定举行一次欢迎会，邀请全体美德神参加。真、善、美、诚以及各大小美德神都应邀出席，他们和睦相处，友好地谈论着，玩得很痛快。

但是主神朱庇特注意到有两位客人互相回避，不肯接近。主神向信使神库瑞述说了这一情况，要他去看看这是怎么回事。信使神将这两位客人带到一起，并给他们介绍起来。

"你们两位以前从未见过面吗？"信使神说。

"没有，从来没有。"一位客人说，"我叫慷慨。"

"久仰，久仰！"另一位客人说，"我叫感恩。"

生活中慷慨的行为总是难以得到真诚的感恩。事实上，我们每个人每天的生活都在仰赖着他人的奉献，只是很少有人会想到这一点。

世界上最大的悲剧是一个人大言不惭地说："没人给过我任何东西！"这种人不论是穷人或富人，他的灵魂一定是贫乏的。

有些人对恩义感觉迟钝，对怨恨却十分敏感。他们只会怨天尤人，而且感觉人生充满不幸。这类人对别人的要求特别高，喜欢用自己的思考模式来规范他人，结果往往成为不受欢迎的人物。整天抱怨他人，却不知好好检讨自己。

有些人也会因为自私，只知从别人身上得到好处却不知回馈而不受欢迎。短视近利的后果，往往令帮助他的人感到失望，不再给予支持。这类人多半自以为是，从不考虑自己的责任，老是认为别人在算计他，对他不怀好意，想要陷害他，却不知他自己太狭隘致使众叛亲离。

一个心胸开阔的人，当他意识到上天的赐予有多丰厚时，他会真正地谦卑起来。他感激别人对他的生活所做的贡献。任何人以自己的成功为荣时，都应该想起他从先人处接受的东西有多少，以一颗感恩的心使自己幸福、快乐。

6. 宽恕别人就是在宽恕自己

也许昨天，也许很久以前，有人伤害了你，你不能忘记。你本不应受到这种伤害，于是你把它深深地埋在心里等待报复。不过现在你应该明白，这样做是毫无益处的，不肯放过别人就是不宽恕自己。

在这个世界里，一个人即使是出于好意也会伤害他人。朋友背叛你、父母责骂你、爱人离开你……总之，每个人都会受到伤害。

人一旦受到伤害的时候，最容易产生两种不同的反应：一种是怨恨，一种是宽恕。

怨恨是你对受到深深的、无辜伤害的自然反应，这种情绪来得很快。女人希望她的前夫与他的新妻子倒霉；男人希望背叛了他的朋友被解雇。无论是被动的还是主动的，怨恨都是一种郁积着的邪恶，它窒息着快乐，危害着健康，它对怨恨者的伤害比被怨恨者更大。

消除怨恨最直接有效的方法就是宽恕。宽恕必须承受被伤害的事实，要经过从“怨恨对方”，到“我认了”的情绪转折，最后认识到不宽恕的坏处，从而积极地去思考如何原谅对方。

宽恕是一种能力，一种停止伤害继续扩大的能力。

宽恕不只是慈悲，也是修养。

生活中，宽恕可以产生奇迹，宽恕可以挽回感情上的损失，宽恕犹如一个火把，能照亮由焦躁、怨恨和复仇心理铺就的黑暗道路。

曾任纽约州长的威廉·盖诺被一份内幕小报攻击得体无完肤之后，又被一个疯子打了一枪几乎送命。他躺在医院为他的生命挣扎的时候，他说：“每天晚上我都原谅所有的事情和每一个人。”这样做是不是太理想了呢？是不是太轻松、太好了呢？如果是的话，就让我们来看看那位伟大的德国哲学家，也就是“悲观论”的作者叔本华的理论。他认为生气就是一种毫无价值而又痛苦的冒险，当他走过的时候好像全身都散发着痛苦，可是在他绝望的深处，叔本华叫道：“如果可能的话，不应该对任何人有怨恨的心理。”

你一定见过这样的女人，她们的脸因为怨恨而有皱纹，因为悔恨而变了形，表情僵硬。不管怎样美容，对她们容貌的改进，也及不上让她心里充满了宽容、温柔和爱所能改进的一半。

怨恨的心理，甚至会毁了你对食物的享受。圣人说：“怀着爱心吃菜，也会比怀着怨恨吃牛肉好得多。”

要是你的仇人知道你对他的怨恨使你筋疲力竭，使你疲倦而紧张不安，使你的外表受到伤害，使你得心脏病，甚至可能使你短命的时候，他们不是会拍手称快吗？

即使你不能爱你的仇人，至少也要爱你自己。要使仇人不能控制你的快乐、你的健康和你的外表。就如莎士比亚所说的：“不要因为你的敌人而燃起一把怒火，热得烧伤你自己。”

你也许不能像圣人般去爱你的仇人，可是为了你自己的健康和快乐，你至少要忘记他们，这实在是很聪明的做法。艾森豪威尔将军的儿子约翰说：“我父亲不会一直怀恨别人。他从来不浪费一分钟，去想那些不喜欢的人。”

在加拿大杰斯帕国家公园里，有一座可算是西方最美丽的山，这座山以伊笛丝·卡薇尔的名字为名，纪念那个在1915年10月12日像军人一样慷慨赴死——被德军行刑队枪毙的护士。她犯了什么罪呢？因为她在比利时的家里收容和看护了很多受伤的法国、英国士兵，还协助他们逃到荷兰。在10月的那天早晨，一位英国教士走进军人监狱——她的牢房里，为她做临终祈祷的时候，伊笛丝·卡薇尔说了两句将刻在纪念碑上不朽的话语：“我知道光是爱国还不够，我一定不能对任何人有敌意和恨。”四

年之后，她的遗体转移到英国，在西敏寺大教堂举行安葬大典。人们常常到国立肖像画廊对面去看伊笛丝·卡薇尔的那座雕像，同时朗读她这两句不朽的名言。

托尔斯泰曾经讲过这样一个故事：有位国王想励精图治，如果有三件事可以解决，则国家立刻可以富强。第一，如何预知最重要的时间；第二，如何确知最重要的人物；第三，如何辨明最紧要的任务。于是群臣献计献策，却始终不能让国王满意。

国王只好去问一位极为高明的隐士，隐士正在垦地，国王恳求隐士给予指点。但隐士并没有回答他。隐士挖土累了，国王就帮他继续干。天快黑时，远处忽然跑来一个受伤的人。于是国王与隐士把这个受伤的人先救下来，裹好了伤口，抬到隐士家里。翌日醒来，这位伤者看了看国王说："我是你的敌人，昨天知道你来访问隐士，我准备在你回程时截击，可是被你的卫士发现了，他们追捕我，我受了伤逃过来，却正遇到你。感谢你的救助，也感谢你让我知道了这个世界上最宝贵的东西，我不想再做你的敌人了，我要做你的朋友，不知你愿不愿意？"国王听了微笑着说："我当然愿意。"

国王再去见隐士，还是恳求他解答那三个问题。隐士说："我已经回答你了。"国王说："你回答了我什么？"隐士说："你如不怜悯我的劳累，因帮我挖地而耽搁了时间，昨天回程时，你就被他杀死了。你如不怜恤他的创伤并且为他包扎，他不会这样容易地臣服你。所以你所问的最重要的时间是'现在'，只有现在才可以把握。你所说的最重要人物是你'左右的人'，因为你立刻可以影响他。而世界上最重要的是'爱'，没有爱，活着还有什么意思？"

学着宽恕吧！遇事记恨别人的人，往往不能从被伤害的阴影中平安归来，痛苦总是如影随形，受伤害的反而是自己。因此，你一定要尽己所能地宽恕别人，这样做也正是在宽恕自己。

7. 千万别患上“红眼病”

嫉妒是一种非常有害的心态，最先被嫉妒之火烧毁的会是自己宁静的生活，而不是别人的成功。因此我们一定要克服这种狭隘的心态，让生活充满阳光。某省的一偏远山区，由于山高路远，交通不便，无论男女，出山的很少，婚姻结合也都是当地“自给自足”。有一年，一个年轻的师范毕业生了解了这里的情况后，自愿分到这个山村来实习。小伙子干净整洁的服饰、洒脱活泼的性格、渊博不凡的学识，像一条清亮的河流给沉闷的山村注入了生机和活力，当然也像一朵艳丽的花招来山里的小姑娘围着他蜂飞蝶舞。可是，时间不长，小伙子竟遭杀害，凶手竟是当地的几个年轻人。审讯的时候，问他们为什么杀害这个年轻的教师，其回答竟令人瞠目结舌：山里的小姑娘们都围着这个教师转，而瞧不起他们。多么简单、多么幼稚的杀人动机！不用过多思考，造成这一悲惨结果的罪魁祸首就是山里男人的狭隘。

这群年轻人实在是很可悲，在一个出色人物面前，他们不是想努力向他学习，而是任凭嫉妒心理的左右，以恶毒的手段来铲除对手，既害人又害己。

嫉妒是一条毒蛇，它使平庸者变得疯狂而残忍，在渐次增长的嫉妒中无情地伤害别人且成为一种可怕的惯性，并最终使嫉妒走向一条狭窄的人生道路，也使受妒者受到极大伤害。

习惯嫉妒别人的人，时时刻刻绷紧心上的一根弦，时刻处于紧张、焦虑和烦恼之中。他们不能平静地对待外部世界，也不能使自己理智地对待自己和他人。他们对比自己优秀的人总是怀着不满和怨恨之情，对比自己差的人又总是怀着惟恐他们超过自己的恐惧之心。因此他们终日惶恐不安，心理压力很大，活得很累很累。而且嫉妒和猜忌有不解之缘，有猜忌必有疑心，有疑心必有胡乱猜测和树敌、自寻烦恼和痛苦。在某种程度上，可以说嫉妒者到处寻找刺激，到处寻找怨恨，到处寻找包袱自己背。他们的痛苦最多，思想包袱最重。严重的嫉妒者终日生活在自我袭扰中，在自我痛苦和烦恼中度日月，煎熬生命，而又无力自拔，这样很容易引起精神分裂症。

嫉妒的习惯会让人一生碌碌无为。嫉妒的受害者首先是嫉妒者自己。莎士比亚说得很确切："嫉妒是绿眼的妖魔，谁做了他的俘虏，谁就要受到愚弄。"嫉妒者经常处于愤怒嫉恨的情绪中，势必影响自己的学业、工作和生活。生气是用别人的缺点来惩罚自己，嫉妒却是用别人的优点和成就折磨自己，因而它就更加残酷无情地毁掉自己一生的前途和事业。自己不上进，恨别人的上进；自己无才能，恨别人有才能；自己无成就，恨别人获得了成就。嫉妒者的光阴和生命就在对他人的怨恨中毫无价值地消磨掉，到头来两手空空，一事无成。俗话说："世上本无事，庸人自扰之。"嫉妒者都是庸人，他们自己给自己制造"敌人"，树立对立面；他们自己给自己制造不平静，所以，嫉妒者都是无事生非和无事自扰的庸人。

人一旦养成了嫉妒的习惯，不仅害人，也会害己。首先，这种人不仅心理发生变化，生理也发生变化，常见的是情绪变化异常，食欲不振，夜间失眠，内心痛苦不堪。正如巴尔扎克所说："嫉妒者的痛苦比任何人遭受的痛苦都大，他自己的不幸和别人的幸福都使他痛苦万分。"

施特劳斯是奥地利的音乐家，后来，他的儿子约翰·施特劳斯也成了音乐家，而且名气超过其父，这使做父亲的十分嫉妒。一天，儿子发出海报要举行音乐会，父亲闻讯立即宣布，在同一天的同一个时间也要举办音乐会。可是观众们都跑到了儿子那里，这使老施特劳斯又愧又恨，一下子就病倒了，并说："我但求速死。"由此可见，嫉妒者多受难耐的折磨。

其次，这种嫉妒的情绪发展到"动口又动手"时，必然要伤害他人，必然要做出违法之事。某单位团委书记，看到同事参加高等教育自学考试合格，不禁嫉妒心起，向同事的丈夫多次写匿名信，诽谤她在外乱搞男女关系，致使同事遭到丈夫毒打，并离家出走。后来，当听到党委会上有人提名让该同事做组织部副部长时，她又迫不及待地向党组织写诬告信。当事情水落石出后，这位女士终因犯有诬陷罪而被公安机关逮捕。

既然嫉妒的习惯无论对他人还是对自己都有害，那我们就应当努力去战胜它。

当然，要做到这一点，就必须增强自己的意志力。嫉妒的习惯并非天生的，而是在后天的一定的环境教育条件下逐渐形成的。因此，需要通过自我控制、自我调节，增强自己的意志力，逐步克服它。更重要的是敞开自己的胸怀，容下别人。如果在团体中，有机会做领袖固然可以当仁不让，没机会去领导别人时，就要退而甘愿接受别人领导。人的一生毕竟是短暂的，当嫉妒缠绕自己时，会感到人生之路越走越窄；当从嫉妒中走出时，顿会有一种海阔天空的感觉。

第四章　少小瞧人　多尊重人

有的人你看到了他的今天，但却无法预料他的明天；有的人看起来不起眼，但却可能是深藏不露的高人；有的人只是没权没势的小人物，但有时却能起到关键性的作用……所以不要小瞧任何人，每个人都有他的独特之处、聪明之处，小瞧别人说不定什么时候你就会吃大亏，如果你能够做到待人谦和、敬人如师，那你的人生路上就会少几分阻力，多几分顺畅。

1. 不要单以相貌衡量他人

一些人很不起眼，甚至有某方面缺陷，但这样的人未必就会成为生活中的失败者，他们往往生活得更好、事业更成功！

罗斯福是美国最受爱戴的总统之一，8 岁时，他的身体虚弱到了极点，呆钝的目光，露着惊讶的神色，牙齿暴露唇外，不时地喘息着。老师唤他起来读课文，他便颤巍巍地站起，嘴唇翕张，吐音含糊而不连贯，然后颓然坐下，生气全无，真是低能儿童的典型。老师虽然很同情他，却也认为他这一辈子大概只能这样度过：神经过敏，如果稍受刺激，情绪便受影响，处处恐惧畏缩，不喜欢交际，顾影自怜，毫无生趣。然而事实是怎样的呢？罗斯福渐渐地克服了自己的缺点，在进入大学之前，他已是人们乐于接近，一个精神饱满、体力充沛的青年了。他经常在假期到亚烈拉去追逐野牛，到洛矶山去狩猎巨熊，到非洲大陆去捕猎狮子。后来他又适应了军队的艰苦生活，带领马队，在与西班牙的战争中，功绩显赫。他的老师和同学恐怕做梦也想不到那个畏畏缩缩的低能儿，最后竟然成为美国历史上最伟大的总统之一。

有一句老话叫"人不可貌相，海水不可斗量"，单看一个人的外貌就断定他是否有前途，是一件愚蠢的事。比如名模吕燕，她虽然身材高挑，面孔却很难称得上"靓丽"——细眉、眯眯眼、宽鼻、厚嘴唇。刚出道时，一些模特经纪公司拒绝和她签约，认为她的容貌难登大雅之堂，吃不了模特这碗饭，但最后吕燕却成为了世界名模。生活中，总有人喜欢以貌取人，小看那些外表上有缺憾的人，其实缺憾有时也是一种动力，能帮助他们更快地走向成功。

许多人喜欢看 NBA 的夏洛特黄蜂队打球，特别喜欢看 1 号博格士，他的身高只有 1.6 米，在东方人里也算矮个子，更不用说在即使身高 2 米都嫌矮的 NBA 了。

据说博格士不仅是现在NBA里最矮的球员，也是NBA有史以来破纪录的矮球星。但他可不简单，他是NBA表现最杰出、失误最少的后卫之一，不仅控球一流，远投精准，甚至在高个队员围攻下带球上篮也毫无所惧。

每次看到博格士像一只小黄蜂一样，满场飞奔，人们心里总忍不住赞叹。其实他不只安慰了天下身材矮小而酷爱篮球者的心。

博格士是不是天生的好手呢？当然不是，他凭借的是意志与苦练。

博格士从小就非常热爱篮球，几乎天天都和同伴在篮球场上玩耍。当时他就梦想有一天可以去打NBA，因为NBA的球员不只是待遇奇高，而且也享有风光的社会评价，这是所有爱打篮球的美国少年最向往的梦。

每次博格士告诉他的同伴："我长大后要去打NBA。"所有听到他的话的人都忍不住哈哈大笑，甚至有人笑倒在地上，因为他们"认定"一个1.6米的矮个子是绝不可能到NBA去打球的。

在别人的讽刺声中，博格士的球艺却突飞猛进，最后终于成为全能的篮球运动员，也成为最佳的控球后卫。他充分利用自己身材矮小的优势：行动灵活迅速，像一颗子弹一样；运球的重心偏低，不会失误；个子小不引人注意，抄球常常得手。原来看不起博格士的那些人，最后都成了他的忠实球迷。

1.6米的身高，对一个篮球运动员来说确实是一个很严重的缺憾，因此当博格士说出想去NBA打球的愿望时，遭到了众人的嘲笑。但博格士却没有理会这些刺耳的声音，反而更加勤于练球，终于成为了一代篮球巨星，他的缺憾也成为了他的长处。博格士的经历告诉我们：人有无穷潜力，当他潜心去做一件事时，就有可能战胜自身的缺憾，取得成功。

有人打了个形象的比喻：每个人都是上帝亲手从树上摘下的苹果，但每个人都不太完美，因为有的被摔伤了，有的被上帝咬了一口，那么有缺憾的人一定是上帝最喜爱的人，因为被上帝咬了大大的一口。上帝很公平，有缺憾的人常常是内在最丰富的人，因此千万不要小瞧他们，他们都是上帝的宠儿。

2. 要知道任何人都不是傻瓜

每个人都觉得自己很聪明，看别人的时候却觉得对方总是像傻瓜，很容易就上当，并因此而自鸣得意。其实谁都不是傻瓜，当一个人小瞧别人，不尊重别人时，别人也不会接受他。

有一个医生，医术很高明，他在自己所在社区开了一个小诊所，因为街坊邻居都很相信他的医术，所以生意很不错。后来为了增加利润，医生就动起了歪心眼。病人来买药时，他总是尽量多开药，维生素类的药吃了也不会死人，所以常常一开一大包；病人来诊所输液时，他却暗中减少剂量，这样病人只好多打几瓶；除此之外，他还总向病人推荐一些价格昂贵的药，明明吃药也可以痊愈，他却让人输液……半年以后，来诊所看病的人越来越少了。有一天，他去社区的小公园散步，正好听见几个邻居聚在一起聊天。"去他那里看病？算了吧，我宁愿打车去医院。""真是的，诊所越办越黑，同样的病，我家老头子在医院打了两针就好了，可到了他那里——""更可气的是，他总给乱拿药，上次我得了肺内感染，他偏给我拿很多维生素。我是不懂得这些，可我表姐夫是市医院的大夫，想骗我？我看哪，他是把咱们都当傻子了！"……医生再也听不下去了，他羞愧的满脸通红，转身就走了。当然他的诊所过了不长时间也停业了。

千万别小瞧别人的判断力，不要以为别人都是很好骗的，否则就是在自欺欺人。故事中的医生就有必要学学怎样尊重别人，他给人开高价药，减小药量……还天真地以为不会被人发现，以为所有的病人都乖乖地上当，弄虚做假、不尊重别人导致的直接后果就是被人们拒绝。小瞧别人的人，别人也会看不起他，正像站在镜子前一样，你怒他也怒，你笑他也笑，一切都取决于你的态度。

豪华•哲斯顿被公认为是魔术师中的魔术师。40 年间，他游走在世界各地，一再地创造幻象，所有观众都被他神奇的表演深深吸引。40 年来共有 6000 万人买票去看过他的表演，而他赚了几乎 200 万美元的利润。

豪华•哲斯顿最后一次在百老汇上台的时候，卡耐基花了一个晚上待在他的化妆室里，想请哲斯顿先生告诉他成功的秘诀。哲斯顿告诉卡耐基，关于魔术手法的书已经有好几百本，而且有几十个人跟他懂得一样多，因

此，他的成功并不是因为他的魔术手法与众不同。但他有两样东西，其他人则没有。第一，他能在舞台上把他的个性显现出来。他是一个表演大师，了解人类天性。他的所作所为，每一个手势，每一个语气，每一个眉毛上扬的动作，都在事先很仔细地预习过，而他的动作也配合得分秒不差。第二，就是他十分尊重观众。他告诉卡耐基，许多魔术师会看着观众对自己说："坐在底下的那些人是一群傻子，一群笨蛋，我可以把他们骗得团团转。"但哲斯顿的方式完全不同。他每次一走上台，就对自己说："我很感激，因为这些人来看我表演，我要把我最高明的手法表演给他们看。观众可不是傻瓜，只要我出一点错，他们马上就会发现的，所以我要认真再认真。"哲斯顿说，他没有一次在走上台时，不是一再地对自己说："我爱我的观众，我爱我的观众。"也正因为有了对观众的尊重，才使得他的表演更具吸引力。

豪华·哲斯顿完全掌握了做人的一项重要原则：小瞧别人的人，是不会受到别人的尊重和认可的。他尊重他的每一位观众，对他来说魔术不是唬骗观众，而是与观众交流感情的工具。因此他博得了观众的好感，在魔术表演上取得了巨大的成功。他的魔术表演，并不特别比别的魔术师神奇，但对观众的尊重却帮了他大忙，观众是敏感的，台上的魔术师是以怎样的态度对待他们的，他们立刻就可以感觉得到。

然而生活中，很多人却容易犯小瞧别人的毛病，他们总把别人想成笨蛋，这种态度就导致他们在行动时对人表现得不尊重，而不尊重别人的后果就是使自己不被认可。要想获得别人的友谊或感情，就要用心去改善自己的态度，并增进能让别人喜欢自己的品质，而这些品质中最重要的一条便是学会尊重别人。

请记住，任何人都不是傻瓜，不要试图耍弄别人。尊重别人你才会被人尊重，你的事业才会蓬勃发展，你的人生才会圆满如意。

3. 不要看轻所谓的失败者

很多人都瞧不起失败者，认为只有成功的人才值得尊敬，但事实上根本就没有所谓的失败者，他们只不过没有找到适合自己的路而已。

看看这些人，他们都曾经是人们眼中的失败者：著名诗人济慈本来是学医的，在医学院里他的成绩非常差，常常受到同事的嘲笑。但后来他发现自己有写诗的才能，就放弃了学医，把自己的整个生命都投入到写诗当中。虽然他只活了二十几岁，但却为人类留下了许多不朽诗篇。马克思年轻时，曾是一名诗人，但他写出来的诗却被人称为“胡闹的东西”，幸好很快他就发现了自己的长处，便放弃了做个诗人的梦想，转而担任合唱演员，但却常常跟不上拍子，几次受到剧团成员的嘲笑，他也明白了自己并没有唱歌的天赋，于是就退出合唱队，投身于写作，结果成为了著名作家。如果他们没有找到适合自己的路，那他们就会成为人们口中的庸医，恶俗诗人和三流演员。

不要看轻失败者，每个生命都具有生存的力量，每个生命也都有自我发展的空间。

在求学的道路上，派瑞斯一直遭遇失败与打击，高中时的老师还曾经对他的母亲说：“派瑞斯恐怕不适合读书，他的理解能力实在太差了！说实话，我都想不出这孩子将来能做什么。”

派瑞斯的母亲听见老师这么说，非常伤心失望，她带着派瑞斯回家，决定要靠自己的力量，好好地培养他成才。

但是，不管母子俩怎么努力，派瑞斯对于读书实在有心无力，但孝顺的他为了安慰母亲，即使读得再吃力，也从来没有放弃过。

这天，读得心烦的派瑞斯路过了一家正在装修的超市，发现有个人正在超市门前雕刻一件艺术品。

没想到，派瑞斯这一看居然看得出神，停下脚步好奇而用心地观赏着，且产生了无比强烈的兴趣。

此后，母亲发现派瑞斯只要看到一些木头或石头，便会认真而仔细地按照自己的想法去打磨、塑造，但是对于读书一事，却开始放弃了。

母亲着急地劝他，最后派瑞斯不得不听从母亲的叮咛继续读书，只是

已经着迷于雕刻世界的他，却一直无法放下手中的刻刀。

最终派瑞斯还是让母亲彻底失望了，当落榜通知单寄到家中时，母亲对他说："你走自己的路吧！你已经长大了，没有人必须再为你负责。"昔日的同学也都讽刺他说："废物就是废物，怎么样扶他也站不住的！"

派瑞斯知道，自己在母亲和所有人的眼中都是个彻底的失败者，他在难过之余做了最后决定，要远走他乡，寻找自己的未来。

许多年后，有座城市为了纪念一位名人，决定在市政府门前广场上放置他的雕像，当地的雕塑师纷纷献上自己的作品，希望自己的大名也能与这位名人联系在一起。

但是，最后评选的结果，却是一位远道而来的雕塑师胜出。

在落成仪式上，这位雕塑大师发表了讲话："我想把这件雕塑作品献给我的母亲，因为我读书时无法实现她的期望，我的失败更令她伤心失望过。但是现在我想告诉她，虽然大学里没有我的位置，可是现在我总算找到了一个成功的位置。母亲，今天的我绝对不会让您失望了。"

原来这位雕塑大师竟然是派瑞斯，他的同学和亲友都惊讶得目瞪口呆，说不出话来，而站在人群中的母亲更是喜极而泣，她终于明白了，儿子原来并不笨，只不过是没有找到一条适合他自己的路。

当派瑞斯的同学放肆地嘲弄他时，他们一定没想到"废物"竟然会成为雕塑大师，当派瑞斯的母亲让儿子去走自己的路的时候，她实际上已经放弃了他，认为他这一辈子也不会有什么出息。但派瑞斯却出人预料地取得了成功。其实这世界原本就会有属于每一个人站立的位置，适合每一个人走的路，只不过有人很幸运地一下子找到了，有人还在跌跌撞撞地摸索而已。

不要小瞧任何人，即使是失败者，因为说不定什么时候他们就会出人意料地获得成功。

4. 总想着占人便宜的人会吃大亏

有这样一个寓言：狐狸莫顿看见一户人家的窗户上挂着一串香肠，它馋得口水都流了下来。怎么才能吃到香肠呢？这时它注意到了院里的狗，它狡猾地想："我只要三言两语就能让那只蠢狗把香肠送给我！"于是狐狸就和狗套起了近乎，最后它说："兄弟，看到那串香肠了吗？你那吝啬的主人是不会给你吃的，我替你望风，你把它偷出来大吃一顿多好！"狗想了想，就让狐狸跟它进院，"到草地那等着，我偷下来就跟你汇合。"狐狸刚走到草地就一声惨叫，它被一只捕鼠夹夹住了，而主人则跟着狗走了出来，一枪就把狐狸打死了。

生活中，很多人都想着要占点别人的便宜，似乎别人都不如自己聪明，但他们小瞧别人的代价就是"搬起石头砸了自己的脚"。

两个城里人和一个乡下人一起旅行，但他们的食物很快吃光了，只剩下一点点面粉，他们把面粉做成面包，但怎么也不可能够三个人吃。两个城里人想："我们不如想个计策，把乡下人的那份面包骗来，这样我们就能够吃饱了。"于是他们就对乡下人说："你看，面包根本不够三个人吃。把面包烤着，我们来睡觉吧！谁做的梦神奇，面包就归谁吃！"乡下人同意了，他倒头就睡，但两个城里人却没睡觉，他们商量起来："明天呢，我就说我做梦上了天堂，天使亲自来迎接我！"另一个说："那我就说我去了地狱，看见了撒旦和很多小鬼，他们都张牙舞爪的，可怕极了！哼，谅那个乡下人也做不出什么奇特的梦，那块面包够我们吃了！"说完他们也去睡了。然而那个乡下人根本没睡着，他听见了两个城里人的谈话，于是他半夜爬起来就把面包吃光了。第二天早上，两个城里人醒来发现面包不见了，就摇醒了乡下人，乡下人装作很吃惊的样子说："唷！你们还在这儿呢，昨天我看见天堂的大门打开了，天使把你迎接了进去，又看见这位下了地狱，撒旦和小鬼都张牙舞爪地拉着他，我想从来没有上天堂或下地狱的人还能回来的，所以就把面包给吃了！"

这个故事很可笑：两个城里人，因为瞧不起乡下人，想多占点便宜，结果反被乡下人涮了一把！生活中这类的事屡见不鲜，比如发生在动物园的趣事。

有个女游客来到黑猩猩园区，看见有一只猩猩靠近，忽然玩心大起，想了一个方法要捉弄这只大猩猩。

只见她故意做出喂食的动作，黑猩猩不疑有诈，立即上前准备接受她的食物，然而，就在黑猩猩伸手要拿食物时，这个女游客突然将手缩回，并且得意地嘲笑着它。

这时黑猩猩似乎知道自己被人戏弄，顿时气得变脸，它突然朝着女游客的脸，吐了一大口的唾沫，这位妙龄女郎当场成了另一个可笑的“景点”。

动物园的管理员看见了，走了过来，笑着说：“你们可别欺负它喔！阿吉可是非常聪明的。”

据说，在此之前，有个中学生也受过类似的教训。

当时他拿着香蕉想引诱阿吉，就在阿吉靠近拿取时，这个顽皮的学生却将香蕉送进了自己的嘴里。被欺负的阿吉一看，反应相当快，只见一大坨唾沫，直直地射向那个学生的脸上。

女游客戏弄黑猩猩时，一定是觉得黑猩猩是没什么智商的动物，欺负它、占它的便宜不会有任何风险，但没想到黑猩猩也不是好欺负的，自己反倒被吐了口水。真是一则有趣的案例，以万物灵知自居的人类，反而被自然万物教训了一顿。从这个故事中我们得到的教训就是：不要总想着占人便宜，谁都不是好欺负的。

有一个富翁听说某人准备卖掉农场，他就跑去找邻居商量：“你和农场主是多年的好朋友，如果你去买农场的话，他一定会很便宜地卖给你，我给你拿钱，你去把它买下来后，我一定重重地谢你。怎么样？老伙计，帮帮忙吧！”尽管邻居知道富翁的信誉不太好，但还是去了。农场主果然把农场以极低的价钱卖给了朋友。富翁对买卖的价钱非常满意，但他却一个字也没提酬谢的事，拿起地契转身就走。邻居冷笑了一下，叫住了富翁。富翁以为还有什么好事呢，赶忙回头，结果邻居说：“如果你不介意，我还要再告诉你一声，那个农场是以我的名字买的！”

富翁一心想占别人的便宜：想以最低的价钱买下农场，想不花一文钱地利用邻居……结果呢？想占便宜的人反被人占了便宜！钱花了，农场却不是自己的，而是邻居的，自己还落得可笑可怜的下场。要怪谁呢？只能怪富翁自己。若不是他总觉得自己比别人聪明，低估别人，他也不会吃这亏了。其实人跟人都差不多，你一心想占别人便宜，对方心里又怎会没个算计，这样一来吃亏的很可能就是你。

千万别太低估别人，抬高自己，你并不比别人聪明多少，便宜也不是那么好占的。脚踏实地做事，清清白白做人，这样你才会在人生路上走得顺畅。

5. 雪中送炭者必有厚报

两个贫苦的好朋友同一时间死去了，上帝让甲上天堂、乙去地狱，乙喊道："为什么这么不公平？"上帝回答他："你也许还记得，有一天你们一起赶路，遇到了一个死去的人，甲把他埋了起来，你却没有动手。"

人们都乐于锦上添花，却很少有人愿意做雪中送炭的事。锦上添花是在攀附贵人，日后必定好处多多；而雪中送炭是帮助弱势的人，可帮助他们有什么用处呢？这种想法实在是大错特错，因为那些看起来不起眼的人说不定什么时候就会帮上你大忙！

一对待人极好的夫妇不幸下岗了，不过在朋友、亲属以及街坊邻居们的帮助下，他们在小城新兴的一条商业街边开起了一家火锅店。

刚开张的火锅店生意冷清，全靠朋友和街坊照顾才得以维持。但不出三个月，夫妇俩便以待人热忱、收费公道而赢得了大批的"回头客"，火锅店的生意也一天天地好了起来。

几乎每到吃饭的时间，小城里的大小乞丐，都会成群结队地到他们的火锅店来行乞。

夫妇俩总是以宽容平和的态度对待这些乞丐，从不呵斥辱骂。其他店主，则对这些乞丐连撵带哄，一副讨厌至极的表情。而这夫妇俩则每次都会笑呵呵地给这些肮脏邋遢、令人厌恶的乞丐盛满热饭热菜。最让人感动的是夫妇俩施舍给乞丐们的饭菜，都是从厨房里盛来的新鲜饭菜，并不是那些顾客用过的残汤剩饭。他们给乞丐盛饭时，表情和神态十分自然，丝毫没有做作之态，就像他们所做的这一切原本就是分内的事情一样，正如

佛家禅语所说的，这是一对“善心如水的夫妻”。

日子就这样一天一天地过着，一天深夜，附近的一家服装店里突然燃起了大火，火势很快便向火锅店窜来。

这一天，恰巧丈夫去外地进货，店里只留下女主人照看。一无力气二无帮手的女店主，眼看辛苦张罗起来的火锅店就要被熊熊大火所吞没，着急万分之时，只见那班平常天天上门乞讨的乞丐，不知从哪里钻了出来，在老乞丐的率领下，冒着生命危险将那一个个笨重的液化气罐马不停蹄地搬运到了安全地段。紧接着，他们又冲进马上要被大火包围的店内，将那些易燃物品也全都搬了出来。消防车很快开来了，火锅店由于抢救及时，虽然也遭受了一点小小的损失，但最终给保住了。而周围的那些店铺，却因为得不到及时的救助，货物早已烧得精光。

在平常人看来，帮助一群乞丐有什么用呢？这些人没钱、没权，而且很难有翻身的时候，但这对夫妇却没有这样想，他们不求回报地热心帮助这群乞丐，结果当遇到火灾时，乞丐们也不顾一切地帮助他们，别人的店铺都烧光了，火锅店却只受了一点点损失，夫妻俩对乞丐们无私的帮助得到了他们最真诚的回报。

人们总是瞧不起落魄的人，不愿做雪中送炭的事，他们方便的时候只是帮弱势者做一点点小事，他们就可以获得丰厚的回报。

一个刮着北风的寒冷夜晚，路边的一间旅馆迎来了一对上了年纪的客人，他们的衣着简朴而单薄，看来他们非常需要一个温暖的房间和一杯热水，但不幸的是这间小旅店早就客满了！领班罗比看了他们一眼，冷冷地说：“这里没有多余的房间了，快走吧！”

“这已是我们寻找的第 16 家旅社了，这鬼天气，到处客满，我们怎么办呢？”这对老夫妻望着店外阴冷的夜晚发愁。

店里的一个小伙计不忍心这对老年客人受冻，便建议说：“如果你们不嫌弃的话，今晚就住在我的床铺上吧，我自己打烊时在店堂打个地铺。”

老年夫妻非常感激，第二天要付客房费，小伙计坚决拒绝了。临走时，老年夫妻开玩笑似地说：“你经营旅店的才能真够得上当一家五星级酒店的总经理。”

“那敢情好！起码收入多些可以养活我的老母亲。”小伙计随口应和道。

没想到两年后的一天，小伙计收到一封寄自纽约的来信，信中夹有来回纽约的双程机票，信中邀请他去拜访当年那对睡他床铺的老夫妻。

小伙计来到繁华的大都市纽约，老年夫妻把小伙计引到第五大道三十四街交汇处，指着那儿一幢摩天大楼说："这是一座专门为你兴建的五星级宾馆，现在我们正式邀请你来当总经理。"

年轻的小伙计因为一次举手之劳的助人行为，美梦成真。这就是著名的奥斯多利亚大饭店经理乔治·波非特和他的恩人威廉先生一家的真实故事。

还记得韩信和漂母的故事吗？韩信落泊之时，人人都嘲笑他，只有漂母把自己的饭分给他吃。后来，人们眼中的"无用小子"变成了大将军，他以千金回报了漂母的一饭之恩。很多人都热衷于结交富有的人而鄙视穷困的人，这种做法真的很不可取。

无论如何，帮助别人总是一件不错的事，帮助别人有时就是在帮助你自己，而且，如果你能摒弃势利的想法，就会发现，雪中送炭比锦上添花更能让你快乐，更能让你有满足感。

6. 小瞧别人会让你失去很多

很多人都捶胸顿足地痛悔自己错失了良机，而且是他们自己把机遇从身边推走的。出现这种错误的原因通常很简单：比如轻视了某个人。

哈佛大学的校长会客室里来了一对夫妇，他们坚持要见校长，校长只好在百忙之中抽出点时间来接待他们。这对夫妇告诉校长，他们的儿子曾在哈佛上学，而且他非常喜欢这所学校。现在他们的儿子突然去世了，他们希望能在哈佛校园里为儿子建一座纪念性建筑。听完了他们的话，校长用怀疑的目光打量着他们。这对夫妇衣着干净整洁，但却很简朴，看起来不像是有钱人，于是校长就用一种调侃的语气说："纪念性建筑？哈佛大学是什么地方，寸土寸金呀！看到窗外的草坪了吗？那是从韩国进口的，一片就要几万美金，再看看那些大楼，一栋就要几百万甚至上千万呀！你

们拿什么来做这些呢？”这对夫妇惊讶地看着校长，然后妻子对丈夫说：“听到了吗？亲爱的，建一座楼只要几百万美金，那我们为什么不给儿子建一座纪念大学呢？”一年后，一所新的大学建立起来了，那就是著名的斯坦福大学，这所大学是用那对夫妇儿子的名字命名的。

哈佛大学的校长肯定连做梦都没想到，他拒绝的是怎样一个提议，他错失的是怎样一个机会，如果不是他直截了当先入为主的偏见，这对夫妇本来可以成为哈佛的有力捐助人，但他的一念之差，却使哈佛没能得到捐助，反而还多了一个有力的竞争对手。生活中，很多人也常犯类似的错误，由于轻视别人，而错过了很多机会。比如曾在某报刊上看到这样一件事：一群中国孩子申请去英国某大学留学，他们都等在学校门口，考官的车来了，车里走下了一个英国人，一个中国人，所有的孩子都向英国人拥去，只有一个瘦小的女孩子向那个中国人咨询情况。等到考试时大家才发现，原来那个中国人才是主考官，那个瘦小的女孩子因为给主考官留下了不错的印象，因而轻松地通过了考试。细分析一下，这群孩子的心态真的是有点问题，在明知两人都是考官的情况下，却选择拥向英国人，冷落中国考官，这分明是小瞧别人的心理在作祟。而那个瘦小的女孩子因为对人一视同仁，所以轻松地跨过了考试这一关。

某地曾经发生过这样一件事：两个汽车交易厅在同一条街上打擂台，相互间竞争得非常激烈。有一天A厅来了个奇特顾客：他穿着一条沾满泥巴的裤子，手里还拎着个塑料袋，总之他的形象与汽车展示厅显得格格不入。A厅的一个导购小姐皱着眉头走了过来：“先生，您需要什么汽车？”这个人有点慌乱地说：“啊，不，我只是看看！”导购小姐眉头皱得更深了，“我们这的车都是展示的，你别给碰脏了！再说我们这儿也不是商场，跑这儿来参观什么？”导购小姐说完后，扭头走了。这个人讪讪地站了会儿，也只好离开了。过了一会儿，他推门进了B厅，一个导购小姐看见了他，马上跑过来打招呼：“先生，有什么可以为您效劳的吗？”这个人淡淡地说：“我就是看看。”导购小姐紧跟在他身侧，每当这个人对某一款车多看几眼，她就赶忙介绍一番。这个人有点不好意思了：“我不买车，只是看看。”导购小姐却仍是满面笑容：“我知道，不过让您了解一下也好啊！”听完导购小姐的话，这个人紧皱的眉头舒展开了，“小姐，我要买30

辆 Z-Z 型农用车，你马上给我下单子吧。”导购小姐大吃一惊，“可，可我们经理不在！”这个人温和地笑着说：“不用找你们经理了，你对我的态度已经使我毫无保留地信任你。开票吧，我先预付订金。”

因为轻视别人，A 厅的导购小姐失去了一个数额巨大的订单，如果她知道那位衣衫陈旧的人居然是个大客户，一定会后悔不迭吧！生活中，很多人都是深藏不露的：达官贵人，看起来也许就像平易近人的街坊邻居；千万巨富，也许衣着普通如同升斗小虫……很多机会也常常是披着陈旧的外衣而来的，轻视它，你就会把它从身边推走，而且很难再找回来了。

人生路上，我们会碰到各种各样的人，每个人都有自己的独特之处，你并不知道什么人会对你有所帮助，什么人能影响你的命运，所以我们只有选择一视同仁，这样我们才能不错过任何机会，才能更快地走向成功。

7. 不要小看小人物的力量

能帮助你的人，未必是地位尊崇、高高在上的人，《红楼梦》中，贾芸不就是靠借“泼皮”倪二的银子，才买了香料去讨好“琏二奶奶”的吗？生活中也是这样，我们有多少机会能接触到那些高官显贵呢？很多时候，能帮你的人往往是一些不起眼的小人物，所以千万不要瞧不起小人物。

一个年轻人大学毕业后进入了一间律师事务所，成为那里最年轻的一名律师。但很快他就发现自己的处境很不妙：他清楚法律文书写作的全部程序，但却无法写得精彩；他没有实际经验，也不知道怎样和当事人沟通，在这里每个人都忙着自己的事，没人愿意帮助他、指导他……

有一天接近深夜的时候，他还在一个人加班，突然大嗓门的保安没敲门就闯了进来，“你怎么还不走啊！快点快点，巡完楼层我还得睡觉呢！”

年轻的律师很生气，“我在加班，你没看到吗？你以为我喜欢这样加班吗？”他越说越激动，竟然把自己的烦心事儿全说了出来，保安看了他

一眼，没说话就出去了。过了几天，他乘电梯时遇到了经理，而那个保安也在电梯里。保安看了他一眼，突然转过脸，无所顾忌地对经理说："怎么搞的，我怎么总碰见这个小伙子在深夜加班呀！你干嘛不找个熟手带带他，让他自己瞎琢磨有什么用啊！"年轻的律师简直惊呆了，他惊慌地朝经理看去，经理也正看着他。"让我想想。"经理自言自语地说了一句。第二天，经理让他去给一个资深律师当助手，并勉励他好好做，两年后，他已经可以独当一面了。他由衷地感谢那个粗野的保安，是他帮了他一个大忙。

保安只是一个小人物，但他却能仗义直言，帮年轻的律师摆脱了困境，可见一些不起眼的小人物在关键时刻也能起到重要作用。

再让我们看看这个故事：

杰克·伦敦的童年，贫穷而不幸。14 岁那年，他借钱买了一条小船，开始偷捕牡蛎。可是，不久之后他就被水上巡逻队抓住，被罚去做劳工。杰克·伦敦找机会逃了出来，从此便走上了流浪水手的道路。

两年以后，杰克·伦敦随着姐夫一起来到阿拉斯加，加入到淘金者的队伍。在淘金者中，他结识了不少朋友。他这些朋友中三教九流什么人都有，而大多数是美国的劳苦人民，虽然生活困苦，但是在他们的言行举止中充满了生存的活力。

杰克·伦敦的朋友中有一位叫坎里南的中年人，他来自芝加哥，他的辛酸历史可以写成一部厚厚的书。杰克·伦敦听他的故事经常潸然泪下，而这更加坚定了杰克·伦敦心中的一个目标：写作，写淘金者的生活。

在坎里南的帮助下，杰克·伦敦利用休息的时间看书、学习。1899 年，23 岁的杰克·伦敦写出了处女作《给猎人》，接着又出版了小说集《狼之子》。这些作品都是以淘金工人的辛酸生活为主题的，因此，赢得了广大中下层人士的喜爱。

杰克·伦敦渐渐走上了成功的道路，著作的畅销也给他带来了巨额的财富。

刚开始的时候，杰克·伦敦并没有忘记与他同甘苦共患难的淘金工人们，正是他们的生活给了他灵感与素材。他经常去看望他的穷朋友们，一起聊天，一起喝酒，回忆以往的岁月。

但是后来，杰克·伦敦的钱越来越多，他对于钱也越来越看重。他甚至公开声明他只是为了钱才写作。他开始过起豪华奢侈的生活，而且大肆地挥霍。与此同时，他也渐渐地忘记了那些穷朋友们。

有一次，坎里南来芝加哥看望杰克·伦敦，可杰克·伦敦只是忙于应酬各式各样的聚会、酒宴和修建他的别墅，对坎里南不理不睬，一个星期中坎里南只见了他两面。

坎里南头也不回地走了。同时，杰克·伦敦的淘金朋友们也永远地从他的身边离开了。

离开了生活，离开了写作的源泉，杰克·伦敦的思维日渐枯竭，他再也写不出一部像样的著作了。于是，1916年11月22日，处于精神和金钱危机中的杰克·伦敦在自己的寓所里用一把左轮手枪结束了一生。

杰克·伦敦成名了，就开始瞧不起那些生活在社会底层的人，结果使自己陷入无助之中，最后用手枪结束了自己的生命。杰克·伦敦的经历告诉我们：永远不要瞧不起地位卑微的朋友，多结交一个朋友就多一条路，离开他们，你也许就会一无所有。

地位只是一个人身份、权力的象征，如果你把它看得太重，就会失去许多朋友、帮手。人生路上，你需要各种各样的朋友来帮助你，包括地位卑微的朋友。

8. 看人时不要只看短处

一个哲学家坐船过河，他问船夫："你懂得哲学吗？"船夫摇摇头。"那你看过斯宾诺莎的书吗？"船夫又摇摇头。哲学家轻蔑地看了船夫一眼，"那你就失去了活着的乐趣。"过了一会儿，船突然要沉了，哲学家惊慌地乱叫。船夫问："你会游泳吗？先生。"哲学家摇摇头，船夫笑了，"那么，你将失去活着的权利！"

每个人都有各自的特点，有自己的长处，也有自己的短处。不能因为别人在某方面不如你就瞧不起对方，小瞧人的人，常常不如人。

皇帝的御橱里有两只罐子，一只是陶的，另一只是铁的。骄傲的铁罐瞧不起陶罐，常常奚落它。

“你敢碰我吗，陶罐子？”铁罐傲慢地问。

“不敢，铁罐兄弟。”谦虚的陶罐回答说。

“我就知道你不敢，懦弱的东西！”铁罐说着，显出了更加轻蔑的神气。

“我确实不敢碰你，但不能叫做懦弱。”陶罐争辩说，“我们生来的任务就是盛东西，并不是用来互相撞碰的。在完成我们的本职任务方面，我不见得比你差。再说……”

“住嘴！”铁罐愤怒地说，“你怎么敢和我相提并论！你等着吧，要不了几天，你就会破成碎片，消灭了，我却永远在这里，什么也不怕。”

“何必这样说呢，”陶罐说，“我们还是和睦相处的好，吵什么呢！”

“和你在一起我感到羞耻，你算什么东西！”铁罐说，“我们走着瞧吧，总有一天，我要把你碰成碎片！”

陶罐不再理会。

随着时间的流逝，世界上发生了许多事情，皇朝覆灭了，宫殿倒塌了，两只罐子被遗落在荒凉的场地上。历史在它们的上面积满了渣滓和尘土，一个世纪连着一个世纪。

许多年以后的一天，人们来到这里，掘开厚厚的堆积物，发现了那只陶罐。

“哟，这里有一只罐子！”一个人惊讶地说。

“真的，一只陶罐！”其他的人说，都高兴地叫了起来。

大家把陶罐捧起，把它身上的泥土刷掉，擦洗干净，和当年在御橱的时候完全一样，朴素、美观，毫光可鉴。

“一只多美的陶罐！”一个人说，“小心点，千万别把它弄破了，这是古代的东西，很有价值的。”

“谢谢你们！”陶罐兴奋地说，“我的兄弟铁罐就在我的旁边，请你们把它挖出来吧，它一定闷得够受的了。”

人们立即动手，翻来覆去，把土都掘遍了，但一点铁罐的影子也没有。——它，不知道什么年代，已经完全氧化，早就无踪无影了。

铁罐确实比陶罐结实，这是它的长处，只不过铁罐只看到了自己的长处，却没有看到陶罐的长处：美观，可以丝毫无损地保存上千年。它瞧不起陶罐，奚落陶罐，但结果呢？陶罐历经千年不朽，它却因为被氧化而无影无踪，难怪俗语说："小瞧人，不如人。"

美国有一个拳手叫汤姆·弗基，刚入道的时候他还只有20岁，那正是个年轻气盛的年龄。凭着出拳有力、步法灵活的特点，他已经连续取得了几场比赛的胜利，于是他变得得意起来，认为自己与拳王的距离已经越来越近了，对一些不太出名的拳手更是看不进眼里。有一次，经纪人安排他和一个叫马卡·里乔的拳手打一场，马卡至少打了九年拳了，但却成绩平平，而且36岁的他早已过了拳击手的最佳年龄。这使汤姆有种受辱的感觉，他扬言只要三回合就可以"放倒那个老家伙！"

比赛开始了，汤姆一上场就发起一轮暴风雨式的进攻，左勾拳，右勾拳，打得虎虎生风。马卡并没有主动进攻，只是不停地躲闪，台下叫好声一片，汤姆更得意了，他认为马卡实在不堪一击，但就在这一回合结束的前几秒钟，马卡突然出了一记重拳，汤姆竟然被击倒在地。汤姆认为是自己太大意了，下场一定要给对方点颜色看看。休息时，他的教练告诉他，马卡是一个很难缠的对手，让他一定要小心。但一上场，汤姆就把教练的警告抛在脑后，结果汤姆一直没能打倒对手，两人打满了12回合，汤姆侥幸以点数取胜。然而这并不是什么光彩的胜利，汤姆付出了巨大的代价：眼角撕裂，两个指节骨折。事后汤姆仔细想一想自己实在不该小瞧马卡，他虽然年纪大了，但经验却要比自己多上很多，他打起拳来有策略，不像自己一样蛮干，他会保护自己，他有清醒的判断力……自己能够取胜，实在是件侥幸的事。马卡给了汤姆一个很好的教训，从此汤姆再也不敢小看任何一个拳手，无论是新人还是老将。因为他知道每个人都有自己的不凡之处，小看了他，你就会吃大亏。

生活中，很多人也都容易犯汤姆那样的错误，能看到自己的长处，而看别人时却只能看到短处，这是一件很遗憾的事，小看别人就会使你做出错误的判断，做起事来就容易落败甚至沦为别人的笑柄，就像汤姆·弗基一样。

小瞧别人的心理，是你成功的一大障碍，你应该常常提醒自己：千万不要看轻任何人，你未必就比人强！

9. 要勇于承认自己的不完美

人无完人，每个人都会有一些缺陷：外貌上的，性格上的，经历上的……当一个人懂得承认自己的不完美时，他也就真正地成熟起来了。

卢女士已经37岁了，两年前丈夫不幸病故，家里人都执意让她再找一个意中人，热心的朋友也劝她早日结束独身生活。卢女士虽然也看过几个对象，但都没有成功。原因是卢女士和别人见面后，总是先把自己的缺陷和盘托出，暴露无疑，令一些人“望而却步”。她的朋友数落她时，她却振振有辞：“年轻时搞对象都没有装模作样过，老了更不用掩饰，我就是这么样一个有瑕疵的女人，先让对方看清楚点不好吗？”后来卢女士还真找到了一位心心相印的意中人，据说对方在假货遍地人也爱装假的今天，就是看中了卢女士毫不掩饰、勇于承认缺陷的优点，认为这人难得的实在。由于卢女士事前把自己的缺陷毫无保留地告知对方，对方“扬长避短”，两人配合默契，生活得很美满。朋友们都说，实在人有实在命，这是卢女士用袒露缺陷换来的幸福。

人有缺陷并不可怕，可怕的是刻意掩饰，自欺欺人。卢女士不是这样，在对方面前大胆袒露自己的缺陷，出自于内心的真诚和对别人的信任。她那透明的真诚理所当然也换来了对方的信赖与爱慕。把自己的缺陷袒露人前，也就同时把自己的真诚毫无保留地献给了对方。在日常生活中往往有这样的情况，越是刻意掩饰自己的缺陷，自己活得越累，有时甚至还显得很尴尬。这是因为缺陷是客观存在的，掩饰往往会弄巧成拙。卢女士真诚袒露缺陷的结果，使对方理解她的缺陷，容纳她的缺陷，还有意识地弥补她的缺陷，这正是他们后来生活幸福和谐的基础。

缺陷或大或小、或多或少，人人都有。然而，面对缺陷，大多数人是去掩饰。掩饰缺陷也许是人的天性，毕竟能在大庭广众之下袒露自己缺陷的人，实属不多。因此袒露缺陷确实需要勇气，要战胜自己的懦弱，战胜自己的虚荣，还要战胜世俗的偏见。所有这些，没有超人的勇气是万万做不到的。

台湾著名画家刘墉在教国画的时候，经常发现有些学生极力掩饰自己作品上的缺点，有时画得差，干脆就不拿出来了。遇到这种情况，刘墉会对他们说："初学画总免不了有缺点，否则你们也就不必学了！这就好比去找医生看病，是因为身体有不适的地方，看医生时每个病人总是尽量把自己的症状说出来，以便医生诊断。学画交给老师作业，则是希望老师发现错误，加以指正，你们又何必掩饰自己的缺点呢？"

还有一个男人，单身了半辈子，突然在43岁那年结了婚。新娘跟他的年纪差不多，但是她以前是个歌星，曾经结过两次婚，都离了，现在也不红了。在朋友看来，觉得他挺亏的，这不是一个好的选择，因为新娘身上的瑕疵太多了。

有一天，他跟朋友出去，一边开车、一边笑道："我这个人，年轻的时候就盼望着能开宝马车，可是没钱，买不起；现在呀！买不起，买辆二手车。"

他的确开的是辆老宝马车，朋友左右看看说："二手？看来很好哇！马力也足！"

"是的呀！"他大笑了起来，"旧车有什么不好？就好像我太太，前面嫁个广州人，又嫁个上海人，还在演艺圈20年，大大小小的场面见多了。现在老了、收了心，没有以前的娇气、浮华气了，却做得一手好菜，又懂得做家务。说老实话，现在真是她最完美的时候，反而被我遇上了，我真是幸运呀！"

"你说得挺有道理的！"朋友陷入沉思。

他拍着方向盘，继续说："其实想想我自己，我又完美吗？我还不是千疮百孔，有过许多往事、许多荒唐，正因为我们都走过了这些，所以两人都变得成熟、都懂得忍让、都彼此珍惜。这种不完美，正是一种完美啊！"

正因为这位男士能够承认自己的不完美，他才不苛求爱人的完美，结果两个有瑕疵的人才能凑到一起，组成一个幸福的家庭。从某种意义上看，人就是生活在对与错、善与恶，完美与缺陷的现实中，我们既然能从自己非常优秀与完美的现实中受益，为什么就不能从自己的缺陷中受益呢？

我们应该明白有缺陷并不是一件坏事，那些自认为自身条件已经足够好以至于无可挑剔、不必改变现状的人往往缺乏进取心，缺少超越自我追求成功的意志；相反，承认自己的缺陷，正确认识自己的长处与短处，却可以使我们处在一种清醒的状态，遇事也容易做出最理智的判断。

在人世间，人是注定要与“缺陷”相伴，而与“完美”相去甚远的。所以不完美也是一种完美，承认自己的不完美是一种豁达、成熟，更是一种智慧！

第五章　给人面子　留己面子

许多人可以吃暗亏，也可以吃明亏，但就是吃不下“面子”亏。所以，在人际交往中，你要是不顾别人的面子行事，总有一天会大吃苦头。因此，有时候就要宁可自己损些颜面，也尽量不让别人下不来台。当你以原有的做人方法走得不那么顺畅时，从“面子”问题上找原因，也许就会走出一条新路来。

1. 先给别人面子自己才有面子

一般来说，人们都很不情愿接受别人指手划脚的命令，因为这容易激起他们的逆反心理，让他们觉得自己没面子，以致事情走向所希望的反面。而若是从对方的立场出发，将他的思路引导到你的思路上来，让他站到你所搭建的舞台上，往往会更容易达到你的目的。

著名的牧师约翰·古德诺在他的著作《如何把人变成黄金》中举了这样一个例子：

多年来，作为消遣，我常常在距家不远的公园散步、骑马，我很喜欢橡树，所以每当我看见小橡树和灌木被不小心引起的火烧死，就非常痛心。这些火不是粗心的吸烟者引起，它们大多是那些到公园里体验土著人生活的游人引起，他们在树下烹饪而烧着了树。火势有时候很猛，需要消防队才能扑灭。

在公园边上有一个布告牌警告说：凡引起火灾的人会受到罚款甚至拘禁。

但是，这个布告竖在一个人们很难看到的地方，儿童更是不能看到它。有一位骑马的警察负责保护公园，但他很不尽职，火仍然常常蔓延。

有一次，我跑到一个警察那里，告诉他有一处着火了，而且蔓延很快，我要求他通知消防队，他却冷淡地回答说，那不是他的事，因为不在他的管辖区域内。我急了，所以从那以后，当我骑马出去的时候，我担任自己委任的“单人委员会”的委员，保护公共场所。最初，我警告那些小孩子，引火可能被拘禁，我用权威的口气，命令他们把火扑灭。如果他们拒绝，我就恫吓他们，要将他们送去警察局——我在发泄我的反感。

结果呢？儿童们当面服从了，满怀反感地服从了。当我消失在山后边时，他们又会重新点火。让火烧得更旺——希望把全部树木烧光。

这样的事情发生多了，我慢慢教会自己多掌握一点人际关系的知识，用一点手段，学一点从对方立场看事情的方法。

于是我不再下命令，我骑马到火堆前，开始这样说：

“孩子们，很高兴吧？你们在做什么晚餐？……当我是一个小孩子时，我也喜欢生火玩，到现在还喜欢。但你们知道在这个公园里，点火是很危险的。我知道你们没有恶意，但别的孩子就不同了，他们看见你们生火，他们也会生一大堆火，回家的时候也不扑灭，让火在干叶中蔓延，伤害了树木。如果我们再不小心，我们这儿就没有树了。因为生火，你们可能被拘下狱，我当然不愿意干涉你们的快乐，我喜欢看你们玩耍。请你们将树叶耙得离火远些，好不好？在你们离开以前，请你们小心用土将火盖起来，好不好？下次你们再玩时，请你们在那边沙堆上生火，好不好？那里不会有危险……多谢，孩子们，祝你们快乐！”

这种说法产生的效果有多大！

它让儿童们乐意合作，没有怨恨，没有反感。他们没有被强制服从命令，他们觉得好，我也觉得好。因为我考虑了他们的观点——他们要的是生火玩，而我达到了我的目的——不发生火灾，不毁坏树木。

明天，也许你会劝说别人做些什么事情。在你开口之前，先停下来问自己：“我如何使他心甘情愿地做这件事呢？”这个问题，也许可以使我们不至于冒失地、毫无结果地去跟别人谈论我们的愿望。

如果我们托人办事——借别人出面出力去做成我们筹划的事——这种策略肯定是应该首先考虑的：以对方的眼光和情感作为切入角度，通过给人面子的方式，引导他“变成”自己，这样，他自然会乐意爽快地“替”你把事情办好。

2. 用面子引导别人的思路

做事要想有一个好的结果，面子是一个很好的切入点。比如你可以顺着别人的思路来，以之作为促成思路逐步接近的前提。

罗斯福做纽约州长的时候，完成了一项项特殊事业。他与其他政治首

脑们感情并不好，但他却能推行他们最不喜欢的改革。

他是如何做的呢？

当有重要位置需要补缺的时候，罗斯福请政治首脑们推荐。

“最初，”罗斯福说，“他们会推荐一个能力很差的人选，一个需要‘照顾’的那种人。我就告诉他们，任命这样一个人，我不能算是一个好的政治家，因为公众不会同意。

“然后，他们向我提出另一个工作不主动的候选人，是来混差事的那种人。这个人工作没有失误，但也不会有什么很好的政绩，我就告诉他们，这个人也不能满足公众的期望，我请他们看看，能不能找到一个更适合这个位置的人。

“他们的第三个提议是一个差不多够格的人，但也不十分合适。

“于是我感谢他们，请他们再试一次。他们这时就提出了我自己选中的那个人。我对他们的帮助表示感谢，然后我说就任命这个人吧。我让他们得到了推荐人选的功劳……我请他们帮我做这些事，为的是使他们愉快，现在轮到他们使我愉快了。”

他们真的这样做了。

他们赞成各种改革，如公民服役案、免税案等等，这使罗斯福工作起来很愉快。

当罗斯福任命重要人员时，他使首脑们真正地感觉到了，是他们“自己”选择了候选人，那个任命是他们最早提出的，这让他们感觉到了莫大的面子。

再看看艾登在这方面是怎么做的。艾登·博格基尼是美国著名的音乐经纪人之一。他曾做过许多世界著名演唱家的经纪人，并且十分成功。

众所周知，明星是最难相处的，由于舆论和社会的吹捧，他们的身价十分高。这从客观上使他们形成了一种孤傲、不可一世的气质。他们那种不合作的态度时常令一些音乐经纪人十分头痛。

卡尼斯·基尔勃格是美国著名的男高音歌唱明星，他那浑厚、激昂的声音赢得了众人的青睐。但就是这种青睐，使他养成了一种坏脾气。但是，艾登·博格基尼却成功地做了他的音乐经纪人达5年之久。说到其中奥妙，艾登·博格基尼谈了一件令他难忘的事：

一次演出的头天晚上，卡尼斯·基尔勃格在与朋友的聚会上不小心吃了一点辣椒。结果可想而知。万幸的是及时采取了措施，还没有什么大的妨碍。

但是当天下午 4 点，卡尼斯·基尔勃格打电话给艾登·博格基尼，说他的嗓子又痛了起来，无法演出。

这下急坏了博格基尼，他立刻赶到了基尔勃格的住所，询问他的情况。他十分明智，没有提当天晚上的事，只是叮嘱他好好休息。

下午 6 点，博格基尼又来询问了一次，基尔勃格看起来仍十分难受，博格基尼只好压住焦急的情绪，安慰了他几句。

晚上 7 点，仍不见好转，博格基尼对基尔勃格说：

"既然你仍不能进入状态，那就只好取消这次演出了，虽然这会使你少收入几千美元，但这比起你的荣誉来，算不了什么。"就在博格基尼准备驱车前往纽约歌剧院，打算取消这次演出时，基尔勃格终于打电话来了，并表示愿意参加当天晚上的演出。因为，他觉得如果不这样做，就对不起博格基尼，是博格基尼的慰藉使他恢复了状态。

在这两个故事中，罗斯福和博格基尼都没有直接说出自己的意思，而是顺着对方的意图，晓以利害，这样就使他们自觉地回到罗斯福和博格基尼的"圈套"里来了。所以说，这其实是一种高明的策划手段，既达到目的，又不露痕迹。

对于推销员来说，应该把顾客推到台前，而自己应隐身幕后。因为如果把产品和顾客自身的风光感受联系在一起，他们就乐于接受了，这种手段无疑会大大提高业绩。这就是"面子"的功效。

同样的道理，做人也应如此，顺着别人的思路来，往往能在交往中无阻无碍，办事时顺顺利利。这时候，即使你不要它也会主动地往你身上贴。

3. 给别人露脸的机会

有时候事情到了一定的关口，必须有人出面“迎风而立”，这时候聪明的主事者往往会耍出手段，让别人心甘情愿地充大头、撑台面、冒风险，而他自己却毫发无伤地捞好处。这不能不说是一种高明的“要面子”的手段。

三国枭雄曹操在发迹称霸的过程中，也玩了几手漂亮的幕后策划戏。他在群雄并起、危机四伏中，把别人捧上前台，自己在幕后操纵，成为最大的受益者。

曹操刺董卓失败，马上逃离洛阳，回去整合兵马，会同袁术、袁绍、孔融、马腾、孙坚等十七路诸侯联合讨伐董卓。在这些力量中，曹操拥有较强的实力，且作为发起人，理应以他为盟主，但他却主动谦让，把盟主位置让给袁绍。并说什么“袁本初四世三公，门多故吏，汉朝名相之裔，可为盟主。”其实他正是看穿了袁绍贪图虚荣和实力较弱的缺点，既让他作出头鸟，又可以使自己把握实权。果然袁绍心中大喜，心甘情愿地当了冤大头，结果在群雄逐鹿中四面受敌，力量慢慢削弱，最后终于被曹操吃掉了。

曹操这套阴谋的好处在于：一是可以借力克力，借势灭势；二是可以暗中操纵，混水摸鱼，得渔翁之利。通过这次与十七路诸侯的合作，曹操几乎全部摸清了他们的底细，而对方则不知他的深浅。等到公孙瓒、孙坚等人看出他的野心时为时已晚。更何况此时曹操又玩了一手更高明的手段。

曹操杀入洛阳、消灭董卓力量后，便把汉献帝挟持到自己的地盘许昌“供”起来。这一招更高明，他把汉献帝当成皮影，而自己则是耍皮影的。由于汉献帝的名头，诸侯都不敢对曹操轻举妄动，而曹操更是拉大旗作虎皮，挟天子以令诸侯，自立为大丞相，实则以天子名义对诸侯们指手画脚。曹操的这一招，可谓把幕后操纵演绎到了极致。曹操后来的不断壮大，四方贤士猛将皆来投靠，不能不说与此有很大关系。

隋朝末年，李渊从太原起兵后不久，便选中关中作为长远发展的基地。因此，他就借“前往长安，拥立代王”为名，率军西行。

李渊西行入关，面临的困难和危险主要有三个。第一，长安的代王并不相信李渊会真心“尊隋”，于是派精兵予以坚决的阻击。第二，当时势力最大的瓦岗军半路杀出，纠缠不清。第三，瓦岗军还用一方面主力部队袭奔晋阳重镇，威胁着李渊的后方根据地。

这三大危险中，隋军的阻击虽已成为现实，但军队数量有限，且根据种种迹象判断，隋廷没有继续派遣大量迎击部队的征兆。但后两个危险却是不可掉以轻心的，瓦岗军的人数在李渊的10倍以上，第二种或者第三种危险中，任何一个危险的进一步演化，都将使李渊进军关中的行动夭折，甚至有可能由此一蹶不振，再无东山再起的机会。

李渊急忙写信给瓦岗军首领李密详细通报了自己的起兵情况，并表示了希望与瓦岗军友好相处的强烈愿望。

不久，使臣带着李密的回信来到了唐营。李渊看了回信后，口里说了声“狂妄之极”，心里却踏实多了。

原来，李密自恃兵强，欲为各路反隋大军的盟主，大有称孤道寡的野心。他在信中实际上是在劝说李渊听从他的领导，并要求李渊速作表态。

李密拥有洛口要隘，附近的仓容中粮帛丰盈，控制着河南大部。向东可以阻击或突袭在江苏的隋炀帝，向西则可以轻而易举地进取已被李渊视之为发家基地的关中。因此，李渊虽知李密过于狂妄，但人家有狂妄的资本。

为了解除西进途中的后两种危险，同时化敌为友，借李密的大军把隋炀帝企图夺回长安的精兵主力截杀在河南境内，李渊对次子李世民说：“李密妄自尊大，决非一纸书信便能招来为我效力的。我现在急于夺取关中，也不能立即与他断交，增加一个劲敌。”于是，李渊回信道：“当今能称皇为帝的只能是你李密，而我则年纪大了，无此愿望，只求到时能再封为唐公便心满意足了，希望你能早登大位。因为附近尚须平定，所以暂时无法脱身前来会盟。”

李世民看了信说：“此书一去，李密必专意图隋，我无东顾之忧了。”果然，李密得信之后，十分高兴。

李渊投李密之好，把他当成台面人物，使得他不再对自己防范，不仅避免了李密争夺关中的危险，而且还为李渊西进牵制住了洛阳城中可能增援长安的隋军，从而达到了“乘虚入关”的目的。李密中了李渊之计，十分信任李渊，常给李渊通信息，更无攻伐行为，专力与隋朝主力决斗。之后几年中，李密消灭了隋王朝最精锐的主力部队，而自己也被打得只剩2万人马。而李渊则利用有利时机发展成为最有实力的人，不费吹灰之力便

收降了李密余部。

李渊的手段虽不如曹操精细，但也深得其精髓。他利用李密的弱点，吹捧一番，便把李密送上了热闹却危险的舞台，而自己则不露行迹，等到前台的戏一结束，他便出来收拾摊子，凭空占下大大的好处。李密的失误，在于他把指挥棒轻易地交给了李渊，自己粉墨登场做起了悲剧角色的演员——“出头鸟”。

无论是曹操对于袁绍、汉献帝，还是李渊对于李密，用的都是让对方当出头鸟，而自己在幕后掌权策划的手段。这种看似“风光”、“有面子”的“出头鸟”，处于风口浪尖上得到的不外是明枪暗箭、嫉恨攻击，成为众矢之的。而幕后的操纵者不但安全无恙，而且坐收渔利，成为最大的也是最后的赢家。这也正是从结果与从过程中要面子的不同结局。

4. 死要面子活受罪

责怪别人，逼迫别人认错，或者损害别人的脸面，这些都是在做人处世中要不得的。而另一方面，对于自己的错误勇于承认，也是做人所必不可少的。所谓“宽以待人，严以律己”，自己犯了错误，应勇于承认，而且越快越好。因为这是一种保住脸面的策略。一味硬撑着，只会死要面子活受罪，到头来后悔不迭。

有一位退休的机械工程师，他对事情是否做到精确无误的程度的关心，甚于关心自己的事业是否成功。他认为一个被他人揪出错误的人就活像个笨蛋一样，无论错误是因为不准确的测量也好，观测的角度不对也好，是错误的结论，还是无效的评估，这些对他来讲都一样。他最喜欢说的一句话是：“你不可以在别人面前丢脸。”事实上，只要是人皆会出错，这位工程师也不例外，为了保全面子，即使他心里知道自己做错了事，也会在大庭广众之下装出一副自己没有错的样子。更为可笑的是，他对不知道的事情也会装出一副很懂的样子，在他身边工作的人当然很受不了他这一点，为此，这位工程师失去了很多人的喜爱和尊敬。

当然，无论做什么事，我们都希望自己是对的。当我们得出正确的结论时，我们会感到特别高兴。当老师对学生说你答对了的时候，学生会觉得骄傲和快乐。相反地，如果老师说“你答错了！你没有通过考试”，那么学生就会因此害怕自己又答错，反而会答错得更多。但大多数人都应该知道，在人们所做的事情中，很少有人能说哪些事情是百分之百正确或百分之百错误的。然而，不管是在学校也好、公司也好，还是从事政治活动或是在运动场上，我们所有的社会系统都只能容忍我们做出正确的事情。结果很多人都在充满防御的心理下长大，而且学会掩饰自己的错误。还有一种人，他们在被揪出错误之后，因为害怕再犯错，干脆就什么事情也不做。他们会变得既紧张又有抵触的心理。

当然，如果采取相反的态度，即对任何事情，都认定我对你错，这也是不明智的。俗话讲得好：“或许你会因此而赢得某次战役，可是你最后可能会输掉整场战争。”有些人不仅坚持认定自己无时无刻都对，而且他们在辩赢了之后，还会对别人幸灾乐祸，自我吹嘘一番。这种人是典型的令人无法忍受的，而且像前面所说的那位工程师一样，他的为人和装出什么都懂的样子，只会让别人讨厌而已。

对这些人我们要奉劝：与其装出一副自己什么都对、洋洋得意的样子，倒不如做错事情的时候勇敢承认比较明智一些，如果一个令人难以忍受的人在你做错事情的时候贬低你，你内心应清醒地明白这个人的心理大概是有些问题。同样的道理，对于那些斩钉截铁地说自己对，并常常要证明自己是对的人，人们也会抱着敬而远之的态度的。

我们常常见到一些人的婚姻处于摇摇欲坠的状况。推究原因，总不外乎是先生和太太各持己见，坚持自己是对的缘故。如果他们能证明对方不对的话，往往会得理不饶人。这种行为根本不可能增进夫妻间彼此的爱和关怀，相反却会使彼此之间充满了竞争和抵御的气氛，最终导致离异。

要解决这些危机，关键之处在于：我们必须了解每个人都会出错的道理。当你做错事情的时候，不要为了装出一副对的样子而掩饰自己的过错。事实上，意识到自己所犯的过错，常常会对自己有所助益。这种举动不仅能使你从错误中学到教训，而且别人也会觉得你很会做人，从而会更信赖

你。

“我很抱歉！”“我疏忽了！”“我错了！”诚实地承认自己的过错，不仅不会使你看来像个笨蛋一样，反而还会得到别人的信赖和尊重，否认或掩饰自己犯下的过错，会妨碍自己人格的成长。

不懂还要装懂是不明智的。每个人都会犯错，重要的是要从错误中学到教训。

犯错能使自己获得成长的机会，它不是愚笨或无能的象征，装出一副自己什么都对、什么都懂的样子，通常会让自己失去友谊和与他人的亲密关系。掩饰错误、装出一副什么都懂的样子，不仅会显露出自己的无知，而且还可能使自己失去了学习的机会。

5. 千万不要揭人短

人不可能不犯错，也不可能一直祥光罩身。所以几乎每个人都有不太光彩的过去，或者有身体或性格上的缺陷，而这些就构成了一个人的短处。每个人的短处都是不愿意让人知道的。所以，与人相处时，即便是为了对方或为了大局而必须指出对方的缺点错误时，也要讲究正确的方法策略，否则不仅达不到本来的目的，还可能会惹下麻烦。

明太祖朱元璋出身贫寒，做了皇帝后自然少不了有昔日的穷亲戚朋友到京城找他。这些人满以为朱元璋会念在昔日共同受罪的情份上，给他们封个一官半职，谁知朱元璋最忌讳别人揭他的老底，以为那样会有损自己的威信，因此对来访者大都拒而不见。

有位朱元璋儿时一块光着屁股长大的好友，千里迢迢从老家凤阳赶到南京，几经周折总算进了皇宫。一见面，他便当着文武百官大叫大嚷起来：“哎呀，朱老四，你当了皇帝可真威风呀！还认得我吗？当年咱俩一块儿光着屁股玩耍，你干了坏事总是让我替你挨打。记得有一次咱俩一块偷豆子吃，背着大人用破瓦罐煮。豆还没煮熟你就先抢起来，结果把瓦罐都打烂了，豆子撒了一地。你吃得太急，豆子卡在嗓子眼儿还是我帮你弄出来的。

怎么，不记得啦？”

这位老兄还在那喋喋不休唠叨个没完，宝座上的朱元璋再也坐不住了，心想此人太不知趣，居然当着文武百官的面揭我的短处，让我这个当皇帝的脸往那儿搁？盛怒之下，朱元璋便下令把他杀了。

这位穷朋友犯了“揭短”的致命错误，尤其揭短的对象是已贵为天子又极要面子的朱元璋，他的人头落地也就不奇怪了。这个故事虽是个戏说，但讲的道理没错，那就是无论对象是谁，口无遮拦都是要不得的。即便当时没危险，但是你给对方心里结下疙瘩，终究没什么好处。

那么，怎么才能做到在为人处世中尽量不揭人之短呢？下面这几条意见也许会对你有所助益：

第一，必须通晓对方，做到既了解对方的长处，也了解对方的不足。这样才能在交际中做到“知彼知己，百战不殆”。因为每个人都会有自己的个性和习惯，有自己的需求和忌讳，如果你对交际对象的优缺点一无所知，那么交际起来，难免踏进“雷区”，触犯对方的隐私。

第二，要善于择善弃恶。在为人处世中要多夸别人的长处，尽量回避对方的缺点和错误。“好汉愿提当年勇”，又有谁愿意提及自己不光彩的一页呢？特别是有人拿这些不光彩的问题来做文章，就等于在伤口上撒盐，无论谁都是不能忍受的。

第三，指出对方的缺点和不足时，要顾及场合，别伤对方的面子，尤其注意不要在对方下属或家属面前批评对方。

第四，巧给对方留面子。有时候，对方的缺点和错误无法回避，必须直接面对，这时就要采取委婉含蓄的说法，淡化矛盾，以免发生冲突。而在现实为人处世中，我们周围许多人说话往往太直接，结果好心办了坏事。

此外，许多情况下，在为人处世中经常有人是“常有理不见得会说话”，自己在理却总是说不到点子上。所以，要想把话说到别人的心坎儿上，除了不揭人短之外，还要特别注意“避人所忌”。具体有以下三个方面应该特别注意：

第一，忌涉及别人的隐私。每个人都有一些不愿公开的秘密。尊重别人的隐私，是尊重他人人格的表现。所以，当你与别人交谈时，切勿鲁莽地随意提及别人的隐私，这样，别人就会觉得你遵循了人际交往的“礼貌

原则”，便会乐意跟你交谈和交往。反之，假如你不顾别人保留隐私的心理需要，盲目触及“雷区”，不仅会影响彼此之间谈话的效果，而且别人还会对你产生不良印象，进而损害人际关系。比如，别人的恋爱、婚姻正遭遇某种挫折，而且又不愿向旁人透露时，你若在交谈中一味地刨根问底，肯定会引起对方的反感。

第二，忌提及别人的伤感事。与别人谈话，要留意别人的情绪，话题不要随意触及对方的“情感禁区”。比如，当你的交谈对象正遇到某种打击，情绪沮丧低落时，你与之交谈，对方又不愿主动提及伤感的事，就最好躲避这类话题，以免使对方再度陷入“情感沼泽”，进而影响彼此间的继续交往和友谊。

第三，忌提及别人的尴尬事。当别人在生活中遇到某些不尽如人意的事时，你若与之交谈，最好不要主动引出这一有可能令对方尴尬的话题。比如，别人正遇上升学考试不及格抑或提拔升迁没能如愿或某项奋斗目标未获预期的成功等等，你若不顾别人的感受而主动问及此事，那么，你的交谈对象就会因此而陷入尴尬，进而对你的谈话产生排斥心理。

与人说话如同走路，必须注意不能踩进“陷阱”。不然，伤害了别人的自尊，引起争端纠纷，自己的脸上也不会增光添彩。所以，在人际交往中，必须首先记住这一条：不揭人之短，给对方面子。必须学会设身处地想一下，别由着自己的性子和习惯，学会换一种面孔做人。这样才能和和气气，皆大欢喜。

6. 不要逼别人认错

有一位哲人曾说，只有死人不会犯错误。可见只要活着，说话、办事就难免会犯下这样或那样的错误。但人的心理本能是不愿意承认错误的，因为这毕竟是件不愉快的事情，会伤面子，脸上挂不住，况且还有可能要去承担某种因此带来的责任。

我们应该认识到，在许多时候，逼别人认错是种不会做人的做法，因为这样做无疑要伤及别人的面子，对于自己也是有百害而无一利。

既然乐意认错的人如此之少，我们在日常生活中就少和别人争辩，因为争辩的目的常常是想显出别人是错的。英国前首相撒切尔夫人的手法，是把一种面临争辩的事情暂且搁下。你不要小看这拖延的措施，它可以产生一种意想不到的功效，那就是让别人有机会去反省自己的错误。大多数人在感觉事情未能解决时，总要自己花点时间来想一想，如果错误确属自己，那么下一次就要有所纠正，即使他口头没有承认错误。但这是不需要的，因为我们不一定要听见别人念念有词地说："我错了，我错了。"

有一位英国商人是某大公司经理，这家公司下面有很多代理商，他们常常写信向他投诉种种有关代理商与代理商之间的待遇不公平的事，要求公司方面解释，他的应付方法是把信塞进一个写着"待办"字样的文件柜去。他说："按理我应该立刻予以答复，但我想起，如果答复就等于和他争辩，争辩的结果不外是对人说'你错了'，这样不如索性暂时不理。"

事情的最后结果如何？他笑答："我每隔一段时间把这些'待办'的信拿出来看看，又放回文件柜去，其中大部分的信在我第二次拿来看时，信里所谈的问题都已成为过去或已无需答辩了。"

有一位社交专家说：应酬的最高效果，是你绝不使用任何强制手段而使对方照着你的意思去做。对于完全出于自愿，比你要别人怎么怎么做的效果要好得多。

自然，那些专门要别人"怎么怎么做"的人会提出抗议说："我不是有意向别人唠叨，而是对方实在是个蠢才，如果不清楚讲明要怎么怎么做，对方就不能领悟。"

请注意，这正是你做人的弱点，而不是长处，应该马上改变你的这种风格。

查尔斯·史考勃有一次经过他的钢铁厂。当时是中午休息时间，他看到几个人正在抽烟，而在他们的头上，正好有一块大招牌，上面清清楚楚地写着"严禁吸烟"。如果史考勃指着那块牌子对他们说："难道你们都是文盲吗？！"这样显然只会招致工人对他的逆反和憎恶。

史考勃没有那样做，相反，他朝那些人走去，友好地递给他们几根雪茄，说："诸位，如果你们能到外面抽掉这些雪茄，那我真是感激不尽了。"

吸烟的人这时才知道自己违犯了规定，于是，便一个个把烟头掐灭；同时对史考勃产生了好感和尊敬之情。因为史考勃没有简单地斥责他们，而是使用了充满人情味的、使别人乐于接受的方式。这样的人，谁不乐于和他共事呢？

你逼迫别人认了错，可能会得到一时之快，殊不知，这种违背其内心意愿的做法不仅激起了他的逆反心理，使事情的错误得不到及时的解决，还会在对方心中积下怨恨。如果这种事发生多了，你应该明白“怨恨”会转化成什么。

7. 责怪是捅破别人“面子”的尖刺

逼别人认错是愚蠢的，责怪别人更是下策。因为错误已经犯下了，责怪不仅于事无补，反而会使人产生抵触情绪，并拼命辩解自己的“错误”是“正确”的。同时，责怪也是危险的，因为它更直接地伤害了一个人的自尊，严重挫伤了他的面子。

世界著名的心理学家斯金纳通过一项实验发现：在训练动物时，奖赏要比惩罚更能使动物熟练新的动作技巧并能记住它所学的。在以后的研究中，他把人作为研究对象，他发现奖赏能让人少犯错误，而指责和惩罚只能招致怨恨和不和。

卡耐基从斯金纳那里学到了这个道理，他请教了辛辛那提监狱的监狱长，那位监狱长告诉他说：“在我们这里，几乎没有一个人认为他是犯人，他们总是认为他们是正常的没有犯罪的人，就像你我一样。你跟他们谈话，他们会告诉你为什么他们的手会不得不拿起枪去杀人，为什么他们的手在保险柜的密码锁面前会那样的灵敏。他们的说法很合理，你会认为他们的逻辑成立，可你却知道一点，他们犯了罪，他们是坏人。”

卡耐基听了这番话以后，得出一个结论：没有人在犯了错误以后会责备自己，而总是找各种理由加以辩解，那辩解的言词能把自己说服。当别人指责他的时候，他会情不自禁地辩解，辩解不成功时，他就会带着怨气和怒火对待别人。

“西奥多·罗斯福就是个很好的例子。”卡耐基说，“当1908年罗斯福辞去总统职务时，他表示要支持塔夫脱竞选总统，可是后来他却指责塔夫脱是保守主义者，并表示要参加竞选。在竞选中，由于西奥多·罗斯福的参加，塔夫脱只赢得了两个州的选票。塔夫脱在竞选中失败了，可他并没有接受西奥多·罗斯福的指责，反而为自己辩解。最后塔夫脱含着眼泪说：‘我看不出来，我应该做的和我能够做的有什么区别。’”

“在别人有错误的时候，”卡耐基说，“责怪他没有什么用，只是会招致怨恨而已。我在30年前就懂得了责怪人是一种愚蠢的举动。克服我自己的局限性就已经够麻烦的了，完全没有必要为了上帝没有恰当地把天资分配均匀而烦恼。可有的人就是不明白这样一个道理：有人犯了不管多大的错，一百次中有九十九次他都不愿意责怪自己。所以面对别人的错误，你可以恼怒，也可以不愉快，但你应该想想，这对你的处理问题有什么帮助？你不妨平心静气地帮他分析、帮他解决，并给他以勇气和信心，无论是在物质上还是精神上，你完全可以帮助他。”

他还以此举了个例子：

约翰·史达尔是俄荷拉马州一家建筑公司的安全检查员，他的任务是督促工人们注意安全事项。

可是史达尔却发现不少人违反规定，在施工时不戴安全帽。每次遇到这类情况，他都会走近劝说一番，可是等他一转身，那些工人们又解下了安全帽。

这使史达尔非常恼火，他想找几个工人大骂他们一通，可是转念一想，责怪他们又有什么用？可能当面他们会勉强听从，可是事后他们还会恢复原样。

史达尔想了个办法。当他再发现工人违反规定不戴安全帽时，他就走过去问是不是安全帽戴着不合适，如果不合适，他会通知安全保卫部加以调换。

然后他用轻松的语调向工人们讲解了施工时戴安全帽的必要性，并且还建议工人们不要摘下安全帽，那样可能会因一点点小的事故而造成头部的损伤。

史达尔没有说一句责备的话，可是这次工人们都听从了，因为他们觉得史达尔没有居高临下地说教，而是在真心诚意地替他们着想，所以他们都再也不违反安全规定了。

或许相对于“面子问题”来说，外国人更注重的是实际问题的解决。当然，在中国，你即使有做事的心意，也要首先注意：不要随便去责怪别人，你内心的想法不要表现在脸上，学会以一种让人能欣然接受的面孔示人。给别人留面子，也给事情的进展留下了空间。

8. 得饶人处且饶人

人是感情动物、血肉之躯，难免都会有头脑发热、情感冲动的时候。这种“激情犯错”只要不造成非常严重的后果，从情理上来说是可以原谅的。犯这种错误的人，未必不是贤人、不是能人，你只要宽容了他们，不加追究，保全了他们的尊严脸面，由此而来的激励和感恩之情会使他们更加效力，发挥更大的力量和作用。

春秋时，楚庄王励精图治，国富民强，手下战将众多，个个都肯为他卖命。楚庄王也极力笼络这批战将，经常宴请他们。

一天，楚庄王又大宴众将。君臣喝得极其痛快，天色渐晚，庄王命点上蜡烛继续喝酒，又让自己的宠姬出来向众将劝酒。突然间，一阵狂风吹过，把厅堂里的灯烛全部吹灭，四周一片漆黑，猛然间，庄王听见劝酒的爱姬尖叫一声，庄王忙问何事。宠姬在黑暗中摸过来，附在庄王耳边哭诉：灯一灭，有位将军不逊，将手伸向妾身来抓摸，已被我偷偷拔取了他的盔缨，请大王查找无盔缨之人，重重治罪，为妾出气。

庄王闻听，心中勃然大怒，自己对众将这般宠爱，竟有人戏弄我的爱姬，真乃无礼之极！定要查出此人，杀一儆百！他刚要下令点灯查找，但又转念：这帮战将都是曾为我流过血、卖过命的，我若为了这点小事杀人，其他战将定会寒心，以后谁还会真心诚意地为我卖命呢？失去这批战将，我将凭什么称霸中原呢？俗话说，小不忍则乱大谋，还是放过这等小事，收买人心要紧。主意已定，他低声劝宠姬道：“卿且去后堂休息，我定查出此人为你出气。”

等那宠姬离开厅堂，庄王便下令说：“今日玩得甚是尽兴，大家都把盔缨拔下来，喝个痛快。”大家在黑暗中都不知原委，不明白大王为何让大家拔下盔缨。但既然大王有令，就只好照办了。那位肇事的将军在酒醉之中闯下大祸，听到庄王宠姬尖叫，才吓醒了酒，心想这次必死无疑。等庄王命令大家拔盔缨时，他伸手一摸，盔缨早已没有了，才明白庄王的用心。等大家都拔去盔缨，庄王才下令点上灯烛，继续畅饮。肇事的战将暗中望着庄王，下定了效死的决心。

自此以后，每逢战斗，都有一位冲锋陷阵、拼命地出击作战的战将，楚庄王细细查问，才知道他就是那位被宠姬拔掉盔缨的人。

战国“四公子”之一的齐相孟尝君，门下养了许多食客，其中有一个门客与孟尝君的爱妃私通，早已为外人发觉。有人劝孟尝君杀了那个门客，孟尝君听后笑着说：“爱美之心人皆有之，异性相见，互相悦其貌，这是人之常情呀！此事以后不要再提了。”

过了近一年，一天，孟尝君特意将那个与自己妃子私通的门客召来，对他说：“你与我相交已非一日，但没有能封到大官，而给你小官你又不要。我与卫国国君的关系甚笃，现在，我给你足够的车、马、布帛、珍玩，希望你从此以后，能跟随卫国国君认真办事。”

那个门客本来就做贼心虚，听孟尝君召唤他，以为这下大祸临头了，想不到孟尝君给他这样一份美差，激动得什么话也说不出，只是深深地、怀着无限敬意地为孟尝君行了个大礼。

那个门客到了卫国后，卫国国君见是老朋友孟尝君举荐过来的人，对他也就十分器重。

没过多久，齐国和卫国关系开始恶化，卫国国君想联合天下诸侯军队共同攻打齐国。那个门客听到这一消息后，忙对卫国国君说：“孟尝君宽仁大德，不计臣过。我也曾听说过齐卫两国先君曾经刑马杀羊，歃血为盟，相约齐卫后世永无攻伐。现在，国君您要联合天下之兵以攻齐，是有悖先王之约而欺孟尝君啊！希望您能放弃攻打齐国的主张；如果大王不听我的

劝告，认为我是一个不仁不义之人，那我立时撞死在国君您的面前。”话刚说完那个门客就准备自戕，卫国国君赶忙制止，并答应不再联合诸侯军队攻打齐国了。就这样，齐国避免了一场灾难。

消息传到齐国后，人人都夸孟尝君可谓善为人事，当初不杀门客，如今门客为国家建下了奇功。

汉文帝时，袁盎曾做过吴王刘濞的丞相，他的一个从使与他的一个侍妾私通。袁盎知道后，并没有泄露出去，也没有责怪那个从使。有人却说了一些话吓唬那个从使，说袁盎要治那个人的死罪等等，结果把那个从使吓跑了。袁盎知道后，亲自去把那个从使追回来，对他说："男子汉做事要顶天立地，既然你这么喜欢她，我可以成全你们。"于是便将那个侍妾赐给了从使，待他也仍像从前一样。

到了汉景帝时，袁盎到朝廷中担任太常要职，后又奉汉景帝之命任职吴国。当时，吴王刘濞正在谋划反叛朝廷，决定先将朝廷命官袁盎给杀掉，就暗中派了500人包围了袁盎的住所，袁盎本人却毫无觉察，情况十分危险。

在这500人的包围队伍中，恰好有一位就是当年袁盎门下的从使，此人现已任校尉司马一职。他知道袁盎情势十分危险，随时都会有性命之忧，心想，这正是报答袁盎的好机会。兵临城下，如何营救恩人？那个从使灵机一动，派人去买来200坛好酒，请500个兵卒开怀畅饮，并说道："大伙好好喝个痛快，那袁盎老头现在已是瓮中之鳖，跑不掉了！"士兵们一个个酒瘾发作，喝得酩酊大醉，东倒西歪，于是成了500个醉鬼。

当天夜晚，那个从使悄悄来到袁盎卧室，将他唤醒，对他说："大人，你赶快走吧，天一亮吴王就要将你斩首了。"

袁盎揉了揉昏花的老眼，忙问他："壮士，你为什么要救我？"原来当年的从使现在已穿上了校尉司马服，加之又过去了多少年，在昏暗的灯光下，袁盎仓促之间，根本认不出当年的他了。

校尉司马对袁盎说："大人，我就是以前那个偷了你的侍妾的从使呀！"

袁盎大悟，在那位校尉司马的掩护下，他连夜逃离了吴国，摆脱了险境。

历史上这些宽以待人、懂得脸面之道之人，不是成就了大业，就是在关键时刻得到了避祸全身。可见脸面尊严在为人处世、成就前途中的重要性。毛泽东有一句著名的话："允许人犯错误，允许人改正错误"，说的正是这个道理。对犯错误的不应总是凶狠责罚，而应换一种态度和面孔，得饶人处且饶人，这样收到的效果会更好。

9. 戳人脸面惹大祸

有时，看似不经意的言行却会让人颜面尽失或者后果会更严重。遇到心胸开阔一点的，他只是内心不快而已，或许不会有什么极端的行动；而若是心胸狭窄之人，他心中就会产生怨恨，而这种怨恨极有可能会转化为报复行动。这种因“小事”而惹大祸的例子，在历史上屡见不鲜。

战国时有个名叫中山的小国。有一次，中山的国君设宴款待国内名士。当时正巧羊肉羹不够了，无法让在场的人全都喝到。有一个没有喝到羊肉羹的人叫司马子期，就此怀恨在心，后来偷偷跑到楚国劝楚王攻打中山国。楚国是个强国，攻打中山易如反掌。中山被攻破，国王逃往国外。他逃跑时发现有两个人手拿戈一直跟随他，便问：“事到如今，你们为什么还跟着我？”那两个人回答：“从前有一个人曾因获得您赐与的一壶食物而免于饿死，我们就是他的儿子。我们的父亲临死前嘱咐，中山无论有任何事变，我们都必须竭尽全力，要不惜以死报效国王。”

中山国君听后，感叹地说：“给予不在乎数量多少，而在于别人是否需要。结怨不在乎深浅，而在于是否伤了别人的心。我因为一杯羊羹而亡国，却由于一壶食物而得到两位忠诚的勇士。”

这段话道出了人际关系的微妙。一个人如果失去了少许金钱，尚不至于恼羞成怒，而一旦自尊心受到损害，就无法预测他的行为了。金钱上的损失犹可补偿，而心灵受到伤害，却非轻易就可弥补的。有时候，本身并无存心伤人之意，可是却会因为某句无意的话伤害到别人，所谓“言者无心，听者有意”，甚至可能因此为自己树立一个敌人。中山国王因“一杯羹”而失国的故事，对我们应该有深刻的启示。

《韩非子·内储说》载有一个故事。有一次，齐中大夫夷射在王宫里参加酒宴，喝得酩酊大醉，靠在回廊门上。有一个仆人刖跪请求说：“把您喝剩下的酒赐我一点可好？”夷射对他叱骂：“滚一边去，下贱的仆人

也敢向贵人要酒喝！”刖跪急忙跑开了。等夷射走后，刖跪就在回廊门处洒了点水，好像有人撒了尿一样。第二天，齐王出廊门看到了，问：“是谁在这里撒尿？”刖跪回答说：“我没看到，不过昨天中大夫夷射在这儿站了一会儿。”当时，在宫内有这种不规矩的行为是要受重罚的，齐王因此把夷射处以死刑。

刖跪因为夷射羞辱了他而怀恨在心，因此设计陷害。而酒醉中的夷射恐怕一直到死也没搞清楚自己的杀身之祸竟是因为得罪了一个自认为无关紧要的“下贱的仆人”。而正是这个“下贱的仆人”认为他自己的“面子问题”是件大事，丢了面子就要强烈报复，因而使夷射身首异处。

春秋时期，郑国的大臣子公在上朝的时候，食指突然动了起来。他便开玩笑似的对其他大臣说：我的食指一动，就能尝到非同一般的美味。这话让国君郑灵公听见了。正巧楚国献给了灵公一个特别大的鳖，灵公准备用它来大宴群臣，结果听到子公的话，在鳖宴上就故意不给他分鳖肉。子公羞愤交加，就径直走到烹鳖的大鼎前，把食指伸到汤里捞肉。这就让灵公十分不好看，结果双方都感到丢了面子，只好翻脸，灵公欲杀子公，而子公抢先发动政变，杀死了灵公，并以“灵”给他作谥号。“灵”的意思就是“乱而砂损”，十分不佳，这足以让灵公永远没有面子了。

这种君臣之间为面子而起的争斗近乎玩笑，但不能不看到，“面子问题”正是这种倾国覆权的重大事件的“导演”，并且在事件结束之后还以近乎残忍的喜剧式调侃拉上帷幕。可见，在中国，面子问题有时甚至能压倒一切，引发杀身之祸、亡国之灾。

10. 愈是大事面子问题愈重要

在日常生活中，偶尔说错话、办错事，那最多是伤了和气、得罪某个人的问题，而且也有机会补救。但在大事——比如军事、外交等来不得半点马虎的事情，一旦犯下关乎交往礼节、面子尊严上的错误，那可就非同小可了。

公元前592年，晋景公派大夫谷克访问齐国和鲁国。谷克与鲁国的大使相约访问齐国，走在齐国的边界上，又遇到卫国的使臣孙良夫，曹国的使臣公子首，他们也是准备上齐国去的，于是四国的使臣结队而行，来到齐国见齐顷公。齐顷公见了他们差点笑出声音来。办完了公事，齐顷公请他们第二天去后花园参加宴会。

齐顷公回到宫里见了母亲萧太夫人，忍不住就笑了。太夫人问他有什么值得笑的事情。齐顷公说："今天晋、鲁、卫、曹四国的大夫一块儿来访问，本来就够巧了，那晋国的大夫谷克瞎了一只眼睛，只有用另一只眼睛看东西；鲁国的大夫季孙行父永远用不着梳头，他的脑瓜顶又光又滑；卫国的大夫孙良夫的两条腿，一条长，一条短；曹国的大夫公子首罗锅着腰。他们一个独眼龙，一个秃葫芦，一个瘸子，一个罗锅儿，不约而同地到了这儿，真有意思。"萧太夫人说："真有这种凑巧的事吗？明天我可要看看。"

齐顷公连年侵略附近的小国，一心想做东方的霸主。以前齐顷公就怕西方的晋国和南方的楚国，后来晋国在必城把楚国打败了，齐国又跟楚国订了盟约，他还怕谁？他这回成心跟这四国的使臣开个玩笑，看他们服不服，也算是试探试探他们对齐国的态度。

第二天，齐顷公特意挑了四个人招待这四个大夫，陪他们上后花园来。招待一只眼谷克的也是个一只眼，招待秃子季孙行父的也是个秃子，招待瘸子孙良夫的也是个瘸子，招待罗锅儿公子首的也是个罗锅儿。萧太夫人在楼台上瞧见一只眼、秃子、瘸子、罗锅儿，双双对对地走过来，不由得哈哈大笑。旁边的宫女们也都跟着笑起来。谷克他们起初瞧见那些执礼的人也都带点儿残疾，还以为是凑巧的事，倒没十分介意，一听见楼上的笑声，才知道是齐顷公成心戏弄他们，非常生气。

他们从后花园出来以后，一打听在楼上笑他们的是国母萧太夫人，更冒火了。三个国家的大夫对谷克说："我们好心好意地来访问，他竟成心耍弄我们，真是岂有此理！"谷克说："我们受了这种欺负，要不想办法报复，也算不得大丈夫了！"于是，四国大夫就对天发誓，决心报仇。

公元前589年，谷克带着晋国的军队，鲁国季孙行父、卫国孙良夫、曹国公子首各自带领着兵车汇合，向齐国进军。

四国的军队与齐顷公的军队在鞍地作战，晋国的谷克带着军队打得很

顽强，齐顷公在华山被晋军团团围住。齐顷公换上了齐国将军逢丑父的衣服，逢丑父装扮成齐顷公，齐顷公才得以脱身。这一仗齐国大败，终于归顺了晋国，还把侵占鲁国和卫国的土地退还了他们。

自古以来，有远见的政治家、军事家，总是十分严肃慎重地对待外交事宜。对于主动来访的使节，不管是友好国家的，还是非友好国家的，都应以礼相待。齐顷公反其道而行之，戏弄侮辱外国使者，把人当猴耍，这种愚蠢的行为使他付出了惨重的代价。

像齐顷公与萧太夫人这样作为一国之主而故意轻薄取笑外交使臣的做法，可以说是愚蠢至极。这种事关两国关系的大事是开得玩笑的吗？结果只能是逞了威风，取了乐子，却亡了国家。

自视清高、不求闻达于诸侯的诸葛亮，之所以一生忠心耿耿追随刘备，从关系学上解释，与刘备给了他极大的面子有关。刘备第一次去请，他借故外出；第二次去请，他假装睡觉；一直到第三次才相见，而刘备以无比诚恳的态度向他求教，请他出山，这么大的“面子”，不报说不过去。他自己也说：“先帝不以臣卑鄙，三顾臣于草庐之中，咨臣以当世之事，由是感激，遂许先帝以驱驰……”诸葛亮一生殚精竭虑辅佐刘备父子，除了要实现平生抱负外，刘备给了他足够的面子也是重要原因。

与刘备相比，齐顷公不仅不给使臣面子，还故意给人家难看。这些使臣代表的可是一个国家，得罪了他们，也就等于树起了敌对的国家，这样立足自然就困难了。

在鲁国公夫文伯的一次宴会上，大夫露睹父是特地请来的上宾。然而在上菜的时候，放在露睹父面前的一只鳖，不知怎么，竟比其他的上宾的小了些。露睹父的脾气很大，他看着四周的鳖，大为窝火，在众多宾客面前大声说：“等这只鳖长大了再吃罢！”说完便拂袖而去，搞得夫文伯十分难堪，好好的宴会不欢而散。

为了一只王八，竟至于主客翻脸，似乎不可思议，但你只要明白吃王八就是吃面子，你就不会再奇怪了。

第六章　讲究礼节　关注细节

有的人大大咧咧、不拘小节，如果只是自己独处，这也没什么不好，但在与别人相处时，就会成为营造良好人际关系的一个障碍。也许你待人真诚，也许你喜欢自我个性的张扬，但忽略了为人处世中的社交细节必然让自己处处碰壁，这是刚步入社会未久的年轻人尤其需要注意的处世玄机。

1. 用礼貌表现出良好的个人修养

社交场合见面时有其他人在场，主人为你介绍时，你应当如何表现才算合乎礼节呢？一般说来，介绍时彼此微微点头，互道一声：某某先生(或小姐)您好！或称呼之后再加一句“久仰”便可以了。介绍时坐着的应该站起来，互相握手。但如果相隔太远不方便握手，互相点头示意即可。随身带有名片的此时也可交换，交换时应双手奉上，并顺便说一声“请多多指教”之类的客套话。接名片时也应用双手，并礼貌地说一声“不敢当”等，自己若带着名片也应随后立刻递交对方。如果你是介绍人，介绍时务必清楚明确，不要含糊其辞。比如，介绍李先生时最好能补上一句“木子李”或介绍张先生时补一句“弓长张”等等，这样使对方听起来更明确，不容易发生误会。如果被介绍的一方或双方有一定的职务时，最好能连同单位、职务一起简单介绍。像“这位是某某公司的业务经理某某同志”，这样可使对方加深印象，也可以使被介绍者感到满意。

外出、旅游或者初到一个陌生的地方，可能会有地址不清或对当地的风俗习惯不了解的情形，这就需要询问别人。要想使询问得到满意的答复，就要做到这样两点：一要找对知情人，主要是指找当地熟悉情况的人。比如，问路可以找民警、司机、邮递员、老年人等。二是要注意询问的礼节，要针对不同的被询问者和所问问题区别对待。比如，询问老年人的年龄时可适当地说得年轻一些，而询问孩子的年龄时则应当大一些；询问文化程度时最好用“你是哪里毕业的？”“你是什么时候毕业的？”等较模糊的问句等。注意询问时不要用命令性的语气，当对方不愿回答时就不要追根问底，以免引起对方不快。

请求别人的帮助时，应当语气恳切。向别人提出请求，虽无须低声下气，但也决不能居高临下态度傲慢。无论请求别人干什么，都应当“请”字当头，即使是在自己家里，当你需要家人为你做什么事时，也应当多用“请”

字。向别人提出较重大的请求时，还应当把握恰当的时机。比如，对方正在聚精会神地思考问题或操作实验，对方正遇到麻烦或心情比较沉重时，最好不要去打扰他。如果你的请求一旦遭到别人的拒绝，也应当表示理解，而不能强人所难，更不能给人脸色看，不能让人觉得你很无礼。

2. 一个笑容让你的社交形象熠熠生辉

微笑是一种艺术，是一门学问。微笑涉及我们的文明素质、生活内容和节奏，也涉及民族性格和文化传统。微笑是内心的愉悦自然地流露在脸上，它是伪装不出来的，非伪装不可，也是苦涩的笑，倒不如不进行伪装的好。微笑是有所讲究的：

(1) 首先要学会微笑

如果你对别人抱着友好的态度，对社会具有好感，自然会笑口常开，久而久之，微笑会自然地变成你自身的一部分。当你遇到别人时，如果心中想："啊！能看到你，真高兴！"把这种心情表现在你的脸上，你会显得满面春风。

你每天都应抽出点时间去笑。在家庭中，也特别需要这样的调剂。笑，能使你在社会上人际关系融洽，家庭中天伦之乐融融。当你某一时刻心情恶劣时，设法使自己笑出来，是改变心情最好的办法。

无论你遇到的困难多么大，处境如何痛苦，一旦你笑了，你就可能撑得过去，不会被困难压倒，也不会向困境屈服。

如果你平时不太喜欢笑，又想学会笑，那么可先从搜集和剪贴各种趣事和笑料做起。用剪贴簿搜集资料当然很花费时间，但是只建立一个简单的笑料档案却很容易，把你所喜欢的和别人代你找到的笑话和漫画剪下来就可以了。

另外，再预备一本记事簿，记下日常生活中遇到的可笑事情，你一翻阅就会笑起来。

（2）笑要注意场合

笑在一般交际场合中都是畅通无阻的通行证，但这并不意味着它在任何交际场合中都适用。如果在不该使用笑的场合中使用了笑，那么，不仅达不到搞好人际关系的效果，而且还会受到别人的冷眼相对，甚至会引来别人的愤怒，这当然是很糟糕的。因此，我们在使用笑的时候，一定要注意场合。例如，当你参加葬礼或追悼会时，你对悲痛欲绝的死者家属就不能笑脸相对。

（3）应和大家一起笑

许多人聚在一起时，如果别人的笑和幽默引起大家的共鸣，你绝对不能单独板着脸。大家都笑而你却正襟危坐，无疑会破坏整个气氛。讲笑话的人心中会十分不快，认为你有意和他为难，成心不笑（其实你只不过认为并不好笑），其他的人也会认为你大煞风景。所以，在这种场合，表现出能欣赏别人的笑和幽默，和大家一起笑，是争取友谊或友好对待的方法。不要瞧不起别人的笑和幽默，不要认为笑和幽默是你的独有物；应该用笑声来表示对别人笑和幽默的赞赏，这样也会使你收到友谊的回报。

（4）不要取笑他人

在运用笑和幽默时，不要把别人作为取笑的对象。特别是不要取笑他人生理上的缺陷，如斜眼、麻面、跛足、驼背等等。对别人的不幸，你应该给予同情才是。如果在交谈对象中，有一位是生理上有缺陷的，那么在说话时，最要避免易使人联想到缺陷方面去的笑话。也不要取笑他人的过错和失误。例如，不要取笑你的同学考试不及格，不要取笑你的同伴在走路时跌了跤等等。也不要取笑他人出身贫寒，职业卑微或家属中有不法分子等，免得使人感到窘迫。在某种特殊的交际氛围中，不如将自己作为取笑的对象，文雅地嘲笑自己，以此使整个场面松弛、欢快。

(5) 应考虑对象

笑和幽默是孪生姐妹，但在运用时应注意对象。也就是说，要看对方的职业、职务、性别、年龄和社会地位，要是不考虑这些，乱来一气是会把问题弄糟的。

此外，还应考虑对方的文化层次以及地域、国情、国别，还要记住对方的宗教禁忌。

当对方的地位较高或职务重要时，你应先提出对方感兴趣的话题，然后在谈话中有分寸地表现你的幽默。

在运用笑和幽默时，要考虑对方的性格特点，否则，你想搞好人际关系的希望就会落空，甚至带来麻烦。

对人微笑，对人运用笑和幽默，是想搞好人际关系，共同快乐地享受人生，并不是为了取笑、嘲弄别人，更不是为了和别人比高低。否则，笑往往就会变成仇恨的种子。

我们应以微笑诚恳待人，搞好人际关系，以使工作和生活更快乐。但我们首先须懂得什么叫快乐？怎样才能使别人也使自己快乐？要是损人利己，取笑他人的过失，嘲弄他人的缺陷，这种笑是有百害而无一利的。我们不是为了微笑而微笑，微笑仅是为了表示我们与人为善，助人为乐，正确对待人生，正确对待社会的态度。

3. 别让小动作毁了自己的形象

每天我们都面对不同的场合，作为社交中的一份子，我们要做的就是让自己的行为与场合和身份相称。

我们来看看你的动作，你是否在当众打呵欠？在大庭广众下，你能忍住不打呵欠吗？打呵欠在社交场合中给人的印象是，表现出你不耐烦了，而不是你已疲倦。

有些手痒的人，只要他看见什么可以用，就会随手取一支来掏耳朵，尤其是在餐室，大家正在饮茶、吃东西的当儿，掏耳朵的小动作，往往令旁观者感到恶心，这个小动作实在不雅，而且失礼。

宴会席上，谁也免不了会有剔牙的小动作，既然这小动作不能避免，就得注意剔牙的时候不要露出牙齿，也不要把碎屑乱吐一番，否则是失礼的表现。假如你需要剔牙，最好用左手掩住嘴，头略向侧偏，吐出碎屑时用纸巾接住。

有些头皮屑多的人，在应酬的场合也忍耐不住皮屑刺激的搔痒而挠起头皮来。挠头皮必然使头皮屑随风纷飞，这不仅难看，而且令旁人大感不快。

有时候，会由于不拘小节的习性破坏了自己的形象，因此必须注意。

(1) 手

最易出毛病的地方是手。用手掩住鼻子；不停地抚弄头发；使手关节发出声音；玩弄接过手的名片。无论如何，两只手总是忙个不停，很不安稳的样子。本来想使对方称心如意的，谁知道却因为这样而惹人厌烦。

(2) 脚

神经质地不住摇动，往前伸起脚，紧张时提起后脚跟等等动作，不仅制造紧张气氛，而且也相当不礼貌。如果在讨论重要提案时伸起脚，准会被人责骂。

如果是参加会议更不要当众双腿抖动。这种小动作多发生在坐着的时候，站立时较为少见。这种小动作，虽然无伤大雅，但由于双腿颤动不停，令对方视线觉得不舒服，而且也给人有情绪不安定的感觉，这是失礼的。同样，让跷起的腿钟摆似的耍秋千也是相当难看的姿态。

(3) 背

老年人驼背是正常的事，如果二三十岁的年轻人驼背的话，可就不太好了。我们主张挺直腰杆和人交谈。

(4) 表情

毫无表情，或者死板的、不悦的、冷漠的、生气的表情，会给对方留下坏印象。应该赶快改正，不要让自己脸上有这种表情。为使说话吸引对方，最好能有生动活泼的表情。

(5) 动作

手足无措、动作慌张，表示缺乏自信心。动作迟钝、不知所措，会使人觉得没劲儿，而且让人觉得难以接近。昂首阔步、动作敏捷、有生气的交谈会使气氛变得愉悦。所以，千万别忘记，人是依态度而被评价、气氛是依态度而改变的。

4. 学会面带微笑去说话

在生活中，人们脸上的微笑，就是向人表示：我喜欢你，我非常高兴见到你！

微笑是从内心发出的，那种不诚意的微笑，是机械的、敷衍的，也就是人们所说的那种“皮笑肉不笑”的笑容，那是不能欺骗谁的，也是我们所反对的、厌恶的。

纽约一家极具规模的百货公司里的人事部主任谈到雇人的标准时说，他宁可雇用一个有可爱的微笑、小学还没有毕业的女孩子，也不愿意雇用一个冷若冰霜的哲学博士。

如果你希望别人用一副高兴、欢愉的神情来对待你，那么你自己必须先要用这样的神情去对别人。

建议那些商界人士，尽量对每一个人微笑。斯坦哈德在纽约证券交易所上班，他给人的感觉是那种很严肃的人，在他脸上难得见到一丝笑容。

斯坦哈德结婚已有 18 年了，这么多年来，从他起床到离开家这段时间内，他很难得对自己的太太露出一丝微笑，也很少说上几句话，家里的气氛很沉闷。他决定改变这种状况。一天早晨他梳头的时候，从镜子里看到自己那张绷得紧紧的脸孔，他就向自己说：比尔，你今天必须要把你那张凝结得像石膏像的脸松开来，你要展现出一副笑容来，就从现在开始。坐下吃早餐的时候，他脸上有了一副轻松的笑意，他向太太打招呼：“亲爱的，早！”

太太的反应是惊人的，她完全愣住了，可以想像到，那是由于她意想不到的高兴，斯坦哈德告诉她以后都会这样。从那以后，他们家庭的生活就完全变了样。

现在斯坦哈德去办公室，会对电梯员微笑地说“你早！”去柜台换钱时，对里面的伙计，他脸上也带着笑容。就是在交易所里，对那些素昧平生从没有见过面的人，他的脸上也带着一缕笑容。

不久他就发现每一个人见到他时，都向他投之一笑。对那些来向他道“苦经”的人，他以关心的、和悦的态度听他们诉苦。而无形中他们所认为苦恼的事，变得容易解决了。微笑给他带来了很多很多的财富。

斯坦哈德和另外一个经纪人合用一间办公室。他雇用了一个职员，是个可爱的年轻人，那位年轻人渐渐地对他有了好感。斯坦哈德对自己所得到的成就，感到得意而自傲，所以他对那位年轻人提到“人际关系学”。那位年轻人这样告诉斯坦哈德，他初来这间办公室时，认为他是一个脾气极坏的人。而最近一段时间以来，他的看法已彻底地改变过来了。他夸斯坦哈德微笑的时候很有人情味。

现在斯坦哈德是一个跟过去完全不同的人了，一个更快乐、更充实的人，因拥有友谊及快乐而更加充实。

如果你觉得自己笑不出来，那怎么办？不妨试一试，强迫自己微笑。如果你单独一人的时候，吹吹口哨，唱唱歌，尽量让自己高兴起来，就好像你真的很快乐一样，那就能使你快乐。哈佛大学的詹姆斯教授曾说：“行动好像是跟着感觉走的，可是事实上，行动和感受是并行的。所以你需要快乐时，就要强迫自己快乐起来。”

人是很容易被感动的，而感动一个人靠的未必都是慷慨的施舍和巨大的投入。往往一个热情的问候，温馨的微笑，都足以在人的心灵中洒下一片阳光。如果你要改变说话的效果，就先从改变那副板着的面孔、露出一个微笑开始。

5. 着装里面有学问

社交场合如果着装有问题不仅自己尴尬，还会引起别人的侧目，导致社交障碍。着装问题主要体现在不符合年龄特点、不合体，与当时的社交场合不相宜、搭配错误等，这里仅就经常出现问题的着装常识作一下介绍。

就着装的时宜而言，与你工作环境不相适应的着装可能是叛逆的标志。一家公司有位年轻、美丽的行政助理，自从她开始与摇滚乐手约会，便逐渐改变了端庄的穿着和职业女性的发型，为的是在下班后会男友时不必再换衣服。而不幸的是，正当她在事业上渐具竞争力时，却破坏了自己的职业形象。无疑她的优势地位也伴随着她的职业形象一起消失了。

公然违背着装规则会被视为对权威的挑战。无论是女人穿超短裙，打扮得珠光宝气，还是男人经常敞着衬衫领口，穿运动夹克衫，给人留下的印象可能都是："我对工作不严肃。"不过，即便是办公楼里着装最佳人士有时也会左右为难：因为同时还要避免给人留下仅仅对衣服感兴趣的印象。

要以着装向人传达这样的信息为原则："我属于这里"，"我有独特的判断力和高雅的品位"。

一套服装是否适合你所处的环境受许多因素的影响：你的工作性质，你居住的地区，气候以及特定的场合。

很自然，衣着是否合适主要决定于你的工作性质。常与别人打交道的工作一般需要使自己的着装更加职业化一些。与广告、软件开发或娱乐业人员相比，领导者应该选择较为保守的服装。你穿的衣服应让你安全自如地完成工作中的各种活动。

在许多情况下，当地的气候决定着服装是否合适。衣服的面料要符合天气的情况，如果你在深圳温暖的冬天穿着厚厚的羊皮夹克，人们就会认为你连一些基本的常识都不懂。

环境和场合对衣着也起着决定性的影响。比如，如果你在星期六下午盘点时穿西服就显得有点儿不合适了。一家财务公司的合伙人清楚地记得，有一天他穿了一双带有流苏的鞋去办公室。路上不断有人问他，"你是要去打高尔夫球吗？"

最后，衣服上的饰物和其他细节也要与你的职位相称。

不论是去适应一个新的工作环境，还是迁居到一个陌生的地区，你都可以从周围的人们那里获得着装是否合适的提示。

在人们认知能力、审美意识以及服装文化的发展过程中，各种不同的色彩被赋予了许多社会涵义，人们对色彩的情感、礼仪等心理效应有了共同的认识，并通过教育、传统习惯等方式代代相传。只有按照这种共同的认识标准去选择适当的色彩认同和搭配方式，才能适应和满足公众的审美要求，才算符合着装的礼仪标准。

不同的色彩有不同的象征意义。一般来讲，各种色彩的象征意义如下：

红色：象征兴奋、热情、快乐。在感觉上给人以十分强烈的刺激作用，

显示着浪漫、活泼与热烈。因此，红色的服装更显朝气和青春活力。

黄色：象征华贵、明快。但它是一种过渡色，能使兴奋的人更兴奋，活跃的人更活跃；同时也能使焦虑和抑郁的情绪更糟糕。

蓝色：象征宁静、智慧和深远。它是一种比较柔和的颜色，能使人联想到天空和海洋，给人以高远、深邃的感觉。

橙色：象征活力与温暖。它是一种明快、富丽的色彩，能引起人的兴奋与欲求，使人联想到阳光。

绿色：象征生命与和平。它是一种清爽宁静的色彩，能使人想到青春、活力与朝气。所以，着绿色装显得年轻和富有朝气。

黑色：既可象征深刻、沉着、庄重与高雅，也可以代表哀伤、恐怖、黯淡与恫吓。它是一种庄重、肃穆的色彩，能使人产生凝重、威严、阴森等不同感觉。

紫色：象征高贵和财富。它是一种华贵、充盈的色彩，给人以富丽堂皇、高雅脱俗的感觉。

白色：象征纯洁、高尚、坦荡。它是一种纯净、祥和、朴实的色彩，给人以明快、无华的感觉。

灰色：象征朴实、庄重、大方和可靠。它是一种柔弱、平和的色彩，给人以平易、脱俗、大方的感觉。

选择服装时不但要注意服装颜色的内涵，更要注意服装颜色搭配的协调。

①色彩要与体型协调。体胖者宜深不宜浅；体瘦者则相反，宜浅不宜深。

②色彩要与肤色协调。肤色苍白者，宜选暖色调；肤色较黑者，宜选柔和明快的中性色调。

③色彩要与个性协调。热情活泼者宜选浓艳的活跃的色彩；内向文静的才可以选温雅平和的色彩；老成稳重者则首选蓝灰基调的色彩。

④色彩要与环境协调。衣色与所处的自然环境、社会环境都要协调。比如参加葬礼时不可着大红大紫之类的艳色服装等。

6.“吃”出你的体面

吃，要有吃相。但吃得“漂亮”却不是一件很容易的事。例如当几个人围坐在餐桌旁准备就餐时，有人手拿筷子敲打碗盏或者茶杯；主人尚未示意开始，有人就已经狼吞虎咽地吃起来；不等喜欢的菜肴转到自己跟前，就伸长胳膊跨过很远的距离甚至屁股离座去夹菜；喝汤时“咕噜咕噜”、吃菜时“叽叽叽叽”作响；用餐尚未结束，自己的饱嗝已经连连打出，等等，这些现象都可看出一个人缺乏修养。那么，怎样的吃相才算“雅”呢？

在入坐之后，一面做好就餐的准备，一面可以和同桌的人随意进行交谈，以创造一种和谐融洽的用餐气氛。不要旁若无人，兀然独坐，更不要眼睛紧盯着餐桌上的食物，显出一副迫不及待的样子，也不要无意识地摆弄餐具。

主人招呼后才开始进餐。一次夹菜不宜过多，吃完之后再取。不要对不合自己口味的菜显出为难的表情，而应当礼节性地品尝一点。吃东西时不要大声咀嚼，喝汤时不要弄出声响，碗筷刀叉不要碰得叮当响，更不要用匙子去刮碗底。吃东西时嘴里的残渣不要往桌上、地上乱吐，应把这些东西集中放于一处，以便主人饭后打扫，同时也不至于影响周围人的食欲。

在长期的生活实践中筷子的使用也形成了些礼仪上的忌讳：一忌敲筷子，即在等待及就餐时，不能用筷子随意敲打；二忌掷筷，即在发放筷子时要轻，相距较远时可以请人递过去，不能随手掷在桌上；三忌叉筷，也就是筷子不能一横一竖交叉摆放或一根是大头、一根是小头；四忌插筷，即不论在何种情况下，都不能把筷子插在菜上或饭碗里；五忌挥筷，即在夹菜时不能用筷子在盘里翻来搅去，在说话时不能把筷子作道具，在空中乱舞或者用筷子指点别人。

在餐桌上，不要嘴里含着食物大声说话，弄得饭菜乱喷，这是粗俗的行为，是应酬场合之大忌。

请人在家里吃饭时，最好使用公匙、公筷，实行分餐。在酒宴上碰杯时，主人和主宾先碰，也可以同时举杯示意，但不必逐一碰杯。祝酒时，不要交叉碰，以免形成十字架，令某些人士不悦。

当主人或主宾致辞时，其他的人应暂停进餐，专心倾听。特别是当主

人和主宾前来敬酒时，被敬者要起立举杯，双眼注视对方并与之碰杯，互祝美意。

在宴席上要控制酒量，以免失去自制力而失言、失态，成为笑柄，同时不要极力劝酒，不要以喝酒论英雄，这样不但伤身还伤感情。

出席宴会时，要谨慎小心，注意周围环境，控制自己的动作，以免不小心发生意外情况，如打碎餐具或打翻酒水等。

在主人家吃过正餐后，饭后喝茶、吃水果的座次可随便选择，不必过于拘礼。

宴会结束后，如果没有其他事情，应向主人表示感谢，然后告辞离开。

7. 坐卧行止表现翩翩风度

老百姓俗话形容一个人稳重大方常用“站有站相，坐有坐相”的说法，实际上在社交场合，这也正是个人风度的一种表现。

第一，社交场合坐的姿势不容忽视。

坐时首先要注意自己的身高与桌子和椅子的配合是否协调，愈坐得长久愈要保持脊柱正直姿势的习惯，让自己的精神始终保持振作。

注意不要把椅面坐满，但也不要为了表示谦虚，故意坐在边沿上。坐势的深浅应根据腿的长短和椅子的高矮来决定，一般应坐满椅面的三分之二。最适当的位置，是两腿着地，膝盖成直角。与人交谈时，身子要适当前倾，不要一坐下来就全身靠在椅背上，显得体态松弛，也不礼貌。坐沙发时，因座位较低，更要注意两只脚摆放的姿势，双脚侧放或稍加叠放较为合适。不要一直前伸，要控制住自己的身体，否则身子下滑形成斜身躺埋在沙发里，显得懒散。更不宜把头仰到沙发背后去，把小腹挺起来。这种坐相显得很放肆，极不雅观。

入座时，要走到坐位前再转身，转身后右脚向后退半步，然后轻稳地坐下。女子入座时，若穿裙装，应把裙子下摆稍稍向前收拢一下，不要坐定后再起来整理衣服。起立时，右脚先向后收半步，然后站起。

女士就座时不可翘起二郎腿，更不可将双腿叉开，这是最不雅观和缺乏教养的坐姿。当你刚坐时就要注意先把双脚的脚跟合拢。

女士除了要保持腿部的美以外，背部也要挺直，不要像骆驼一样，弯胸曲背。椅子如有扶手时，不要把双手平放在椅子的扶手上，好像老太婆般安祥地坐着，显出老气横秋的样子。

在与人交谈时，不要将脚跨在椅子或沙发扶手上或架在茶几上，也不能以手掌支撑着下巴。有些人甚至不拘小节，干脆坐在写字台或椅背上与人交谈，认为只有这样才能与人拉近距离，殊不知这会毁掉你温文尔雅的风度。

坐在椅子上同左方或右方客人谈话时不要只扭头，这时可以侧坐，上体与腿同时协调地转向客人一侧。

坐时，不可以将大腿并拢，小腿分开，或双手放在臀下，腿脚不停地抖动，脚尖相对。这些有失风度的举止均应避免。

女士足尖翘起，或把衬裙露出，易招人议论。男士的二郎腿也不宜翘得过高，不然同样会有失风度的。

正确的坐姿对坐的要求是“坐如钟”，即坐相要像钟那样端正。除此还要注意坐姿的娴雅自如。其基本要领是：上体自然坐直，两腿自然弯曲，正放或侧放，双脚平落地上并拢或交叠，双膝自然收拢，臀部坐在椅面的中央，两手分别放在膝上（女士双手叠放在左或右膝上），双目平视，下颌微收，面带微笑。

端坐时间过长，会使人感觉疲劳，这时可变换为左侧坐或右侧坐。无论是哪一种坐法，都应以娴雅自如的坐姿来达到尊重别人的目的，给人以美的视觉感受。

第二，良好的站姿能衬托出美好的气质和风度。

站姿的基本要求是挺直、舒展，站得直，立得正，棱角分明，线条优美，精神焕发。其具体要求如下：

头要正，头顶要平，双目平视，微收下颌，面带微笑，动作要平和自然；脖颈挺拔，双肩舒展，保持水平并稍微下沉；两臂自然下垂，手指自然弯曲；身躯直立，身体重心在两脚之间，挺胸、收腹、立腰，臀部肌肉收紧，

重心有向上升的感觉；双腿直立，女士双膝和双脚要靠紧，男士两脚间可稍分开点儿距离，但不宜超过肩宽。

以上是基本的站姿，工作中可在此基础上进行调整。

女士工作中的站姿，双脚可调整成“V”字型或“丁”字型，右手搭在左手上，贴在腹部。

男士工作中的站姿，双脚平行，也可调整成“V”字型，双手下垂于身体两侧，也可以将手放在背后，贴在臀部。

需要强调的是，在工作中站姿一定要合乎规范，特别是在隆重的场合下，站立一定要严格按照要求做。站累时，单腿可以后撤半步，身体重心可前后移动，但双腿必须保持直立。保持正确的站姿是商务人员特别是服务人员的专业素质之一，因此必须严格要求并加强基本功训练。

站姿的训练是体态中最基础的训练，站姿如何将直接影响人体姿态的整体美。因此，站姿训练必须要有明确的训练内容、要求及训练步骤，才能达到训练的目的。

(1) 站姿训练的内容、要求

①训练站立时身体重心的位置或重心的调整，使身体正直、中心平衡，并能自然改变站立的姿势。

②训练两脚位置与两脚间的距离，并与手的位置和谐一致，使整个身体协调、自然。

③训练挺胸、收腹、立腰、收臀、身体重心上升，使躯体挺拔、向上。

④训练站立时的面部表情，心情愉悦、精神饱满，通体充满活力，并能给人以感染力。

⑤训练站立的耐久性，能适应较长时间站立工作的需要。

(2) 站姿训练的方法

站姿训练的方法是提高训练效果的手段，方法科学才能收到事半功倍的效果。

①顶书训练。把书本放在头顶中心，为使书不掉下来，头、躯体自然会保持平稳，否则书本将滑落下来。这种训练方法可以纠正低头、仰脸、头歪、头晃及左顾右盼的毛病。

②背靠背训练。两人一组，背靠背站立，两人的头部、肩部、臀部、小腿、腿跟紧靠，并在两人的肩部、小腿部相靠处各放一张卡片，不能让其滑动或掉下。这种训练方法可使后脑、肩部、臀部、小腿、脚跟保持在一个水平面上，使之有一个比较完美的后身。

③对镜训练。面对镜面，检查自己的站姿及整体形象，看是否歪头、斜肩、含胸、驼背、弯腿等，发现问题及时调整。

站姿训练每次应控制在 20 ～ 30 分钟，训练时最好配上轻松愉快的音乐，用以调整心境，既可以防止训练的单调性，又可以减轻疲劳感。

第三，协调稳健、轻松敏捷的行姿会给人动态之美。

(1) 规范的行姿

行姿的基本要求是“行如风”，起步时，上身略向前倾，身体重心落在前脚掌上。行走时，双肩平稳，目光平视，下颌微收，面带微笑。手臂伸直放松，手指自然弯曲，摆动时，以肩关节为轴，上臂带动前臂，前后自然摆动，摆幅以 30° ～ 35° 为宜。

步幅适当，跨出的步子应是全脚掌着地，膝和脚腕不僵直，行走足迹在一条直线上。行步速度，男士一般是 108 ～ 110 步 / 分钟，女士为 118 ～ 120 步 / 分钟。

行走时，男士不要左右晃肩，女士髋部不要左右摆动，男女两人同行，女士步幅较小，男士步幅较大，男士应适当调整步幅，尽量与女士同步行走。

行走时，不要左顾右盼，左摇右摆，大甩手，也不要弯腰驼背，歪肩晃膀，步履蹒跚，不要双腿过于弯曲，走路不成直线，更不要走“内八字”或“外八字”。

(2) 变向行姿

变向行姿是指在行走中，需转身改变方向时，注意身体先转，头随后转，并同时向他人告别、祝愿、提醒、寒暄等时的行走姿态。

①后退步。与人告别时，不能扭头就走。应先向后退三步，再转体离去。退步时脚轻擦地面，不要高抬小腿，后退步幅要小。转体时要身先转，头稍后一些转。

②引导步。引导步是用于走在前边给宾客带路的步态。引宾时，要尽

量走在宾客的左侧前方，整个身体半转向宾客方向，左肩稍前，右肩稍后，保持两三步的距离。遇到上下楼梯、拐弯、进门时，要伸出左手示意，提示客人先上下等。

③前行转身步。在前行中要拐弯时，要在距所转向方向远侧的一只脚落地后，立即以该脚掌为轴，转过全身，然后迈出另一脚。向左拐时，要右脚在前时转身，向右拐时，要左脚在前时转身。

8. 注意与人握手的礼节

握手，既是一种礼仪方式，又可称之为人类的“次语言”。深情、文雅而得体的握手，往往蕴含着令人愉悦、信任、接受的意思。两人见面，若是熟人，不用言语，两手紧紧一握，各自的许多亲热情感就互相传导过去了；若是生人，则一握之际，就是由生变熟的开端。因此，它已成为世界上通行的人们在日常社交中的见面礼节。

握手，多数用于见面致意和问候，也是对久别重逢或多日未见的友人相见或辞别的礼节。

握手，有时又具有“和解”的象征意义。据说握手是西方中世纪骑士相互格斗，势均力敌，作为和解的表示，把平时持剑的右手伸向对方，证明手中没有武器，相互握手言和，发展到后来，便演变为国与国之间言和的象征。

握手除了作为见面、告辞、和解时的礼节外，还是一种祝贺、感谢或相互鼓励的表示。如对方取得某些成绩与进步时，赠送礼品以及发放奖品、奖状，发表祝词讲话后，均可以握手来表示祝贺、感谢、鼓励等。

(1) 与女性握手应注意的礼仪

与女性握手，应等对方先伸出手，男方只要轻轻的一握即可。如果对方不愿握手，也可微微欠身问好，或用点头、说客气话等代替握手。一个男子如主动伸手去和女子握手，则是不太适宜的。

在握手之前，男方必须先脱下手套，而女子握手，则不必脱手套，也不必站起。客人多时，握手不要与他人交叉，让别人握完后再握。按国际惯例，身穿军装的男子可以戴着手套与妇女握手，握手时先行举手礼，然后再握手，这是一种惯例。握手时，应微笑致意，不可目光看别处，或与第三者谈话。握手后，不要当对方的面擦手。

与女性握手，最应掌握的是时间和力度。一般来说，握手要轻一些，要短一些，也不应握着对方的手用劲摇晃。但是，如果用力过小，也会使对方感到你拘谨或虚伪敷衍。因此，握手必须因时间、地点和对象而不同对待。

(2) 与老人、长辈或贵宾握手的礼仪

与老人、长辈或贵宾握手，不仅是为了问候和致意，还是一种尊敬的表示。除双方注视、面带微笑外，还应注意以下几点：

①在一般情况下，平辈、朋友或熟人先伸手为有礼，而对老人、长辈或贵宾时则应等对方先伸手，自己才可伸手去接握。否则，便会看做是不礼貌的表现。

②握手时，不能昂首挺胸，身体可稍微前倾，以示尊重，但也不能因对方是贵宾就显得胆小拘谨，只把手指轻轻接碰对方的手掌就算握手，也不能因感到“荣幸”而久握对方的手不放。

③当老人或贵宾向你伸手时，应快步上前，用双手握住对方的手，这也是尊敬对方的表示。并应根据场合，边握手边打招呼问候，如说：“您好”、“欢迎您”、“见到您很荣幸”等热情致意的话。

④遇到若干人在一起时，握手、致意的顺序是：先贵宾、老人，后同事、晚辈，先女后男。还必须注意，不要几个人交叉握手，或在跨门槛甚至隔着门槛时握手，这些做法也是失礼的行为。

⑤在社交中，除注意个人仪容整洁大方外，还应注意双手的卫生，以不干净或者湿的手与人握手，是不礼貌的。如果老人、贵宾来到你面前，并主动伸出手来，而你此时正在洗东西、擦油污之物等，你可先点头致意，同时亮出双手，简单说明一下情况并表示歉意，以取得对方的谅解，同时赶紧洗好手，热情予以招待。

⑥在外交场合，遇见身份高的领导人，应礼貌地点头致意或表示欢迎，

但不要主动上前握手问候，只有在对方主动伸手时，才可向前握手问候。

(3) 与上级或下级的握手礼仪

在上级与下级握手时，除应遵守一般握手的礼节外，还应注意以下几个方面：

①上级为了表示对下级的友好、问候，可先伸出手，下级则应等对方有所表示后再伸手去接握，否则，将被视作不得体或无礼。

②当遇到几位都是你的上级时，握手时应尽可能按其职位高低的顺序，但也可由他们中的一位进行介绍后，由你与对方一一握手致意。如同来的上级职位相当，握手的顺序应是先长者 (或女性)，然后再是其他人。如果长者中有自己比较熟悉者，握手时应同时说些如“近来身体可好”之类表示问候的话。

③上级与下级握手，一般也应以其职位高低为序，遇有自己熟悉的下级，握手的同时也应说些问候、鼓励和关心的话。

④不论与上级还是下级握手，都应做到热情大方，遵守交往礼节。

下级与上级握手时，身体可以微欠，或快步趋前用双手握住对方的手，以示尊敬，但切不可久握不放，表示过分的热情。

上级与下级握手同样要热情诚恳，应面带笑容，注视对方的眼睛，切忌用指尖相握，或敷衍一握了事。也不可在握手时，东张西望或漫不经心，使对方感到你冷漠无情。在众多的下级面前，也不要厚此薄彼，只与其中一两个人握手，而冷落其他人；更不能在与下级握手后，急忙用手帕擦手。这些表现，都会被人认为是轻慢与无礼的行为。

9. 第一次见面要会做介绍

第一次见面做介绍是社交场合的礼节之一，分自我介绍、由别人介绍自己、听对方介绍他自己、听别人介绍对方和向对方介绍别人 5 种。

(1) 自我介绍

如“您好！我叫王刚，是长江机械厂的业务员”，由招呼话和介绍话组成。介绍话一般包括自己的姓名、单位职务及事由。其要领是语调要热情友好，充满自信，眼睛要注视对方，含笑致意。

(2) 由别人介绍自己

由姿态和言语两部分组成。当介绍人在介绍时，自己不能心不在焉、东张西望，而应当含笑注视对方，随着介绍人的介绍而向对方点头致意。当介绍人介绍完后，再与对方握手，并说上一些恰当的话语，如：“见到您很高兴。”

(3) 听取对方的自我介绍

这时自己虽不是交往主动者，但也应表现出热情的姿态，全神贯注地看着对方，而不能一边用耳听，一边低头批阅文件。在对方介绍完后，应热情欢迎，如伸出手去握住对方的手，用惊喜的语调说：“哦，你就是王先生，欢迎欢迎！请坐！”

(4) 由别人介绍对方给自己

这时，自己要侧过耳朵去听介绍人的介绍。并用点头或一些感叹词来呼应他的介绍。但应注意，不能只看着介绍人，把个后脑勺对着被介绍人。待介绍人介绍完毕后，应热情和对方握手，并亲切交谈。

(5) 自己把某人介绍给另外一个人

这种情况下，交往双方原来没有交谈过，但都分别与自己相识，所以，自己的任务就是介绍他们双方互相认识。这种介绍通常由说明语和介绍语组成。如：“两位，请允许我来介绍一下，这位是小李，华为公司的代表；这位是王先生，中兴公司的代表。”

假如你现在是一个宴会的主人，请来了许多客人，老朋友们自然不用你介绍，他们会主动凑到一块谈得热火朝天。关键是单独无伴的客人，你应注意不能冷落他们，要尽快让他们也找到适当的伙伴，这就需要您介绍了。

在这种情况下，最好是采用“合并同类项”的介绍法，也就是说，分别给他们选择一个适宜于他们的兴趣的伙伴。如果把两个都从事同一行业

的人拉在一起，是最好不过的，因为爱好相投、职业相同，自然容易找到共同的话题。也可以把专业、兴趣相近的人介绍在一起，如把诗人介绍给音乐家，把新闻记者介绍给作家，把医生介绍给运动员等，总而言之，让他们有话可谈。

介绍时，请记住下面三条简单的礼节原则：

①把男士介绍给女士。即在介绍过程中，先提女士的姓名。例如："李小姐，让我来给您介绍王先生。"

②把年轻人介绍给年长者，以示尊敬长者之意。如"王教授，请让我给您介绍黄小姐。"

③把次要人物介绍给主要人物。一般说来，当某人在社会上知名度较高时，别人自当被介绍给他。

总之，应该记住这一点，介绍时先提某人姓名是一种敬意，这是放之四海而皆准的法则。

介绍一般以询问口气为好。如"张先生，我可以介绍李明给您认识吗？""张先生，请允许我向您介绍李明先生。"但这种介绍法比较严肃。在非正式场合下，可以采取自然、轻松的介绍法，如"我来介绍一下，张伟明先生，书法家……""诸位，我非常高兴地向大家介绍一位新朋友，他叫李永明。"

如果是介绍两位素不相识的人相见，除了介绍他们的姓名之外，还可简单地提一下被介绍人的特点，如："小青，这位是吴国良先生，您不是想了解一下深圳的情况吗？吴先生是地道的深圳通，你们好好聊聊吧。"作为被介绍者，应该主动点头或握手致意："很高兴能认识您。""见到您真高兴。"

未经别人介绍，我们也可能自我介绍一番，但有几个问题必须注意：

①避免直话相问。如"您叫什么名字？"这样显得很鲁莽，而要尽量委婉一些："请问尊姓大名？""请问贵姓？"或"不知该怎样称呼您"，"您是"等。

②不要涉及到对方的敏感区。如"您多大了？""您结婚了吗？""您有几个孩子啦？"

③如果未听清对方的姓名，可以说："对不起，我没有听清尊姓大名。"

这时，被询问者应把姓名重复一遍。

10. 敬烟奉茶要礼节到位

如今在办公场所吸烟几乎都被看成是一种违反社会公德的行为，因此，只有在主人明确地邀请你抽烟时方可点烟。如果你主动地问“我抽烟你介意吗”，对方一般出于礼貌，只能回答“当然不介意”，但是烟一点着即大错铸成——你的行为已被看成没有教养。即使主人是个烟民，出于礼貌还是不要在有不抽烟的人在场时抽烟。

吸烟时一定要注意防止火灾的发生，如不要把火柴梗和烟蒂随地一丢或不熄灭就丢在垃圾里。

一般认为，在以下场合禁止吸烟：

第一，很多人拥挤在狭小的房间内；

第二，制作或整理资料文件时；

第三，接待室里没有烟灰缸时；

第四，在走廊或楼梯上行走时；

第五，坐在饭桌旁或在对方还未吃完饭时；

第六，在飞机、汽车等交通工具内。

主人在敬烟前，应询问客人是否会吸烟，如有女士在座，还应征得她的同意。如果来宾较多或同座身份高的人士都不吸烟时，则主人也最好不吸烟。在正式的会见、会谈或隆重庄严的仪式上，不允许给人敬烟，自己也不得吸烟。对宗教人士和信奉基督教、伊斯兰教的客人不要敬烟。

如果客人是初次来访或在商务洽谈等场合需要敬烟时，不要直接用手取烟给客人，这样手持烟来回推让，可能使病毒、细菌传播给对方，这是很不卫生的。只要将原包打开口，把烟弹出少许，按照先客人后主人的礼遇顺序递过去，待客人取出后，主人再取出打火机或火柴，替客人点好烟，尔后自己再取出一根来吸。正在吸烟时，如果与人打招呼或说话，应将烟

取下，否则将被视为不尊重对方。

如果自己正在戒烟或者自己不喜欢抽烟，那么即使是客人或上司敬的烟也可以谢绝。但在婚礼上，对新郎或新娘敬的烟不能不接，即使自己不吸烟也要吸上几口，待人家应酬他人时再熄掉。对方一进门，主人就立刻拿烟来吸是很不礼貌的行为，至少等双方寒暄完毕，切入正题之后再拿出烟来吸。

当客人或上司取出香烟准备吸的时候，主动帮助点烟是表示敬意的做法，但是反复地去主动帮助点烟，反倒让人生厌。因此在商务活动中，除非对方在口袋里反复寻找火柴或打火机，一般没有必要主动为他人点烟。

吸烟时，不要吸了一半就扔掉，也不要吸到烧手或过滤嘴边才去熄灭。烟蒂应放进烟灰缸内熄灭，以免冒出难闻的烟味。

有的人吸烟时喜欢仰面朝天吐出一个又一个烟圈，这个技艺是不值得炫耀的。向着别人的面孔吞云吐雾，即使对方也是抽烟的人，这样做也是非常失礼的。

向他人敬烟之后，应主动掏出打火机或火柴为对方点烟。但要记住一次不要点两支以上的烟，点过两支烟后要重新打火再为其他人点烟。有人为了表示热情好客，一次打火要点许多支烟，甚至为此不惜烧痛了自己的手指。这样做其实是吃苦不讨好的。

在英国，有“一火不点三支烟”之说，即一个人拿出打火机或火柴为大家点烟，绝不能连续点三支；而要在点过两支烟后停下来，换一根火柴或熄灭打火机后再打着，然后给第三个人点烟。否则，据说会给三人中的某人招来不幸。

其所以如此，据说是因为在第一次世界大战期间，有三个士兵夜间在战壕里吸烟，其中一人划着火柴给另两人和自己点了烟。由于火柴的发光时间较长，正好成了敌人从容瞄准的目标。结果一个士兵被枪打死了。此后“一火点三支烟”演变成忌讳之举。

再说奉茶的礼节。有客来访，待之以茶，以茶会友，情谊长久。这是我国传统的待客方式。此事虽小，却不得马虎大意。

在招待客人时，对茶具和茶叶的选择应有所讲究。从卫生健康角度考虑，泡茶要用壶，茶杯要用有柄的，不要用无柄的茶杯，目的是避免手与杯体、杯口接触，传播疾病。

茶具一般选择陶质或瓷质器皿。陶质器皿以江苏宜兴的紫砂茶具为最佳。不要用玻璃杯，也不要用热水瓶代替茶壶。如用高杯（盖杯）时，则可以不用茶壶。

沏茶之前，要首先洗手，并洗净茶杯或茶碗。最好当面洁具，这样可以使客人喝起来放心。还要特别注意检查茶杯或茶碗有无破损或裂纹，若有是不能用来待客的。

奉茶的时机，通常是在客人就座后，开始洽谈工作之前。如果宾主已经开始洽谈工作，这时才端茶上来，免不了要打断谈话或为了放茶而移动桌上的文件，这是失礼的。值得注意的是，喝茶要趁热，凉茶伤胃，茶浸泡过久会泛碱味，不好喝，故一般应在客人坐好后再沏茶。

上茶时一般由主人向客人献茶，或由接待人员给客人上茶。上茶时最好用托盘，手不可触碗面。奉茶时，按先主宾后主人，先女宾后男宾，先主要客人后其他客人的礼遇顺序进行。不要从正面端来，因为这样既妨碍宾主思考，又遮挡视线，应从每人的右后侧递送。

陪伴客人品茶要随时注意客人杯中茶水存量，随时续水。杯里茶水不宜斟得过满，以免溢出洒在桌子上或客人的衣服上。一般斟七分满即可，应遵循“满杯酒半杯茶”之古训。如用茶壶泡茶，则应随时观察添满开水，但注意壶咀不要冲客人方向。

不论客人还是主人，饮茶要边饮边谈，轻啜慢咽。不宜一次将茶水饮干，不应大口吞咽茶水，喝得咕咚作响。应当慢慢地一小口一小口地仔细品尝。如遇漂浮在水面上的茶叶，可用茶杯盖拂去，或轻轻吹开，切不可从杯里捞出来扔在地上，更不要吃茶叶。

我国旧时有以再三请茶作为提醒客人，应当告辞了的做法，因此在招待老年人或海外华人时要注意，不要一而再、再而三地劝其饮茶。

11. 名片交换学问大

自从有人发明了名片之后，在交际场合使用名片成了最为平常的事情。名片被看作是个人的广告，而使用名片则是“推销”自己。名片不仅要很好地珍藏，而且要懂得怎样去使用它效果最好而且又不失礼。

(1) 名片是你身份的介绍

名片首先是个人身份的介绍。你的名片对他人重要不重要，首先是你的地位决定的。你有多高的职位，拥有什么权力，具有什么技能，学有什么专长，都是你对别人有多大“使用价值”的基础。所以人人都很看重这些，名片上自然需要印得清清楚楚才好。

就从商务角度来说，名片宁可印得“实”些，不要太“虚”。有的人印名片，喜欢印上一大堆头衔，很多都是虚的，并不一定能得到别人的尊重，倒不如突出重点，把最实在的信息传达给对方。

名片并不是不要“虚”的，而是怎样选择，名片列上与自己生意和专业有关的名头，有时也会在交际中找到一些志同道合的人。做图书生意的，当然有“作家协会会员”的头衔更好；搞电脑的，不妨参加当地的电脑学会。但是千万不能以此来抬高自己的身份，而只是便于多找一些共同话题来交谈，在交际中形成有趣味的对话。

(2) 交换名片的顺序

交换名片的顺序一般是：“先客后主，先低后高”。即地位低的先把名片交给地位高的，年轻的先把名片交给年老的，客人先把名片交给主人。不过，假如是对方先拿出来，自己也不必谦让，应该大方收下，然后再拿出自己的名片来回报。当与多人交换名片时，应依照职位高低的顺序，或是由远及近依次进行，切勿跳跃式地进行，以免对方产生厚此而薄彼之误会。

(3) 交换名片的礼仪

与国人打交道，递接名片通常是在自我介绍或经人介绍后进行。美国人一般不送名片给对方，只是在双方想保持联系时才送。接受他人名片时，应毕恭毕敬，马上说一声“谢谢”。如果可能的话，一定要用半分钟左右的时间从头至尾认真默读一遍对方的名片上所载内容，不懂之处可以当即向对方请教，若把握不准的名字也不去请教，要是真的读错或叫错了，那就失礼了。还可以有意识地读出声音来再重复一下对方名片上所列的职务或单位，以示仰慕。

接受别人名片之后，理应随即将自己的名片递过去，如果这时到处寻找或错把别人的名片送给对方，则是严重失礼的。

在递送自己的名片时，用双手或右手捏住名片的两个或一个角递上，千万不要用食指和中指夹着名片给人。名片上的字体正面朝向对方，目的是让对方能够直接读出来。这时应和对方说："请多关照"、"请多多指教"，或"希望今后能够保持联系"等等，以示客气。

与国人打交道，递接名片应用双手。与外国人打交道，一般只用右手就可以了。因为在印度和中东的一些国家，左手被认为是不洁的，只用以洗澡或上洗手间。与这些国家的朋友交往，切记不要用左手接触对方，也不要用左手为之传递物品。

倘若自己暂时没有名片进行交换时，不宜说："我们单位小，都没印名片"或"我没有职务"等等，这样说有损自己公司形象，同时也贬低了自己，所以不可取。合乎商务活动惯例的说法是："很抱歉，我的名片刚刚用完。"或"对不起，我没带名片。"不愿与之交换名片时也可用上述说法，这实际上是"善意欺骗"，这是维护自己形象和自我保护的重要做法。

(4) 名片的忌讳

①忌胡乱散发

要有的放矢地使用名片，切忌乱散发，即传单式地发放，其实喜欢散发自己名片的人，会给人一种极不爱惜自己名片的感觉。

②忌逢人便要

不能像在收集名片似的，逢人便要。其实过分地热衷于名片的交换，反而有失礼仪，使人敬而远之，甚至遭人鄙视。索取他人名片的正确做法是欲取之必先予之，即把自己的名片先递给对方，以此来求得对方的呼应。或暗示自己的意愿，如对长辈、地位高的可以说："今后怎样向您请教？"对平辈、晚辈和与自己地位相仿的可以说："如何与您保持联系？"等等。

③忌收藏不当

名片最好放在专门收藏名片的皮夹、名片盒或名片夹里存放。把名片放在钱包和月票夹内的做法都是应当避免的。因为自己在递出名片时还要把它们拿出来亮相一番，这是很不雅观而又失礼的，把别人的名片乱塞乱掖同样失敬。

名片和收放名片的夹子，应避免放在臀部后面的口袋内，名片是个人身份的代表，对它应像对待其主人一样尊重和爱惜。

④忌玩耍名片

在交谈时不要拿着对方的名片玩耍，亦不要当着对方的面在名片上做谈话记录。

12. 致意时要显示出对对方的尊重

致意是一种社交中最为常用的礼节，它表示问候、尊敬之意。通常用于相识的人或只有一面之交的人之间在各种场合打招呼。致意时应该诚心诚意，表情和蔼可亲。若毫无表情或精神萎靡不振，会给人以敷衍了事的感觉。

致意大致有以下几种形式：

(1) 微笑致意

适于与相识者或只有一面之交者在同一地点，彼此距离较近但不适宜交谈或无法交谈的场合。

(2) 起立致意

在较正式场合里，有长者、尊者到来或离去时，在场者应起立表示致意。如长者、尊者来访，在场者应起立表示欢迎，待来访者落坐后，自己才可坐下；如长者、尊者离去，待他们离开后才可落坐。

(3) 举手致意

适于向距离较远的熟人打招呼，一般不必出声，只将右臂伸直，掌心朝向对方，轻轻摆一两下手即可，不要反复摇动。

(4) 点头致意

适于不宜交谈的场合，如会议、会谈在进行中。与相识者在同一地点多次见面或仅有一面之交者，在应酬场合相逢时，都可以点头为礼。

(5) 欠身致意

欠身致意表示对他人的恭敬，这种致意方式适用的范围较广。致意的方法是身体上部微微向前一躬，幅度不宜太大。

(6) 脱帽致意

朋友、熟人见面若戴的是无檐儿帽，就不必脱帽，只需欠身致意即可，但注意不可以双手插兜。若戴着有檐儿的帽子则脱帽致意最为适宜。若是熟人、朋友迎面而过，也可以轻掀一下帽子致意。脱帽时，请别忘了问声好。

一般情况下，不论在何种场合，致意的顺序应该遵循男士应先向女士致意，年轻者先向长者致意，学生先向老师致意，下级先向上级致意。

女士不论在何种场合，不论年龄大小，不论是否戴帽，一般只需点头致意或微笑致意。惟有遇到上级、长辈、老师、特别钦佩的人及见到一群朋友的时候，女士才需率先向他们致意。

致意的方法，往往同时使用两种，如点头与微笑并用，欠身与脱帽并用。

致意时要注意文雅，一般不要在致意的同时向对方高声叫喊，以免妨碍他人。

如遇对方先向自己致意，应以同样的方式向对方致意，视而不见、毫无反应是失礼的。

遇到身份较高者，一般不应立即起身去向对方致意，而应在对方的应酬告一段落之后，再上前致意。

致意的动作不可敷衍或满不在乎，必须认认真真的，以充分显示对对方的尊重。

中篇 低调做人的应用方法

低调做人说起来容易做起来难，有的人也知道低调做人的重要性，但不知道从何做起，有的人甚至认为低调做人过于消极、被动，无助于个人的生存、发展。这都是不懂得低调做人哲学的应用方法的缘故，事实上，低调做人要从身边的每一件小事做起，讲究的是认真做事的精神和审时度势的智慧。

第七章　注重实际　脚踏实地

我们谋生的手段是做事，但做事的方式却是各有各的不同。有的人习惯于投机钻营，有的人习惯于稳步前进；有的人在原来的基础上创新，有的人在原来的基础上固守。因此，其结果当然也就会各有各的不同：高调做事的结果是原地踏步，而低调做人的结果却是步步升级。

1. 不要犯眼高手低的毛病

“千里之行，始于足下”，要想成就大事就必须要从小事做起，眼高手低是定位的大忌，只有脚踏实地才能把梦想化为现实。

有些人总是有很高的梦想，他们不屑于眼前的这些小事。旁人在他们眼中，也大多是一群庸庸碌碌之辈，谈不上有什么共同语言。但在最初交往时，人们往往会被他们表面的雄心壮志所迷惑，老板也会认为他们是难得的栋梁之材。而事实上，他们眼高手低，大部分时间都沉浸在自己宏伟的梦想中，长此以往，他们不能也不会做出什么成就，曾经的雄心壮志难免会变成同事们茶余饭后的玩笑。除非他们幡然悔悟、奋起直追，否则，等待他们的往往是慢慢沉沦，或者跳到其他的公司去继续发牢骚，即使这样，同样的悲剧也难免再次上演。

郭英毕业于某大学外语系，她一心想进入大型的外资企业，最后却不得不到了一家成立不到半年的小公司“栖身”。心高气傲的郭英根本没把这家小公司放在眼里，她想利用试用期“骑马找马”。

在郭英看来，这里的一切都不顺眼——不修边幅的老板，不完善的管理制度，土里土气的同事……自己梦想中的工作可完全不是这么回事啊。“怎么回事？”“什么破公司？”“整理文档？这样的小事怎么让我这个外语系的高材生做呢？”“这么简单的文件必须得我翻译吗？”“就一篇小报告而已，为什么自己不写要我帮忙呢？”“噢，我受不了了！”

就这样，郭英天天抱怨老板和同事，双眉不展、牢骚不停，而实际的工作却常常是能拖则拖、能躲就躲，因为这些“芝麻绿豆的小事”根本就不在她的思考范围之内，她梦想中的工作应该是一言定千金的那种。呵，梦想为什么那么远呢？

试用期很快过去了，老板认真地对她说：“我们认为，你确实是个人才，但你似乎并不喜欢在我们这种小公司里工作，因此对手边的工作敷衍了事。

既然如此，我们也没有理由挽留你。对不起，请另谋高就吧！”

被辞退的郭英这才清醒过来，当初自己应聘到这家公司也是费了不少力气的，而且，就眼前的就业形势，再找一份像这样的工作也很困难。初次工作就以“翻船”而告终，这让郭英万分失望与后悔，可一切都已晚矣！

有些员工则不同，他们也有很高的梦想，但他们不会每天都深陷于幻想中难以自拔，他们会制定好切实可行的计划，从现在的工作开始做起，从一点一滴的小事做起，并这样毫不松懈地坚持下去。他们知道除非是他们努力把事情做成，否则什么也不会发生。就这样，他们一步步地默默努力着。终于有一天，他们晋升为公司的骨干，所有人都不禁会大吃一惊，但仔细回想，这一切其实纯属正常，毕竟天助自助者。梦想对于他们，已经变成了活生生的现实。

李妍大学一毕业就去了南方，然后顺利地在一家跨国公司找到了一个职位。

上班的第一天，李妍就发誓要让自己成为公司里的不可或缺者之一。

李妍负责的工作是档案管理，资源管理专业出身的她很快就发现了公司在这方面存在的弊端。她开始连夜加班，大量查阅资料，运用所学的理论知识写出了一份系统的解决方案，并将公司内部工作运行流程、市场营销方式以及后勤事务的规范，也整理出一套完整的方案，然后一并发到行政经理的电子信箱中。没过几天，行政经理就请她到公司的餐厅喝咖啡，离开时语重心长地拍了拍她的肩头，说：“公司对勤奋的人，向来是给予足够的空间施展才华的，好好努力。”

李妍更加勤奋地努力工作。公司想竞标一个大商厦周围的霓虹灯方案，同事们整天翻案例找朋友，忙得焦头烂额。李妍白天做自己分内的工作，晚上却通宵不眠熬红了眼做方案文书。竞标前一天交方案时，李妍去的最晚，行政经理不解：“你们部门的已经交来了。”李妍充满信心地看着他说：“这是不一样的！”竞标的当天，各种方案一下子被否决掉好几份，公司高层开始紧张，决定试试李妍的方案。这一试就让李妍为公司立下了汗马功劳。

第二天，消息就传遍了整个公司，大家都知道了人事资料管理科有个叫李妍的人很出色。

一个月之后，公司人事大调整，原来的部门经理调去别的部门，新来的行政任命文件上赫然印着李妍的名字。在同事们复杂的眼光里，李妍收拾好自己的东西，迈着悠闲的脚步走进了18层那间豪华的办公室。

想一想你周围的人们，像郭英或者李妍这样两种截然不同的人应该都不在少数。也许你会对那些刚开始豪情万丈的人充满由衷的向往，忍不住在心中勾画起自己的蓝图来。这样做是没有错，每个人都应该有自己的理想，但理想一定要切合实际，更重要的是，你要做好行动的计划和准备，要通过自己的努力实现理想。因此，那些像蜜蜂般踏实努力工作，并取得了一定成绩的人才是真正值得我们去学习的。毕竟，每个人来公司都是要做一些事情的，只有空想是不行的，如果每天都沉浸在自己的梦想中，以至于耽误了正常的工作，想做的还做不到，该做的又不去做，老板会继续需要你吗？同事们会视而不见，毫无怨言吗？

当人们抱着过高的目标接触现实环境时，会感到处处不如意，事事不顺心，于是就整天地抱怨。其实在做事时，你首先要做的是根据现实的环境调整自己的期望值，即使你给自己的定位很高，但做起事来要现实一些。千里之行始于足下，只有辛勤耕耘才会有所收获。再宏伟的梦想，只说不做如同纸上谈兵；因此做事一定要脚踏实地，坚决杜绝眼高手低。

2. 低调为高标的起点

你可以在心中给自己一个较高的定位，但在具体的为人做事时，如果降低姿态，你就会发现人性中那一面面光辉的心灵之镜都愿意照亮你前行的路。你可以有自己的高标追求，但低调做人，不彰显自己的优势才可能像一棵树一样，用根系从更低更深处吸取养料，让树茎和树冠向更高、更辉煌的地方延伸。如果你只顾让自己人性的树冠长得蓬蓬勃勃，枝繁叶茂，而忘记了那些可以供给你养料的大地，你的根系就会萎缩，只要有风吹浪打，你这棵树定会摇摇欲坠，无法立足。所以，低调做人是高标生存的起点。

“卧薪尝胆”的故事也许人们早已烂熟于心，其实，这何尝不是一个低调做人的典范，不是一个重新确立自己的处世姿态并从低基点起步发愤的惊警案例。

公元前494年，吴王夫差为报越国杀父之仇，亲率大军进攻越国。越国勾践率军迎战，在夫椒对阵。结果吴军得胜，顺势攻破越国国都会稽，俘虏了越王勾践。

吴王夫差为了实现霸业，显示自己的宽宏大量，决定不杀勾践，只派他在吴国的宫里养马。勾践带着夫人和相国范蠡天天小心谨慎地为吴王当马夫。有一次，吴王夫差生了一场大病，勾践殷勤服侍。夫差见他“忠诚”，就放勾践回国。回国后，勾践一心要报仇雪耻。他重新定都会稽，委派文种管理内政，任命范蠡训练军队，加强战备。

勾践惟恐眼前的舒服会把自己的志气消磨掉，就改变了日常生活，把软绵绵的褥子撤去，以草作褥。在吃饭的地方挂上一个苦胆，每逢吃饭时，先尝一尝苦味，提醒自己不忘雪耻。亡国以后，人口减少了，为了增加人口，勾践就订出几条奖赏生养的条例。例如：上了年纪的人不准娶年轻姑娘做媳妇；男子到了20岁，女子到了17岁，还不成亲的，他们的父母要受处罚；快要临盆的女人，必须报官，好派官医前去照顾她；添个儿子，国王赏她两壶酒，一头猪；添个姑娘，国王赏她一壶酒，一头小猪；有两个儿子的，官家代养一个；有三个儿子的，官家代养两个。耕种的时候，越王还亲自拿锄头在地里干活，目的是让庄稼汉提起精神，加把劲种地，多存粮食。越王的夫人也走出去，看望织布纺线的姑娘和老人们，没事时，自己也在宫里织布。7年里，国家免收捐税，越王自己穿衣、吃饭也处处节省。

而此时吴王夫差却自以为成了霸主，骄傲起来，一味贪图享乐。

公元前482年，夫差带着精兵去黄池会盟，一心想早日成为霸主。这时，越国已十分强盛了。勾践见时机已成熟，便乘机出兵打败了吴国，成为春秋末期的霸主。

在夫差面前勾践如若不能低调，恐怕早已成为刀下之鬼。那时的勾践用低调保全了自己的性命。回到越国之后，如果他忘记了低调，如何能让自己的国家再次休养生息，日益强大，最终可以与吴王对垒？勾践的再起是低调和高标的统一。这就是成功人士的立身原则。

要学会把自己的姿态摆得比别人低，让自己的心志站得比别人都高。前者是低调做人的训诲，后者是进入高标生存境界的必然。为自己设定高远的目标，严格要求自己，从小处着手，从低处起步，这样一点一滴地做起来，才能使自己在这个世界上走出壮美的人生。高标是成功的必然要求，而低调做人则是规避失败的韬晦手段。所以，高标处世和低调做人并非一对矛盾，而是一脉相承、互为表里、相得益彰的。

低调的人生是一种修养、一种境界、一种风度，一种只有少数人才能有的情怀。以低调入世者，因为具备了人性中最具光辉的人格魅力而颇能伸缩自如，避重就轻。那张永不骄慢、张扬、卖弄的脸让人感到亲切无比，那种平淡、优雅、从容的举止让人乐与为伍。因此，即使他们一时有难身边也不乏援手。所以，他们的生存之路因为有了这些才会走得游刃有余、光辉灿烂。

孟买佛学院是印度最著名的佛学院之一，这所佛学院之所以著名，除了它的建院历史久远、培养出了许多著名的学者之外，还有一个特点是其他佛学院所没有的。这是一个极其微小的细节，但是，所有进入过这里的人，当他再出来的时候，几乎无一例外地承认，正是这个细节使他们顿悟，正是这个细节让他们受益无穷。

原来孟买佛学院在它的正门一侧，又开了一个小门，这个小门只有一米五高，成年人必须要低头而过，否则就只能碰壁了。

这正是孟买佛学院给它的学生上的第一堂课。所有新来的人，教师都会引导他到这个小门旁，让他进出一次。很显然，所有的人都是低头弯腰进出的，尽管有失礼仪和风度，但是却可以使人有所领悟。教师说，大门当然出入方便，而且能够让一个人很体面很有风度地出入。但是，有很多时候，我们要出入的地方并不都是有着壮观的大门的。这个时候，只有暂时放下尊贵和体面的人，才能够出入。否则，有很多时候，你就只能被挡在院墙之外了。

佛学院的教师告诉他们的学生，佛家的哲学就在这个小门里，人生的哲学也在这个小门里，尤其是通向这个小门的路上，几乎是没有宽阔的大门的，所有的门都是需要弯腰低头才可以进去。

我们不是佛教徒，但我们同佛教徒一样，要走完自己的人生之路。要使自己在人生旅途中一帆风顺，少遇挫折，弯腰、低头是最好的入世方式，对每个人来说这都是一门必不可少的人生功课。而低调做人正是这种人生功课的最佳成绩。

无论顺境、逆境，低调一点终归没有害处。倘若你还未学会低头、弯腰通过人生的那道门，碰壁就再所难免。而当你在碰壁了之后才学会弯腰、低头，只怕通过的时候也已错过了最好的境遇。因此，不要等到吃亏了才知道该长一智。

3. 打好上天发给你的破牌

目前的生存状态会影响到你如何给自己定位，但这种影响不应是决定性的。如果一个人只是一味抱怨自己为什么生在一个普通人家里而不是一位高官或富商的子弟，那么他永远也不会有什么出息。一个人平常总会因为自身条件的限制遇到不顺心的事，一味为此生气，不如承认现实，从低点起步去改变这一现实。

一个小男孩晚上与家人一起玩牌，连续几次抓的牌都很差，结果全输了，于是，他开始抱怨自己手气不佳，运气不好。这时，男孩的母亲突然停止了玩牌，她严肃地对小男孩说："无论你手中的牌怎样，你都必须接受它，并尽最大努力玩好自己的牌！"小男孩望着母亲那严肃认真的面孔，愣了愣神。母亲接着说道："人生也是如此，上帝为每个人发牌，你无法选择牌的好坏，但你可以用好的心态去接受现实，并竭尽全力，让手中的牌发挥出最大的威力，获得最好的结果。"

从此以后，小男孩一直牢记着母亲的这番教诲，他不再抱怨自己的命运，而是以良好的心态去迎接人生的每一次挑战。就这样，他从得克萨斯州的农村默默无闻地走了出来，一步步成为陆军中校、盟军统帅、美国总统。

这个小男孩，就是美国第32任总统——艾森豪威尔。

这个故事告诉了我们一个道理：越是逆境之中，越要保持良好的心态，为自己争口气——这是你的惟一出路。

林勇强1929年生于中国上海。当时的中国正处于风雨飘摇之中：社会动荡，饿殍遍野。上海更是动荡不堪，外国驻中国使节颐指气使，地痞恶霸们则是横行无忌。就是在这样的环境下，林勇强度过了他的中学时代。

1946年，林勇强的父亲将他送到美国深造，以图出人头地。

到了美国以后，林勇强毫不犹豫地选择了金融专业。他先是进入康涅狄格州韦斯利安大学，后又转入波士顿大学。

在波士顿大学读书期间，林勇强学习刻苦，办事努力认真，是一个非常优秀的留学生。其金融专业成绩一直非常突出，仅用两年时间，就获取了经济学学士学位。1949年，在他20岁那一年，林勇强又获得经济学硕士学位。

此时具有硕士头衔的林勇强，却阴错阳差地到了一家规模、影响都不太大的股票经纪行——巴克公司，在公司里当上了一名小小的初级证券分析员，周薪只有50美元！显然，他拿到的这张牌糟透了。

但他接受了，在他看来，金融市场与商品市场不同，金融市场是以资金代替商品进行交易，流通和使用的是成千上万种证券和票据等信用凭证。在金融市场中，最富传奇色彩、最变幻莫测、最具吸引力的莫过于股票交易了，而这恰恰能够激发出自己非凡的创造力，可以挑战自己的极限。

因为赌着一口气，林勇强就像一座喷发的“火山”，释放出无穷的智慧。他冷静分析投资趋势，科学判断市场行情，果断采取发展策略，他的努力使公司基金的年收益以50%的速度增长！如此高效益、高速度在公司发展史上是绝无仅有的，在整个金融界也属罕见。他通过在股票操作赢利中的提成已拥有了公司20%的股份。也就是在此时，林勇强的事业开始了一个新的阶段。

傲慢与偏见历来是西方人针对东方人的态度，尤其是某些美国人对华人，这种态度激怒了流淌着炎黄子孙血液的林勇强。1965年，公司董事长因年龄原因而退休，需有人接替。在这个问题上，外界和公司内部似乎已有定论，因林勇强的贡献和长达七年的经营实践，应是众望所归，非他莫属。他本人也颇为自信，认为从自己的才能和在公司所占的股份来看，胜券在握。林勇强踌躇满志，开始酝酿新的发展计划，决心在董事长的位置上将公司推向新的高度。

但是事情并非像他所想的那样，退休的董事长却在此时暴露出某些美国人对华人的偏执、狭隘、傲慢的心理。他对林勇强的才华视而不见，对这些年公司取得的发展似乎无动于衷，在他的眼里看到的仅仅是——黄皮肤的华人！在他以及绝大多数的美国人眼里，华人是没有资格或不配担当公司里的重要职务的。

实际上，对于林勇强来说，失败和遭歧视是两种性质的问题，而且是一个应该严肃对待的问题。这个带有无端歧视的决定，深深触动了林勇强那敏感的、自尊的神经。面对美国人对华人的偏见和傲慢，林勇强一怒之下，将自己在公司20%的股份悉数卖掉并辞去经理职务。

在林勇强走出公司大门的那一天，他朝身后甩下了这样的豪言壮语："终有那么一天，我要在华尔街建起一座大厦，一楼做银行，二楼做财务公司，三楼做股票经纪公司，四楼做保险公司，五楼……使它成为金融业的超级市场，我也将在这一天向所有忽视华人能力的人们发起挑战！"

也就是在1965年，林勇强拿出卖股票所得的220万美元的一部分，独自注册成立了自己的公司——林氏管理和研究基金公司，主要从事经营互惠基金和投资研究、咨询等业务。

1969年2月，时年40岁的林勇强已成为曼哈顿互惠基金会董事长。由于林勇强的声名和林氏公司的良好业绩，此时的他正好利用这一点扩大自己的资本、实力和影响。于是，林勇强运筹帷幄、审时度势，果断向社会发行曼哈顿互惠基金股票。股票一上市，就引起了轰动，许多人纷纷抢购，该股的上市一举打破华尔街股票发行的纪录！

有趣的是，那位曾怀有傲慢与偏见的董事长与林勇强曾有一次不期而遇，他面有愧色，意欲回避，林勇强却不计前嫌，表现出素有的豁达与气度。他还衷心地感谢这位董事长，因为如果没有他当初的傲慢与偏见，也许便没有林勇强这样一位"华尔街金融王子"的诞生。

华尔街拒绝那些患有神经质的弱者，因为他们受不了华尔街的那种紧张气氛与无形的压力！在那里，每天都有人在制造奇迹，每天又都有人命丧商场。因为他们接受不了那种一个小时前还是富翁，一个小时之后就是一文不值的乞丐的境遇。任何金融家一旦进入华尔街，便不会高枕无忧、闲情悠悠。社会上一旦稍有风吹草动，这些金融家们便会躁动不安，乃至

疯狂无羁、反复无常。因此他们必须敢于承受突如其来的毁灭性打击。林勇强当然也不例外。

挫折终究来临。在经济大萧条的背景下，美国的证券业急剧衰退，来势之猛，令人始料不及。曼哈顿互惠基金因是新上市股，首当其冲，价格骤然狂跌，趋势就如决堤的洪水，一泻而下。林勇强虽多次投入资金试图力挽狂澜，但难以奏效。到1971年，林氏公司业绩继续滑坡，曼哈顿互惠基金净产值已跌落600点！

最终，林勇强决定绝处求生，委曲求全。万般无奈之下，他与芝加哥CNA财务公司几经商谈，忍痛将林氏公司的九成股权共计3700万美元出卖了。而在当时，CNA财务公司是美国最大的保险公司。林勇强虽“避难”于该公司，职位却不算低，收入也很可观，况且他已拥有3700万美元所得，也该安心了。

但是林勇强却毫不满足，他是不会固步自封的。因为他生性不愿受人掣制，不甘心接受别人发号施令，他仍钟情于原来的林氏公司。1973年，美国证券业上空阴云驱散，华尔街股票市场终于由淡转旺，出现了一片玫瑰色的曙光。

这时，林勇强再次显示出市场时机选择的机敏、快速与智慧，他当即采取行动，出售了他在CNA财务公司的全部股份，辞去了职务，重整旗鼓，再度组建林氏公司。1975年，他所创办的美林证券账务经纪行成为美国最大的经纪行。1978年林勇强改变自己的经营战略，采取并购手段。首先他以220万美元收购了一个财务控股公司，并任公司董事长兼首席执行董事。时隔不久，林勇强又通过公司控制了一家人寿保险公司。总行设在纽约的林氏公司，主要经营各种证券，尤其是投资各种有成长潜力的公司股票，并在波士顿、洛杉矶各地设有分行。

此时的美国经济开始大幅度复苏，他所投资的股份公司股票也顺理成章地上涨，公司的实力已不同凡响。在美国金融界中，“林氏王国”已有了显赫的声名。

林勇强在金融界超凡的才能，不但受到各大财团、企业的瞩目，也引起了美国容器公司董事长伍德希德的注意。

美国容器公司下属有多家制罐厂，1982年以前，美国容器公司的销售额徘徊不定，甚至出现利润下降的现象。而他们多年来一直想在金融界求得发展，为聘请林勇强加盟，伍德希德竟不惜以1.4亿美元的现金高价收购林氏公司的股权，并邀请林勇强担任容器公司董事，全权负责容器公司财务和证券交易。林勇强接手工作后，以金融业务为突破口，积极开展多样化的业务，使得该公司业绩直线上升。1984年公司的资产已达26.2亿美元，销售额为31.78亿美元；证券业务更是令人惊叹，仅以1985年为例，容器公司下属的各保险公司售出的保险单面额高达770亿美元，其利润可想而知。

1987年2月1日，林勇强成为了美国容器公司董事会首席执行董事和董事长。此时，以经营股票等证券业起家的林勇强正式坐上了美国容器公司的“第一把交椅”，从而完成了他从金融业到实业的角色转变。从此，在华尔街——这个令人又爱又恨的地狱与天堂俱兼的地方，“华人小子”成为了成功的代名词。也就是在这一天——在他完成从空对空的股票交易业到办企业的资本家的转变，也就标志着他真正迈向了成功！

在旁人看来，拥有高学历的林勇强为了区区50美元而屈身于小小的巴克股票经纪行，未免太不值。然而，林勇强却把它当作打好手里这张坏牌的一个良机。林勇强的成功，不正是高点定位与低点起步相结合的典范么？

4. 成功需要踏实的双脚，而不是幻想的翅膀

一些人总是羡慕别人的成功，希望自己有朝一日也能取得如此成绩，可是却不肯踏踏实实的努力，只在自己幻想取得的成绩上，沾沾自喜。总有一天，真相会败露，到那时，自惭形秽得无地自容，才明白是虚荣害了自己。

爱默生告诫我们：“当一个人年轻时，谁没有空想过？谁没有幻想过？想入非非是青春的标志。但是，我的青年朋友们，请记住，人总归是要长大的。天地如此广阔，世界如此美好，等待你们的不仅仅是需要一对幻想

的翅膀，更需要踏踏实实的两只脚！”

一年夏天，一位来自马萨诸塞州的乡下小伙子登门拜访年事已高的爱默生。小伙子自称是一个诗歌爱好者，从7岁起就开始进行诗歌创作，但由于地处偏僻，一直得不到名师的指点，因仰慕爱默生的大名，故千里迢迢前来寻求文学上的指导。

这位青年诗人虽然出身贫寒，但谈吐优雅，气度不凡。老少两位诗人谈得非常融洽，爱默生对他非常欣赏。

临走时，青年诗人留下了薄薄的几页诗稿。

爱默生读了这几页诗稿后，认定这位乡下小伙子在文学上将会前途无量，决定凭借自己在文学界的影响大力提携他。

爱默生将那些诗稿推荐给文学刊物发表，但反响不大。他希望这位青年诗人继续将自己的作品寄给他。于是，老少两位诗人开始了频繁的书信来往。

青年诗人的信一写就长达几页，大谈特谈文学问题，激情洋溢，才思敏捷，表明他的确是个天才诗人。爱默生对他的才华大为赞赏，在与友人的交谈中经常提起这位诗人。青年诗人很快就在文坛有了一点小小的名气。

但是，这位青年诗人以后再也没有给爱默生寄来诗稿，信却越写越长，奇思异想层出不穷，言语中开始以著名诗人自居，语气越来越傲慢。

爱默生开始感到了不安。凭着对人性的深刻洞察，他发现这位年轻人身上出现了一种危险的倾向。通信一直在继续，爱默生的态度逐渐变得冷淡，成了一个倾听者。

很快，秋天到了。爱默生去信邀请这位青年诗人前来参加一个文学聚会。他如期而至。在这位老作家的书房里，爱默生问这位青年诗人：“你后来为什么不给我寄稿子了？”

“我在写一部长篇史诗。”青年诗人自信地答道。

“你的抒情诗写得很出色，为什么要中断呢？”

“要成为一个大诗人就必须写长篇史诗，小打小闹是毫无意义的。”

“你认为你以前的那些作品都是小打小闹吗？”

“是的，我是个大诗人，我必须写大作品。”

“也许你是对的。你是个很有才华的人，我希望能尽早读到你的大作品。”爱默生有点无奈地说。

青年诗人完全没有听出爱默生的无奈，而是很自傲地说：“谢谢，我已经完成了一部，很快就会公之于世。”

文学聚会上，这位被爱默生所欣赏的青年诗人大出风头。他逢人便谈他的伟大作品，表现得才华横溢，锋芒咄咄逼人。虽然谁也没有拜读过他的大作品，即便是他那几首由爱默生推荐发表的小诗也很少有人拜读过，但几乎每个人都认为这位年轻人必将成大器。否则，大作家爱默生能如此欣赏他吗？

转眼间，冬天到了。

青年诗人继续给爱默生写信，但从不提起他的大作品。信越写越短，语气也越来越沮丧，直到有一天，他终于在信中承认，长时间以来他什么都没写。以前所谓的大作品根本就是子虚乌有之事，完全是他的空想。

他在信中写道：“很久以来我就渴望成为一个大作家，周围所有的人都认为我是个有才华有前途的人，我自己也这么认为。我曾经写过一些诗，并有幸获得了阁下您的赞赏，我深感荣幸。使我深感苦恼的是，自此以后，我再也写不出任何东西了。不知为什么，每当面对稿纸时，我的脑中便一片空白。我认为自己是个大诗人，必须写出大作品。在想像中，我感觉自己和历史上的大诗人是并驾齐驱的，包括尊贵的阁下您。在现实中，我对自己深感鄙弃，因为我浪费了自己的才华，再也写不出作品了。而在想像中，我是个大诗人，我已经写出了传世之作，已经登上了诗歌的王位。”

在信的末尾他诚恳地写道：“尊贵的阁下，请您原谅我这个狂妄无知的乡下小子……”从此后，爱默生再也没有收到这位青年诗人的来信。

那些成功的人总是看似一夜成名，实际上是以他们投入的无数心血作为基础的。不要以为成功是一件多么容易的事，一个人能够站在成功之巅，他依靠的不仅是自己的才能，而更多的还有他脚踏实地坚持不懈地努力。如果你想取得成功，就请你放下缥缈的幻想，正确衡量自己的能力，从脚下开始！

5. 实干重于虚名

有大智者知道，任何人都不可能只凭虚名而无实际能力长久地屹立。因此，他们在工作过程中不会投机取巧，而是认认真真踏踏实实地做自己的工作，这在那些重虚名的人眼里，也许应该算作是一种糊涂，或者是傻吧。可是，时间和成绩会证明一切。所以，那些看似糊涂、老实的人，实际上并非真糊涂，而是他们比别人更具有长远的眼光和深刻的思想。

世上有以金钱财富为荣者，有以职称名誉为荣者，有以文凭服饰为荣者……然而，这些东西都不能表明一个人的真实价值。如果一个人不是通过自己的劳动和创造，为社会和他人做出自己应有的贡献，如果不是坚持正直、诚实、高尚的人格，那么一切财富、地位、职称、文凭、服饰，以及华而不实的“知名度”，都不过是掩盖其真相的假面具。而这假面具也终究会有被揭穿的一天。

俗话说：发光的并不都是金子。而金子却一定会发光，我们还是应该分清人生的真实和虚假，力求真实而高尚的人生。

一次老同学聚会上，谁也没想到阿昆是混得最好的人，更没想到的是，从毕业至今，他竟然在一个公司待了10年！10年，现在还有谁会在一家公司干上10年？能做5年就已经是奇迹了。他现在是一家外资企业的生产总经理，年薪20万。他是自己开小车来的，全班仅他一个。不少同学向他讨教成功之道，谁知他只有一句话：“我只为今天的牛奶。”

他说：“其实我也曾想过换个环境，但现在的工作这么难找，再说，你又不能保证新工作会比原来的好，与其这样浪费精力，倒不如全身心投入到现在的工作上去，多学点东西。我在生产线待了3年，然后当技术员两年，后来当上了副经理，现在把副字去掉了……为今天的牛奶努力吧，兄弟们，别一山望着一山高。我们常说‘牛奶会有的，面包也会有的’，可是我们必须得为今天的牛奶努力，不然一切都没有了。”

对一个聪明人来说，每一天都是一个新的开始，你当然可以谋划自己的理想和前程，甚至可以放眼世界寻找更好的机会，但不要忘了我们首先得“为今天的牛奶努力”，在每个“今天”执著、踏实地走好每一步。

然而今天有一种说法叫做：光有埋头苦干的精神不行，还得会搞关系。

许多人认为现在学会做人比干好工作更重要，会“做人”的人吃香，而一门心思干工作，不过是“傻干”、是糊涂，得不到一点好处。有人结合自己的亲身经历得出了“光靠实干要吃亏”的结论。为什么有人会欣赏“既要干工作更要拉关系”的观点呢？问题恰恰出在没把“做什么人”、“做老实人是否吃亏”等问题搞清楚。

有些人受社会上流传的“干得好不如关系硬”、“辛苦干一年，不如领导家里转一转”等歪理的影响，片面相信关系是万能的，导致价值取向和思想道德标准发生偏移，曲解了做人的真谛，把做人之道庸俗化了。如何做人，可以反映出一个人的人生态度、道德情操和思想境界。我们不否认身边确有极少数人靠拉关系得到“回报”和“好处”，但绝大多数人是靠实干获得进步的，这也是事实。靠实干赢得进步，才有做人的尊严，才能受到他人的敬佩。

《饭后闲话》中写道：达尔文写《物种起源》用了28年，徐霞客写《徐霞客游记》用了34年，哥白尼写《论天体的运行》用了36年，托尔斯泰写《战争与和平》用了37年，马克思写《资本论》用了40年，歌德写《浮士德》用了60年。

真让人感叹，我们同时能想到相似的数据：爱迪生发明蓄电池，试验了1万多次才告成功；诺贝尔研制无烟炸药，屡败屡试，煎熬8年才出成果；居里夫人于1350多个日夜里重复着脏重的体力劳动，才从8吨沥青铀矿残渣中提炼出1克（八百万分之一）的镭；陈景润为证明“1+1=2”，拖着严重衰竭的病体，顶着种种无知的嘲讽，于斗室中、油灯下埋头演算……

以上人物，以文学艺术或科学技术的巨大成就，为人类社会的进步做出了杰出的贡献，按通常的理解，他们都有卓绝的聪明才智，都属于天才。然而，这里非但没有读出他们的聪明才智，反而读出了他们非凡的糊涂劲来。写一部书，有的数十年，有的尽毕生精力，能说不糊涂？而另外几位，除了几近疯狂地埋头于自己的选择，简直不知世上还有其他可爱的事物，能说不糊涂？我们的世界丰富多彩，人生可享受的美妙也多不胜数，许多聪明的人，有条件享受的，就去充分享受，没条件享受的，也挖空心思创造条件享受。哪像他们，糊涂到这般地步，连常人应有的享受，也随便放弃了，而是千方百计自找苦头来吃！

可是他们的最终成功却是得益于这种糊涂。

6. 愚者争，智者做

生活中，我们往往会遇到别人的贬斥或不公的评论。此时，任何人都不可能心里舒服，于是，心浮气躁者就容易与人发生争执来证明自己的高明，就算争论成功也只能得到对方口头上的让步。而真正的聪明人却永远都不会采取这种方式去证明自己，而是选择用实际成绩来证明一切。在受到别人质疑的时候暂时沉默，糊涂地对待外界的一切干扰，而暗地积蓄力量以求厚积薄发。

麦克·史瓦拉是位美国电视节目主持人，他所主持的“六十分钟”是人人乐道的节目。在刚进入电视台的时候他是一名新闻记者，因他口齿伶俐、反应快，所以除了白天采访新闻外，晚上又报道 7 点半的黄金档。以他的努力和观众的良好反应，他的事业应该是可以一帆风顺的。

很不幸的是，因为麦克的为人很直率，一不小心得罪了顶头上司新闻部主管。有一次在新闻部会议上，新闻部主管出其不意地宣布：“麦克报道新闻的风格奇异，一般观众不易接受。为了本台的收视率着想，我宣布以后麦克不要在黄金档报道新闻，改在深夜 11 点报道新闻。”

这个毫无前兆的决定让大家都很吃惊，麦克也很意外。他知道自己被贬了，心里觉得很难过，但突然他想到“这也许这是上天的安排，是在帮助我成长”，他的心渐渐平静下来，表示欣然接受新差事，并说：“谢谢主管的安排，这样我可以利用 6 点钟下班后的时间来进修。这是我早就有的希望，只是不敢提起罢了。”

此后，麦克天天下班之后就去进修，并在晚上 10 点左右赶回电视台准备 11 点的新闻。他把每一篇新闻稿都详细阅读，充分掌握它的来龙去脉。他的工作热诚绝没有因为深夜播新闻的收视率较低而减退。

渐渐地，收看夜间新闻的观众愈来愈多，佳评也愈来愈多。随着这些不断的佳评，有些观众也责问：“为什么麦克只播深夜新闻，而不播晚间黄金档的新闻？”询问的信件、电话不断，终于惊动了总经理。

总经理把厚厚的信件摊在新闻部主管的面前，对他说：“你这新闻主管怎么搞的？像麦克这样的人才却只派他播晚间新闻，而不是播 7 点半的黄金时段？”

新闻部主管解释道：“麦克希望晚上 6 点下班后有进修的机会，所以不能排上晚间黄金档，只好排他在深夜的时间。”

“叫他尽快重回 7 点半的岗位。我下令他在黄金时段中播报新闻。”

就这样，麦克被新闻部主管“请”回了黄金时段。不久之后，麦克被选为全国最受欢迎的电视记者之一。

过了一段时间，电视界掀起了益智节目的热潮，麦克获得十几家广告公司的支持，决定也开一个节目，便找新闻部主管商量。

积着满肚子怨恨的新闻部主管，板着脸对麦克说：“我不准你做！因为我计划要你做一个新闻评论性的节目。”

虽然麦克知道当时评论性的节目争论多，常常吃力不讨好，收入又低，但他仍欣然接受说：“好极了！”

自然，麦克吃尽了苦头，但他没说什么，仍全力以赴为新节目奔忙。节目慢慢上了轨道也渐渐有了名声，参加者都是一些出名的重要人物。

总经理看好麦克的新节目，也想多与名人和要人接触。有天他召来新闻部主管，对他说：“以后节目的脚本由麦克直接拿来给我看。为了把握时间，由我来审核好了，有问题也好直接跟制作人商量。”

从此，麦克每周都直接与总经理讨论，许多新闻部的改革也有他的意见。他由冷门节目的制作人渐渐变成了热门人物，他还获得了全美著名节目的制作奖。

所以，我们遇到类似麦克·史瓦拉那样的情况，应该心里清楚，却要做一个表面上的糊涂人，让自己的行动去赢得别人的首肯。

7. 以勤补拙，踏实肯干

自古就有勤能补拙的说法。因此很少有人是天赋异禀的传奇式人物，可以说大多数人都是站在同一起跑线上的。假如你自认技不如人，那就应

该踏踏实实、勤勤恳恳地去干好自己该干的事情，做一个勤奋、踏实的“糊涂人”。

但世界上能承认自己有些“拙”的人不会太多，能在进入社会之初即体会到自己“拙”的人更少。大部分人都认为自己不是天才至少也是个干将，也都相信自己接受社会几年的磨炼后，便可一飞冲天。但能在短短几年即一飞冲天的人能有几个呢？有的飞不起来，有的刚展翅就摔了下来，能真正飞起来的实在是少数中的少数。为什么呢？大多是因为社会磨炼不够，能力不足。

那么有没有办法在极短的时间补足自己的能力呢？

所谓的“能力”包括了专业的知识、长远的规划以及处理问题的能力，这并不是三两天就可培养起来的，但只要“勤”，就能很有效地提升你的能力。

“勤”就是勤学，在自己工作岗位上，一刻也不放弃，一个机会也不放弃地学习。不但自修，也向有经验的人请教。别人睡午觉，你学；别人去娱乐，你学；别人一天只有24小时，你却是把一天当两天用。这种密集的、不间断的学习效果相当显著。如果你本身能力已在一般人水准之上，学习能力又很强，那么你的“勤”将使你很快地在团体中发出亮光，为人所注意。

另外一种“能力不足”的人是真的能力不足，也就是说，先天资质不如他人，学习能力也比别人差，这种人要和别人一较长短是辛苦的。这种人首先应在平时的自我反省中认清自己的能力，不要自我膨胀，迷失了自己。如果认识到自己能力上的不足，那么为了生存与发展，也只有“勤”能补救，若还每天痴心妄想，不要说一飞冲天，也许连个饭碗都保不住！

对能力真的不足的人来说，“勤”便是付出比别人多好几倍的时间和精力来学习，不怕苦不怕难地学，兢兢业业地学，也只有这样，才能成为龟兔赛跑中的胜利者。这便是“勤”代表的糊涂做人的意义所在。

其实“勤”并不只是为了补拙，在一个团体里，“勤”的人始终会为自己争来很多好处：

塑造敬业的形象。当其他人浑水摸鱼时，你的敬业精神会成为旁人眼光的焦点，认为你是值得敬佩的。

容易获得别人谅解。当有错误发生，必须找个代罪羊时，一般人不大会找一个勤于工作的人来顶替。当做错了事，一般人也不忍指责，总是会不忍地认为，已经那么认真了，偶然出点错没什么。

容易获得主管的信任。当主管的喜欢用勤奋的人，因为这样他可以放心，如果你的能力是真不足，但因为勤，主管还是会给予合适的机会。当主管的都喜欢鼓励肯上进的人，此理古今中外皆同。

因此，任何人都应该善于做一个勤奋的“糊涂人”，不去理会别人的任何评价，认真地做自己该做的事。

8. 做好乏味的工作

乏味的工作没有人愿意干，更不用再说干好，所以大多数人遇到这种工作时往往会敷衍、应付了事。而那些愿意踏踏实实地把这种工作干好的人因为坚持不懈，必会取得别人难以取得的成就。做工作就是如此，任何工作做的时间长了都会有乏味的感觉，能糊涂地对待这种乏味，在乏味中做出不乏味的成绩是一个人的可贵精神的体现。

现为北京某IT著名企业的部门经理王先生曾表示：之所以有的员工认为工作是为了赚取薪水而不得不做的事情，是由于他们都缺乏坚实的工作观。同时，他以一种非常遗憾的口吻回忆了自己年轻时候的教训：

王先生从大学毕业进入该公司时，便被派往财务科就职，做一些单调的统计工作。由于这份工作高中毕业生就能胜任，王先生觉得自己一个大学毕业生来做这种枯燥乏味的工作，实在是大材小用，于是无法在工作上全力投入；加上王先生大学时期的成绩非常优异，因此，他更加轻视这份工作。因为他的疏忽，工作时常发生错误，遭到上司的批评。

王先生认为，自己假如当时能够不看轻这份工作，好好地学习自己并不专长的财务工作，便能从财务方面了解整个公司。原来，公司领导也有意让他通过熟悉财务工作来全面培养他。然而由于他自己轻视这份工作而致使晋升的良机流失，直到后来，财务仍是他工作中薄弱的一环。

由于王先生对财务工作没有全力以赴，以至于被认为不适合做财务工作而被调至营业部门。其实，熟悉财务、熟悉销售，是公司领导让大学生

们学会认识市场，然后再搞研发的一个过程。但身为推销员，又必须周旋于激烈的销售竞争中，于是王先生又陷入窘境，这对他而言，又是一种不满。他并不是为做一个推销员才进入这家公司的，他认为如果让他做研发方面的工作，一定能够充分发挥他的才能，但公司却让他做一个推销员而任顾客驱使，实在令人抬不起头。所以，他又非常轻视推销的工作，尽可能设法偷懒。因此，他只能达到一个营业部职员最低的业绩标准。

他认为如果当时自己能够不轻视推销工作而全力以赴，就能够磨炼自己在人际关系上自由进退的能力，并能培养准确掌握与对手竞争的方法。然而，王先生当时却一味敷衍了事，以至于后来仍对自己人际关系的能力没有自信，这对目前的王先生而言，也是非常薄弱的一环。

王先生因此而丧失身为一个推销员的资格，并被调至市场调研处。与过去的工作比较起来，似乎这个工作最适合王先生，终于让王先生感觉有了一份有意义的工作，他热爱并投身于此，因此才逐渐提高其工作绩效。

但由于过去 5 年左右的时间，马虎的工作态度使他的考核成绩非常不理想，当同期的伙伴都早已晋升为经理时，只有他陷于被遗漏下来的窘境。

这对于王先生是一个非常大的教训。过去公司所有指派的工作，对于王先生而言，都各具意义。然而，由于他只看到工作的缺点，以致无法了解这些工作乃是磨炼自己的最佳机会，也就无法从工作上学习到经验而遗憾至今。

大多数的人未必一开始就能获得非常有意义的工作，或非常适合自己的工作。倒是有相当一部分的人，刚开始都被去派做一些非常单调呆板和自认毫无意义的工作，于是认为自己的工作枯燥无味或说公司一点都不能发现自己的才能，因而马虎行事，以至于无法从该工作中学到任何东西。

对待任何工作，正确的工作态度应是：耐心去做这些单调的工作，以培养出从团队角度考虑问题的心智。如果最初无法培养出这种从全局考虑问题的心态，渐渐地便会觉得大家事事都在和你做对，而一次又一次地调换工作场所，就必然会成为无用的人。

9. 做一个勤于动手的人

学习任何一门知识都是为了使用，只有在实践中才能真正地领悟其中的道理。所以，我们应该做一个勤于动手的人，让所学的知识与实践结合起来，而不是只会纸上谈兵，这样才能学到更多的知识，才能使学到的东西真正有用。

明代的大医学家、药物学家李时珍，很小就爱上了医务和药学。他读了《本草经》等许多医药典籍。在阅读时，他总是那样刻苦认真，天刚蒙蒙亮他就起床，夹着几本书到房门外埋头苦读。白天他帮着父亲给病人治病，晚上又苦读到深夜。

有一次，李时珍问他父亲：

“书上说，白花蛇肚皮下面有 24 块斜方形的花纹，是真的吗？”

他父亲回答道：“我们蕲州有的是白花蛇。你到凤凰山抓一条看看，不就知道了么。”

他父亲李月池是个具有丰富实践经验的医生。儿子的问话他本来张口就可以直接回答，但为了养成儿子躬身实践的习惯，并没有直接告诉他。

李时珍觉得父亲的话很有道理。于是就一个人爬到凤凰山上，捉到了一条白花蛇，翻过来一看，肚皮下面果然有 24 块斜方形花纹。从这件事上，李时珍受到很大启发。后来在编写《本草纲目》时，他一方面继续“博览群书”，一方面“拜访四方”，不仅民间医生、药农是他拜访的对象，就连老农、渔夫、樵夫、猎人，都成了他的好老师。凡能亲自验证的，他总是自己采标本，反复研究，和书本上学到的知识一一验证，然后得出结论，写进他的书稿里。

为了获得真知，他踏遍了湖广一带的原野山谷，还到过江西的庐山和江苏的茅山、牛首山，以及安徽、河南、河北等许多盛产药材的地方。经过实地的调查研究，从书本上看到的正确的结论，他记得更加牢固了；书本上论述不完整的地方，在他的新著中论述得更加准确了；书本上错误的东西，在他的新著中都得到了纠正。例如在旧的医药典中，把葳蕤和女萎这两种不同的植物，却当成了一个东西；而像南星草和虎掌，本来是一种植物，却又当作两种药物来介绍。诸如此类的错误，经过李时珍的实地考察，

发现和纠正了不少。

李时珍的《本草纲目》，为什么至今被我们视为最珍贵的医学遗产，并被翻译成为日文、英文、德文、法文、俄文等许多译本，受到世界医学界的重视？就是因为，李时珍不仅刻苦地阅读了800多种医药书籍，有了极为渊博的药物知识基础；更为可贵的是，在他的著述中，绝不人云亦云，而是努力深入实际，从而将获得的真知写了进去。

李时珍所以有这样的成绩源于他糊涂做人、认真做事的精神，源于他对于知识运用的一丝不苟。这一点因为很少有人能够做到，所以也就很少有人能够成功。

10. 克服懒散的习惯

懒散是人性中固有的弱点，一个人如果把这种弱点发扬光大，那他一生都将庸碌无为。

任何事业的完成都需要时间的消耗，没有人能够在懒懒散散或虚度时光中有所成就。糊涂做人就是要糊涂掉人性中的这种弱点，克服懒散的习惯，让自己有所作为。

“我做的每一件事都经过精心计划，否则我不可能完成任何事。”这是在密歇根州拥有将近20家家具店的坎贝尔家具公司董事长兼总执行长坎贝尔所说的话。它的整体规模、设备和销售量已使它跻身美国最大家具公司之林。坎贝尔雇用了上百名员工，他们也和他一样致力于追求客户的满意，满足人们对于家具的需求。

坎贝尔成功地运用了许多重要的技巧和方法而攀上顶峰。其中很重要的一个技巧就是，充分利用时间。坎贝尔说要“精心计划每件事”，在他的观念里，“计划”就包括将他的活动排定优先次序，懂得分层负责，同时最重要的是，以一种最有效率的态度聪明地管理时间。

事实上，坎贝尔把时间视为最重要的日用品之一，他发现了一个事实，那就是有如此多的人不珍视它。以今日的用语来说，时间是不可回收的。

光是注意现在几点几分，是不会有任何经济效用的。在现今社会里，很少有人把时间视为一项投资，而你对于每种投资，都会要求满意的报酬。

“是时候了”这句话对坎贝尔而言，具有实质性的意义。当他 12 岁的时候，父亲拉着他的手说：“过来，孩子，现在是我带你到外头找个兼差工作的时候了。”

坎贝尔是很愿意的，当时家庭经济状况很拮据，而他也真的希望出去工作。他想学习如何卖东西，于是他父亲就带他到附近熟识的杂货店，告诉店主说：“我希望你给坎贝尔一个工作。”

那位店主表现得很犹豫，他说，“店里生意并不忙，你的孩子又还小，而我也不打算雇人。”

他父亲说：“他会努力工作的，他可以做任何事，像扫地、清洁，什么事都行。”接着他又说，他和孩子想要的是借此学习如何销售东西。坎贝尔终于得到了这份工作，而且从那天起，坎贝尔说他这一生就一头栽进销售事业里去了。“我卖报纸、卖服饰、卖家具，我有充沛的动力，而我愿意投注我的时间去获取成功。”而他所贩售的就是被善加利用的时间。

他回忆道:“我后来在一间家具店得到一份工作,负责店内销售的工作,正好可以把我过去在杂货店里学到的销售技巧派上用场。”他和太太组建了家庭，而当生了一个又一个孩子后 (他是 10 个小孩的父亲)，他更是加倍努力以追求成功。他说：“后来我成为一家商店的经理，但我非常渴望给家人一个舒适的生活，所以我知道我必须赚更多的钱。”

当他为未来制定目标时,他父亲很久以前说的那句话“儿子,是时候了”或许在潜意识里影响了他。他知道，时间是珍贵的赏赐，他应该善加利用。事实上,早在他在杂货店工作的那段期间,他很快就明白了时间的重要。“当你在一个零售的环境里工作，面对你的客户，你必须好好运用每一分钟。你必须跟着客户,满足客户的需求,最后达成交易。你不能浪费一分一秒。”

坝贝尔在攀登事业顶峰的过程中，克服了懒散的毛病，在不计付出的糊涂中赢得了他一生的辉煌，可以说，他的成功是我们任何一个人都可能拥有的，只是我们多数人没有他的糊涂精神，也因此失去了本该拥有的成就。

第八章　进退有度　屈伸有理

不是人人都能做到“大雪压青松，青松挺且直”，更多的人是被重负压折的小树。木秀于林风必摧之，人越优秀越会招来小人的忌恨，倒不如学一学柔韧的翠竹，在狂风来袭时左摇右摆，可是却不会折断。以柔忍处世，藏锋不露，屈中有伸，进退有度，此乃大将风度。

1. 弱即是强，退即是进

老子说："深水缓流，浅水急瀑。"年轻人往往会以为前进是惟一的路，以为努力就可以成功，但只有在经历过挫折和磨炼之后才渐渐明白，其实人生的道路并不是笔直的，也可以转个弯，换个眼光或角度，甚至有时候向回走几步，人生就会有所不同。

《伊索寓言》里，有则北风与太阳比赛谁比较厉害的故事。大意是说，有次北风跟太阳说，他们应比一比谁的威力大，看谁能让一个朝他们走过来的人脱下他的外套。说完后，北风就使劲发威，猛力地吹，风愈刮愈大，只见那人外套却愈裹愈紧，并没有多大的效果。这时，太阳露出脸来，用温暖的阳光照耀着那个人，慢慢地那个人越走越热，就把他的外套脱掉了。

所以，用暴力并不能使人真正屈服，反而会适得其反。老子说："坚强者，死之徒；柔弱者，生之徒。"他说，人活着的时候，身体是柔软的，死的时候则变得僵硬；而花草树木欣欣向荣的时候，形质是柔脆的，待到花残叶落的时候就是干枯的了。

柔弱的东西充满了生机，坚强的东西反而笼罩着死亡的气息。其实，老子的柔弱主张是针对逞强的作为所提出来的，逞强者必然刚愎自用，自以为是，世间的纷争多半是由心理状态和行为状态所产生的。

所以我们为人处世的时候，不仅要忍，还要柔，或者说柔与忍二者缺一不可。忍可匿强示弱，柔可以退为进，这才是为人处世战无不胜的法宝。就像时钟的指针要往前进，后面的发条却要往相反的方向转。

美国前总统克林顿与白宫实习生莱温斯基那场"拉链门"风波仍存在于许多人的记忆之中，事情的始末是这样的：

克林顿在求学时代就处处表现出他对政治的兴趣和卓越的领导能力，进入社会后，他步步为营，从州长到总统，一步一步实现着自己的梦想。在他主政白宫的8年时间里，美国经济的增长和国际政治地位的提高都彰

显了他的政治才能，但是一场绯闻引发了对他的弹劾。

1998年10月8日，美国众议院以258票对176票通过了一项决议案，批准对总统克林顿进行不加时间和范围限制的正式弹劾调查。从而使克林顿成为了美国历史上第三位接受弹劾调查的总统。美国众议院提的这项议案是依据美国独立检察官斯塔尔的报告做出的，斯塔尔在报告中指控克林顿犯有可以构成弹劾依据的作伪证、妨碍司法、滥用职权等罪名。美国宪法的第二条第四项规定："总统、副总统及合众国政府之文官，受叛国罪、贿赂罪或其他重罪轻罪之弹劾与定谳时，应受免职处分。"

这项起源于英国的刑事诉讼程序，一般是由众院司法委员会对指控证据材料进行审阅，以确定有否开始正式弹劾调查的依据，如果通过了决议，就开始授权司法委员会进行正式的弹劾调查。其结果将由众院全体投票表决，在众议院多数同意通过提出弹劾时，被弹劾的官员由参议院进行审理。这次因为弹劾的对象是总统，所以参院的审理需由美国最高法院的首席法官主持，众议员作为公诉人和辩护人，参议员作为陪审团。

1998年1月23日，琼斯性骚扰案的证人、白宫前实习员莫妮卡·莱温斯基被指控与克林顿有染。克林顿则暗示莱温斯基否认他俩的关系，同时克林顿在接受琼斯案"庭外供证"时，也否认与莱温斯基有任何关系。

1月28日，美国司法部部长珍妮特·雷诺授权独立检察官肯尼思·斯塔尔调查莱温斯基同克林顿的关系。4月1日，阿肯色州小石城地方法院法官苏珊·韦伯·赖特否决了琼斯在性搔扰诉讼中提出的一切指控，但指出克林顿不能因行政官员豁免权而免于接受调查。

8月17日，克林顿向全国发表电视讲话，承认他和莱温斯基有"不适当"的关系，并承认他和莱温斯基的关系是错误的，他对此将承担全部责任。但是他强调自己"在任何时候都没有要求任何人撒谎、隐藏和销毁证据或做任何其他违法的事情"。

9月9日，独立检察官斯塔尔结束了调查，向国会递交了一份长达445页对克林顿的调查报告和36箱附件。报告中称有11项可能构成弹劾克林顿依据的理由。

其中包括："有充分和确凿的证据表明，克林顿总统竭力阻碍司法调查。在琼斯诉讼案的司法调查中，他参与了各种隐瞒他与莱温斯基女士关系的活动”；“有充分和确凿的证据表明，在莱温斯基女士可能成为琼斯诉讼案中对其不利的时候，克林顿总统曾努力帮助莱温斯基女士在纽约获得一份工作以阻碍司法调查”等。

1999年1月7日，参议院开始对克林顿进行弹劾审判。2月12日，参议院在对克林顿总统弹劾案的最终表决中，以45票赞成对55票反对否决了对克林顿的第一项弹劾条款，即指控他在绯闻案中“作伪证”。以50票赞成对50票反对否决了他“妨碍司法”的第二项弹劾条款。两项表决都没有达到宪法规定的对克林顿定罪和免职的票数。至此，参议院审理克林顿弹劾案宣告结束。

在这件事中，当着全世界的面，堂堂的美国总统承认自己的丑事，这是多让人难为情的事情啊！可是克林顿的聪明之处就在于，他采取了一种以退为进的策略，承认了自己的错误。这么做，其实是在向美国人民表明一种态度：我也是个普通人，我承认自己犯的错误，你们有权利让我下台，也有权利让我继续留在总统的位子上；对于一个已经承认错误的人，你们就看着办吧。

正是因为克林顿的这种态度，反而赢得了大多数美国人的同情和支持，从而挽救了自己的政治生涯。

同样是美国总统，当年肯尼迪在竞选美国参议员的时候，他的竞选对手在最关键的时候以他学生时代的一件事来攻击他：肯尼迪曾经因为欺骗而被哈佛大学退学。这类事件在政治上的威力是巨大的，竞选对手只要充分利用这个证据，就可以使肯尼迪诚实、正直与道德的形象蒙上一层阴影，使他的政治前途黯然无光。

如果肯尼迪极力否认、澄清自己，那么对手可能会抛出更多的证据来打击他，选民们也都会因为此事而失去对肯尼迪的信任。但是出人意料的是，肯尼迪很爽快地承认了自己的确曾犯了一项很严重的错误，他说：“我对于自己曾经做过的事情感到很抱歉。我是错的。我没有什么可以辩驳的余地。”

肯尼迪这么做，等于说“我已经放弃了所有的抵抗”，而对于一个已经放弃抵抗的人，你还要跟他没完没了吗？如果对手真的继续进攻了，就显得对手没有一点风度。而且，在大多数人的心目中，一个人如果能为他

所犯下的错误道歉，而不是隐瞒，那么这个人就是有勇气的、诚实的、正直的。

这是在被动的情况下以退为进的策略，是柔忍之术的完美运用。在主动的情况下，由于彻底解决某个问题的时机没有完全成熟，也可以采用这种策略。

“人若知进不知退，知欲不知足，必有困辱之累，悔吝之咎。”所以，为人处世若能以弱胜强、以退为进，就可以减少一些不必要的烦恼。当我们在人生之路上前行的时候，有时也不妨停下来歇歇脚，或是转个弯，也许路会更好走。

肯退一步才能进一步。面对矛盾，一般最简单的做法就是用强去争，但可能对方比你还强，你用强人亦用强，结果就不那么妙了。实际上，在聪明人看来，低头不单是缓和矛盾，也能化解矛盾，而争只有在极端的情况下才能解决矛盾，而在多数情况下只能是激化矛盾。在很多事情上，头低一些，退让一步，不但自己过得去，别人也过得去了，产生矛盾的基础不复存在，矛盾自然就化解了。彼此能够相安，离祸端就远了。

明朝年间，在江苏常州，有一位姓尤的老翁开了个当铺，经营好多年了，生意一直不错。某年年关将近，有一天尤翁忽然听见铺堂上人声嘈杂，走出来一看，原来是站柜台的伙计同一个邻居吵了起来。伙计对尤翁说:“这人前些时典当了些东西，今天空手来取典当之物，不给就破口大骂，一点道理都不讲。”那人见了尤翁，仍然骂骂咧咧，不讲情面。尤翁却笑脸相迎，好言好语地对他说：“我晓得你的意思，不过是为了度过年关。街坊邻居，区区小事，还用得着争吵吗？”于是叫伙计找出他典当的东西，共有四五件。尤翁指着棉袄说：“这是过冬不可少的衣服。”又指着长袍说，“这件给你拜年用。其他东西现在不急用，不如暂放这里，棉袄、长袍你先拿回去穿吧！”

那人拿了两件衣服，一声不响地走了。当天夜里，他竟突然死在另一人家里。为此，死者的亲属同那人打了一年多官司，害得那人花了不少冤枉钱。

原来，这个邻人欠了人家很多债，无法偿还，走投无路，事先已经服毒，知道尤家殷实，想用死来敲诈一笔钱财，结果只得了两件衣服。他只好到另一家去扯皮，那家人不肯相让，结果就死在那里了。

后来有人问尤翁：“你怎么能有先见之明，向这种人低头呢？”尤翁回答说：“凡是横蛮无理来挑衅的人，他一定是有所恃而来的。如果在小事上争强斗胜，那么灾祸就可能接踵而至。”人们听了这一席话，无不佩服尤翁的聪明。

中国有句格言：“忍一时风平浪静，退一步海阔天空。”不少人将它抄下来贴在墙上，奉为座右铭。这句话与当今商品经济下的竞争观念似乎不大合拍，事实上，“争”与“让”并非总是不相容，反倒经常互补。在生意场上也好，在外交场合也好，在个人之间、集团之间，也不是一个劲“争”到底，忍让、妥协、牺牲有时也很必要。作为个人，适当低一下头也是一种宝贵的智慧。即使在市场竞争的条件下，隐忍退让仍然能够提供成功有效的经营策略。比如商人常说的“有钱大家赚”，就是让的一种表现。经营行为本来是以追求利润最大化为原则的，如果你斩尽杀绝，不肯让利，就不会有合作伙伴。极端地说，根本也就不会有商品经济。因为全叫你垄断了，还有什么市场竞争呢？可见市场竞争是以让为前提的。

2. 人与人之间是需要空间的

在处理人际关系的时候，有些人会认为要对别人热情，要对朋友亲近，可是他们所认为的热情和亲近有时候却并不被别人所接受，这是为什么呢？

从心理学角度来讲，每个人都需要有个人的隐私空间，表现在外部环境上，就是需要和别人保持一定的距离。虽然不同的人所需要的“距离”不同，有的人需要的少些，表现得也就不是很明显，甚至自己也会认为自己是“事无不可对人言”，和朋友之间亲密无间好到可以穿一条裤子。其实无论是谁，都一样是有这种需要的。

举个浅显的例子，当我们去候车室等车的时候，看到休息区的长椅上还有很多空位，你是会坐到陌生人的身边呢，还是会保持一定距离坐得离

他远一些呢？90% 以上的人都会选择坐得远一些的。这就是因为有心理气泡存在的缘故，每个人都像是被包在这个气泡里一样，只不过有的大有的小而已。

所以，要做一个受欢迎的人，就一定要了解这个道理，千万不能一厢情愿地去和人接近，以免不小心侵犯了他人的心理气泡。

有一个寓言故事：

冬天来了，天气变得越来越冷，鸟儿们都飞去温暖的南方过冬了，连松鼠都躲在树洞里不肯出来了。森林中有几只豪猪冷得直发抖，它们为了取暖就紧紧地靠在一起，可是它们不像兔子们那样柔软，可以聚成一团来取暖。豪猪们的身上可是长着坚硬的长刺的，当它们彼此接近的时候，那些长刺就会不自觉地张开，把对方扎得直叫唤。因为忍受不了彼此的长刺，它们尝试了几次就都各自跑开了。

可是天气实在太冷了，豪猪们不得不再一次聚在一起，可是靠在一起时的刺痛使它们又不得不再度分开。它们就这样反反复复分了又聚，聚了又分，不断在受冻与被刺这两种痛苦之间挣扎着。

最后，经过多次尝试，豪猪们终于找到了一个适当的距离，既可以相互取暖又不至于被彼此刺伤，于是它们安安稳稳地度过了这个寒冷的冬天。

当然，心理气泡是分了许多层的，由于人们交往熟识的程度不同，所能接近的气泡范围也就不同。比如说，我们去参加某人的婚礼时，来宾很多，有认识的也有不认识的，我们自然会选择和认识的人聚在一起。而这些认识的人里面，又分为不是很熟悉的人，和比较亲近的朋友，那我们自然又会选择和亲近的朋友在一起。如果这些亲近的朋友里有一两个是我们的至交好友，那很显然我们最后一定是和至交好友挨得最近。在这里面，我们的心理气泡便分了多个层次，只允许最亲近的朋友离自己最近。

这个气泡代表着隐私和空间，人们一方面需要与他人建立亲密的关系，另一方面又需要心理上的自由，需要有一定的独享的心理空间。所以，我们在人际交往中，不论和对方关系有多好，也要保持一定的距离，给对方一定的心理自由空间。这种适当的距离，会使得彼此感到更舒服和自在，关系也会更融洽和谐。

珊珊觉得很烦恼，她是一名初三的学生，可是她烦恼的事情不是准备考高中的事，而是自己的好朋友小文有关。

珊珊和小文从小学起就是好朋友了，像对亲姐妹似的。小文对珊珊非常好，要是看到珊珊面有忧色，她就一定会打破砂锅问到底，而且绝对会两肋插刀相助。可是珊珊偏偏受不了小文这样，每次连她日记本里写了什么小文都要问个清楚，去她家玩的时候也不把自己当外人，自己动手从珊珊的抽屉里找东西，这些都让珊珊有些反感。于是珊珊便下意识地疏远小文，可是小文就会很难过，饭也吃不下，整天眼泪汪汪的，这让珊珊觉得自己实在是太坏了，只好向小文道歉，两个人又重归于好。可是用不了多久，珊珊便又开始烦小文的“缠人功”，之前的情景就又会上演一遍。久而久之，两个人都很痛苦。

其实珊珊的苦恼在成人社会里也是很常见的，我们往往会遇到这种人，让我们承认他们的好心，却难以接受他们的好意。这是因为，他们不懂得掌握一个度，过分的热情刺破了我们的心理气泡，令我们感到紧张和不适。

掌握人际交往的分寸是一门艺术，不懂得柔与忍的做人哲学的人就很难把握。尊重他人的隐私，不打探，不议论，不参与——除非他邀请你这样做——这是个人修养的表现，也是高层次的信任和关爱。如果不能把握好这个度的话，即使是好朋友也免不了演变成批评和挑剔，最后结束友谊。毕竟彼此来自不同的生活环境，接受不同的教育，即使之间相似度再高，也不可能完全相同，无可避免地会存在差异。所以，人与人相处需要尊重对方的心理气泡，给对方保留一定的心理空间。也只有这样，友谊才会长久。

3. 只要一个巧妙的转折

有些时候，我们只是需要一个巧妙的转折，就可以把已经看似陷入困境的问题起死回生，达到出人意料的效果。这也是柔忍之术的一种体现，是以退为进的一种方式。

美国石油大王洛克菲勒的顾问李·艾维是一个很有才干的人，洛克菲勒、查尔斯·施瓦布及其他许多大名鼎鼎的人物或公司都会就一些重大决策向他咨询。他曾经很妥善地处理了一个非常为难的事件。

当时，李·艾维正在英国，准备邀请著名的阿斯特夫人出席为正在纽约派克路上建筑中的阿斯特利亚宾馆举行的奠基典礼。阿斯特夫人是纽约有名的慈善家，也是社交名媛。

阿斯特夫人说："非常抱歉，这件事我恕难从命。你之所以来请我，不过就是想替那家宾馆做广告罢了。"

接下来李·艾维的回答着实让她大大的吃了一惊："的确如此。"

但是，他接着又说："不过，你自己不也会有所收获吗？你可以借此接近更多的群众。"于是他详细地向阿斯特夫人介绍了这个典礼将会通过收音机向全国广播，而且，他表示并不需要阿斯特夫人发表什么演说，只要她到场就行了。之后李·艾维又再三地向她表明了他们的诚意。结果，这些话产生了很好的效果，阿斯特夫人愉快地接受了邀请。

在这个事例里，显而易见，李·艾维的出乎意料的坦白是让阿斯特夫人同意接受邀请的关键，因为他的坦白承认表示出了让步，这也就使得阿斯特夫人无法拒绝听他接下去的解释，然后李·艾维迎合阿斯特夫人的想法进行劝说，最后他终于胜利了。

这便是运用柔忍之术的一个小小的成功。

但是并不是人人都懂得进退与转折的道理的，尤其是当这个转折与"退"是异曲同工之时，特别让人难以接受。可是不管个人的主观愿望如何，只知进不知退，只知直行不知转折，可能都会使得事情的发展转向失败。

商鞅是战国时期的政治家，在秦孝公时以"商鞅变法"的功绩奠定了自己的地位，同时巩固了秦国的统治。然而，这位著名的政治家最后却遭到了五马分尸的极刑，死后仍是骂声不绝。

商鞅变法是分两次进行的，第一次开始于公元前359年，第二次开始于公元前350年。变法主要内容有：废除旧的"世卿世禄"制，制定二十级爵，也就是根据人们的军功大小授予爵位；废除分封制，以县为地方政区单位，分全国为四十一县；实行什伍制度，同于后代的保甲制度，以便加强管理和统治人民；废除"井田制"，实行土地私有制度；奖励耕织，而压制工商；统一斗、桶、权、衡、丈、尺，并颁行了标准度量衡器；推行小家庭政策，以利于增殖人口、征发徭役和户口税等。

原本秦孝公是商鞅变法的有力支持者，也是他最大的靠山，有了秦孝公的支持他才能断然采取了极其严厉的政治改革措施，为秦国政治清明、富国强兵做出了根本性的贡献。可是商鞅变法，侵犯了贵族们的利益，因而遭到他们的强烈反对。太子傅公子虔和太子师公孙贾还教唆太子驷公开出来反对。朝野之间一片反对之声，或明或暗地树立了无数政敌。开始的时候有秦孝公的支持，政敌们对商鞅无可奈何。

商鞅的政绩逐渐使秦孝公感到了威胁，据说，秦孝公曾假意要传位给商鞅来试探他。虽然当时商鞅没有接受，但是已经被秦孝公所猜忌，有个叫赵良的人引用“以德者荣，求力者咸”的典故来劝他急流勇退。可是商鞅却不以为然，结果被秦孝公逐渐架空，势力不如从前。等秦孝公去世后，新王即位，政敌们便纷纷策谋陷害他，使商鞅最终以谋反罪名被处以极刑。

如果当初商鞅能够选择急流勇退，或许还能够功成身退。可惜他太不识时务，只知进，只知厉法严刑，而不知道运用策略，不知道该在适当的时候转折或谦退，所以引起了众怒，才会得到如此悲惨的遭遇。

4 避免正面冲突，迂回取胜

世上不如意事，十之八九。我们无论如何都得去面对这些，而且需要忍耐的就得忍耐，在忍耐中设法找到转机，这才是做人的哲学。

有时候我们遇到的事情，虽然自己才是正确的一方，可是情势所迫，却不得不退让。这种时候，就应该设法避免正面冲突，迂回取胜。

300 多年前，建筑设计师克里斯托·莱伊恩受命设计了英国温泽市政府大厅，他运用工程力学的知识，依据自己多年的实践，巧妙地设计了只用一根柱子支撑的大厅天花板。但是一年以后，在进行工程验收时，市政府的权威人士对此提出了质疑，并要求莱伊恩一定要再多加几根柱子。

是啊，谁见过那么大的大厅居然只有一根柱子来支撑的？这也太不安全了！在里面工作的人会随时担心被掉下来的天花板压在下面的。

莱伊恩对自己的设计很有自信，因此他非常苦恼。坚持自己的主张吧，他们肯定会另找人修改设计；不坚持吧，又有违自己为人的准则。矛盾了

很长时间，莱伊恩终于想出了一条妙计，他在大厅里增加了四根柱子，但它们并未与天花板连接，只不过是装装样子，糊弄那些自以为是的家伙。

300 多年过去了，这个秘密始终没有被发现。直到后来市政府准备修缮天花板时，才发现莱伊恩当年的“弄虚作假”。

作为一个建筑师，莱伊恩或许并不是最出色的，但作为一个自然人，他无疑非常伟大。这种伟大表现在他始终恪守着自己的原则，哪怕是遭遇到最大的阻力，也要想办法抵达胜利。

清中期著名才子纪晓岚很善于驾驭言语，他留下了许多巧妙诙谐的故事。

据说，有一次，乾隆皇帝和纪晓岚泛舟湖上赏风景，突然想开个玩笑以考验纪晓岚的辩才，便问纪晓岚：“纪爱卿，‘忠孝’二字当做何解释？”

纪晓岚答道：“君要臣死，臣不得不死，是为忠；父要子亡，子不得不亡，是为孝。”

乾隆笑眯眯地说：“那好，朕要你现在就去死。”

纪晓岚愣了一下，只好说：“臣领旨。”

乾隆看着他迷茫的样子，更高兴了，说：“那你打算怎么个死法？”

纪晓岚想了想，说：“跳河。”

“好吧！”乾隆当然知道纪晓岚不可能真的去自杀，于是静观其变。只见纪晓岚走到船头，作势欲跳，忽然又停了下来，向湖中拜了几拜，然后又像是在和什么人讲话的样子，神情渐渐气愤，又过了一会儿就走回到乾隆身边。

乾隆笑问道：“纪爱卿何以未死？”

纪晓岚坦然道：“臣刚才碰到屈原了，他不让我死。”

“哦？”乾隆来了兴致，“此话怎讲？”

“我站在船头正准备往下跳的时候，忽然看到屈原从水中出现，他站在水面上对我说：‘晓岚，你此举大错矣！想当年楚王昏庸，我才不得不死；可是如今皇上如此圣明，你为什么要死呢？你应该回去先问问皇上是不是昏君，他若真是与当年的楚王一样昏庸，你再死也不迟啊。’我非常生气，当即回复他说：‘我主当然不是昏君，所以我今天也不会跳下去陪你。’”

乾隆听后，放声大笑，连连称赞道：“好一个如簧之舌，真不愧为当今的雄辩之才也。”

之前乾隆根据纪晓岚解释的“忠孝”之道顺理成章地命他去死，纪晓岚临阵进退都没有道理，只有迂回出击，才能主动创造契机，改变不利的局面。

正是因为纪晓岚的巧妙迂回，才能在不损害乾隆面子的情况下，避免了跳进湖里灌冷水的祸事。

对于生活中遇到的难题，如果不能正面反击，需要忍耐，那不妨采用迂回婉转的策略，避开对手的优势，尽量坚持自己的原则，攻其不备，巧妙获胜。

5. 机会需要等待

不管一个人经受了多少打击，也不管他经历了多少苦难，只要有恒心，有耐力，有毅力，总会找到生机。哪怕是那种不得不隐忍等待的时候，也会抱有希望和梦想，因为他们知道，只要忍耐就一定可以渡过难关。

奥格·曼狄诺喜欢讲这样一个故事：

卖花的老太太微笑着，又老又皱的脸上荡着喜悦。不知是被什么样的情绪所激动，我挑了一朵花，对她说：“今天早晨你看起来很高兴。”

“为什么不呢？一切都这么美好。”她穿得相当破旧，身体看上去很虚弱。因此她的回答令我大吃一惊，不由自主地说：“你很能承担烦恼。”

“耶稣在星期五被钉在十字架上的时候，那是全世界最糟糕的一天，可三天后就是复活节。所以，当我遇到麻烦时，我就学会了要等待三天。只要等待三天，一切就都恢复正常了。”她说着，然后向我说再见。

从此，我一碰到麻烦，那个卖花的老太太的声音便回响在耳边：“等待三天。”

忍耐是需要勇气的：对一个理想或目标全身心地投入，而且要不屈不挠，坚持到底，百折不回。懦弱的人根本做不到。就像白朗宁所说：“有勇气改变你能够改变的，愿意接受你无法改变的，并且明智地判断你是否

有能力改变。”

王猛出生在青州北海郡剧县，年幼时因战争动乱，他随父母逃难到了魏郡。在王猛年轻的时候，曾经到过后赵的都城——邺城，这里的达官贵人没有一个人瞧得起他，惟独有一个叫徐统的，见了他以后非常惊奇，认为他是一个了不起的人物。于是，徐统召请王猛为功曹，可是王猛不仅不答应徐统的召请，反而逃到西岳华山隐居起来。因为他认为自己的才能不应该干功曹之类的事，而是应该去帮助一国之君来干大事，所以他隐居在山中，静观时势变化，等待机会的到来。

公元351年，氐族的苻健在长安建立前秦王朝，力量日渐强大。354年，东晋的大将军桓温带兵北伐，击败了苻健的军队，把部队驻扎在灞上。王猛身穿麻布短衣，径直到桓温的大堂求见。桓温请他谈谈对当时局势的看法。王猛在大庭广众之下，一边把手伸进衣襟里去捉虱子，一边纵谈天下之事，滔滔不绝，旁若无人。

桓温见此情景，心中十分惊奇，他对王猛说：“我遵照皇帝之命，率10万精兵，号称正义之师前来讨伐逆贼，为百姓除害，以安天下。可是，关中豪杰却没有人到我这里来效劳，这是什么缘故呢？”王猛直言不讳地回答说：“您不远千里来讨伐敌寇，长安城近在眼前，而您却不渡过灞水去把它拿下来，大家都揣摩不透您的心思，所以才不来。”

桓温沉默良久。王猛的话正击中了他的要害，他的打算是，自己平定了关中也只能得个虚名，而实际利益是归朝廷所有的，与其消耗实力，为他人做嫁衣裳，还不如拥兵自重，为自己将来夺取朝廷大权保存力量。

正因为王猛一言中的，桓温更加认识到他的非同凡响，便道：“这江东没有人能比得上你。”

后来，桓温退兵了，临行前，他送给王猛漂亮的车子和优等的马匹，又授予王猛高级官职“都护”，请王猛随他一同南下。但王猛拒绝了桓温的邀请，继续隐居华山。开始的时候王猛的确是想借桓温这个机会来干一番事业的，但是他考察桓温和分析东晋的形势之后，认为桓温不是甘心久居人下之人，迟早会反叛朝廷的，但是以桓温的实力未必能够成功，自己在桓温手下很难有所作为。

桓温走后的第二年，前秦的苻健去世，继位的是中国历史上有名的暴君苻生。苻生昏庸残暴，杀人如麻。苻健的侄子苻坚想除掉这个暴君，于是广招贤才，以壮大自己的实力。他听说了王猛的名声，就派尚书吕婆楼去请王猛出山。

苻坚与王猛一见面就像知心的老朋友一样，他们谈论天下大事，双方的意见不谋而合。苻坚觉得自己遇到王猛就像三国时的刘备遇到了诸葛亮；王猛觉得眼前的苻坚才是值得自己一生效力的对象。于是，王猛留在苻坚身边，积极为他出谋划策。

公元357年，苻坚一举消灭了暴君苻生，自己做了前秦的国君，而王猛就成了他手下的得力助手，任中书侍郎，掌管国家机密，参与朝廷大事。王猛36岁时，因为才能突出，精明能干，一年之中连升了五级，成了前秦的尚书左仆射、辅国将军、司隶校尉，为苻坚治理天下出谋划策，干出了一番轰轰烈烈的大事业，成为中国历史上著名的杰出政治家。

公元375年，王猛因病去世，终年51岁。苻坚这时才38岁，他为失去这位得力助手而十分痛心，经常悲伤流泪，不到半年头发都斑白了。

古人说：“良禽择木而栖，贤臣择主而从。”王猛正是以此为目标，才会两度拒绝高官的召请，最终选择了苻坚作为效力对象。他忍住了一般人求遇心切、急于求取功名富贵之心，直到遇到真正的明主才投身仕途。这是他获得成功的重要经验。

我们在日常生活中，遇到困难的时候，或者机遇不足的时候，不妨也耐心等待一段时间。只要沉住气，真正的机会总会来到面前的。

6. 委屈退让也许是在更进一步

《菜根谭》里说：“人肯当下休，便当下了。若要寻个歇处，则婚嫁虽完，事亦不少。僧道虽好，心亦不了。前人云：如今休去便休去，若觅了时无了时。见之卓矣。”

我们不论做什么事，应罢手不干时，就要下定决心结束，应该退让婉转的时候，就要痛快地退让。以退让开始，以胜利告终，是柔与忍的做人

哲学中的一条锦囊妙计。

范蠡追随越王勾践 20 多年，苦其心志，运筹谋划，终于灭了吴国，报了会稽之辱。勾践称霸诸侯后，范蠡也被封为将军。

但范蠡深知勾践为人，只可同患难，不可共安乐，于是急流勇退，携妻将子，扬帆过海，秘密离开了越国。离开之前他曾劝文种一同隐退，但是文种眷恋权势，又认为自己与勾践共同患难，必然不至于遭到迫害，就没有同意。可惜文种没有听范蠡的劝告，最后终于被勾践所杀。

范蠡辗转到了齐国，改名换姓，自称为鸱夷子皮，在海边定居下来。从此，率子整治家业，开发经营。以前会稽山上时范蠡曾与另一位谋臣计然共事，计然说："要打仗就要备战，备战就要与货物打交道。只有知道货物的生产季节和社会需求关系，才算是知道货物。季节和需求关系能够明确，则天下所有货物的供需行情，就能够看得清楚了。"计然给勾践出过不少计谋，使战败的越国很快就富起来。

范蠡从计然的策略中得到启示："计然的策略共有 7 项，越国只用了 5 项就能如愿以偿。他的策略对于治国行之有效，如果用于治家，我想必有收益。"于是他依计而行，果然，没多久，就在海边积累了数 10 万财产。

齐国人看他贤能，又善于理财，便请他出来为卿相。范蠡喟然长叹："在家能积聚千金，外出能官至卿相，对于普通人这是再高兴不过的事了，但长久地享受这些尊荣和名声并不吉利啊！"于是，他拒绝了召请，把大部财产分给亲朋好友和邻里乡党，只随身藏着些珍贵的珠宝，秘密离开齐国，到达宋国的都城陶。

范蠡看到陶位于天下的中心，与诸侯各国四通八达，来往货物都在此交易，认为在此地经营很容易致富，便在陶定居下来，自称陶朱公。从此，父子刻苦节俭，亲自耕种畜牧，兼营商业。由于他们对商品的屯积或脱手，善于看准行情，把握时机，在贩进卖出之中，获取十分之一的利润，没几年，又积累了上亿的家产，天下都知道陶朱公了。

范蠡的聪明之处在于他知道何时该进何时当退，该进的时候义无反顾，该退的时候绝不眷恋犹豫。

有一次，世界著名滑稽演员侯波在表演时说："我住的旅馆，房间又小又矮，连老鼠都是驼背的。"那家旅馆的老板知道后十分生气，认为侯波诋毁了旅馆的声誉，如果不公开道歉的话就要控告他。

于是侯波在电视台发表了一个声明，向对方表示歉意："我曾经说过，我住的旅馆房间里的老鼠都是驼背的，这句话说错了。我现在郑重更正：那里的老鼠没有一只是驼背的。"

"连那里的老鼠都是驼背的"，意在说明旅馆小而矮；"那里的老鼠没有一只是驼背的"，虽然否定了旅馆的小和矮，但还是肯定了旅馆里有老鼠，而且很多。侯波的道歉，明是更正，实是批评旅馆的卫生情况，不但坚持了以前的所有看法，讽刺程度更深刻有力。

再来看个故事，英国牛津大学有个名叫艾尔弗雷特的学生，因能写点诗而在学校小有名气。一天，他在同学面前朗诵自己的诗。有个叫查尔斯的同学说："艾尔弗雷特的诗我非常感兴趣，它是从一本书里偷来的。"艾尔弗雷特勃然大怒，非要查尔斯当众向他道歉不可。

查尔斯想了想，答应了。他说："我以前很少收回自己讲过的话。但这一次，我认错了。我本来以为艾尔弗雷特的诗是从我曾读过的一本书里偷来的，但我找到那本书翻开一看，发现那首诗仍然在那里。"

两句话表面上不同，"艾尔弗雷特的诗是从我读的一本书里偷来的"，也就是指艾尔弗雷特抄袭了那首诗；"那首诗仍然在那里"，指的是被艾尔弗雷特抄袭的那首诗还在书中。意思没有变，而且进一步肯定了那首诗是抄袭的，这种退让却达到了嘲讽和揶揄的目的，令人猝不及防，伤得更重。

许多人能伸而不能屈，觉得要退让低头是比杀头还难过的事。当然，要真是杀头的话，那倒是十有八九会立刻选择低头的。其实，有时候退让不只是表面上看来那么简单，它甚至会比前进更有力量，更有杀伤力。

做人需要有策略，处世需要懂进退，柔与忍的做人哲学可以教会你这两点，并衍生出许多为人处世的妙计来。

7. 鱼，还是熊掌

《孟子》中说："鱼，我所欲也；熊掌，亦我所欲也，二者不可得兼，舍鱼而取熊掌者也。生，亦我所欲也；义，亦我所欲也，二者不可得兼，

舍生而取义也。”意思是说：鱼是我喜欢吃的，熊掌也是我喜欢吃的，如果不能两样都吃，那我就放弃鱼而选择熊掌。生命是我所重视的，正义也是我所重视的，如果不能两样都拥有，那我就舍弃生命而坚持正义。

我们都会有比任何事情都更想要坚持和拥有的东西，也许不止一两样。要在其中做选择，有的时候真的是很困难，可是这种情况又不可避免的会发生。比如，既想读书又想娱乐，既想赚钱又想做公益，既想陪老婆烛光晚餐又想和朋友喝酒看球……

当不得不做出一个选择的时候，要慎重，要知道哪一个才是你更加珍视的。

诸葛亮治理蜀国，事必躬亲，因此非常劳累。杨容曾经劝谏他说：“作为丞相，您治理方面应有体统，上下不能侵犯。”意思是说，您是当丞相的，只要管好直接下属，让他们全心全力地为国办事，考察他们的德行政绩，但是不要去过问下属的下属，因为他们有他们的上司在监管。可是诸葛亮没有听他的，结果虽然把蜀国治理得不错，可是自己却费心劳神而丧命。

对于高层领导来说，应该汲取诸葛亮的教训。虽然有责任感是好事，但是事无大小都要亲自过问就实在有点愚蠢了。高层领导只要认真谨慎地挑选好中层干部，加以提拔任用，教导他们如何把工作做好就行了，至于中层干部下面的基层人员的提拔与任用，以及他们的工作绩效等琐事，应该由中层干部去管理，自己就不要详细过问了。因为培养中层干部就是为了让他们做这些事的，如果自己把他们该做的事都做了，那中层干部又去做什么呢？这种过问就是侵职，就是不懂得“鱼与熊掌不能兼得”的道理。这样做的结果就是把自己弄得非常累，而底下的人却很闲。这是不对的，因为身为高层领导是要作重要决策的，如果精力都浪费在那些小事上，又怎么能处理好大事呢？而且这样也不利于人才的培养，任用中层干部可不是用来当摆设的啊。

有一天，元顺帝在欣赏宋徽宗的书画，称赞不已。这时奎章阁学士说：“徽宗是位多才多能的人，惟独一件事没有才能。”元顺帝问是什么事，奎章阁学士说：“他惟独不会当皇帝。身为皇帝，管理好国家是本分，皇帝最重要的才能就是当好皇帝，可是他却不是这样的。连国家都受到破坏了，他这个当皇帝的书画再好又有什么用呢？”

《北窗炙裸记》中周正夫说：“宋仁宗百事不会，只会做官。”一个做帝王的，只要当好帝王就够了；一个做宰相的，只要会做宰相就行了。所以仁宗在历史上有明君之明，而丙吉有名相之称，这就是君守君道、臣守臣道的原因。

我们在日常处理事务的时候也常会犯这样的错误，分不清事情的轻重缓急，结果在不重要的事情上浪费了大量的时间，反而没有时间去做真正该做的事情了。而事情的重要与否同结果有着紧密联系。重要的事情是那些对我们的使命、价值观、优先的目标有帮助的事情。确定什么事情是重要的，并确保自己集中精力做好这些事，这才是平衡的生活方式的基本条件。

里基·亨利是在贫穷中长大的。他的梦想是成为一个棒球明星。当亨利 16 岁的时候，已经能征服棒球了，他能以每小时 90 英里的速度投出一个快球，并且能击中在橄榄球场上移动的任何东西。不仅如此，最幸运的是他高中的教练是奥利·贾维斯，贾维斯教练不仅对亨利充满信心，而且他还教会了亨利如何对自己也充满自信。

曾经在亨利和贾维斯教练之间发生了一件非常特殊的事情，并且永远地改变了亨利的一生。

那是在亨利高中三年级的那年夏天，一个朋友推荐他去打一份零工。这对亨利来说是一个难得的赚钱机会，它意味着他将会有钱去买一辆新自行车，添置一些新衣服，并且，他还可以开始攒些钱，以便将来能为妈妈买一所房子。想像着这份零工的诱人前景，亨利真想立即就接受这次难得的机会。

但是，亨利也意识到，为了保证打零工的时间，他将不得不放弃自己的棒球训练，那就意味着他将不得不告诉贾维斯教练自己不能够参加棒球比赛了。对此，亨利感到非常害怕，但他还是鼓足勇气，去找贾维斯教练，并决定把这件事情告诉教练。

当亨利把这件事告诉给贾维斯教练的时候，教练果然就像亨利早就料到的那样非常生气，“今后，你将有一生的时间来工作，”他注视着亨利，厉声说，“但是，你能够参加比赛的日子却能够有几天呢？那是非常有限的。你浪费不起呀！”

亨利低着头站在他的面前，绞尽脑汁地思考着如何才能向他解释清楚自己要给妈妈买一所房子以及自己是多么希望自己能够有钱的这个愿望，他真的不知道该如何面对教练那已经对自己失望的眼神。

“孩子，能告诉我你将要去干的这份工作能挣多少钱吗？”教练平静下来问道。

“一小时 3.25 美元。”亨利仍旧不敢抬头，嗫嚅着答道。

“啊，难道一个梦想的价格就值一小时 3.25 美元吗？”教练反问道。

这个问题，再简单、再清楚不过了，它明白无误地向亨利揭示了注重眼前得失与树立长远目标之间的不同，他不再彷徨了，因为他已经意识到自己真正应该选择的是什么。

就在那年夏天，亨利全身心地投入到体育运动之中去了，就在那一年，他被匹兹堡派尔若特棒球队选中了，并且签订了合作协议。此外，他已经获得了亚利桑那大学的橄榄球奖学金，它使亨利获得了大学教育。后来他在两次民众票选中当选为“全美橄榄球后卫”，在美国国家橄榄球联盟队员第一轮选拔中，亨利的总分名列第七。1984 年，亨利和丹佛的野马队签订了 170 万美元的协议，终于圆了为妈妈买一所房子的梦想。

歌德曾经说过：“做最重要的事情，可千万别被那些最不重要的事情随意摆布，永远不要。”这真是警世恒言，因为我们在生活中常把自己 80% 的时间花费在一些不重要的事情上，而在这些事情上我们并不能获得多少价值。如果能放弃这些低价值的活动，那我们就会有更充裕的时间去处理重要的有价值的事，并因而得到更多的成就感。

最重要的是要明白，固然鱼与熊掌兼得是人所愿也，可是总有不能兼得的时候。能懂得该取什么该弃什么，就是懂得了做人的哲学道理。

8. 欲取之必先予之

想获得利益，就先要付出代价。所谓世上没有白吃的午餐，就是这个道理。农民想要收获粮食，就必须先在春天播种，夏天耕种，秋天收割；

学生想要考试取得好成绩，就必须认真听讲，多做复习；业务员想取得好的业绩，就必须先培养好客户；歌手想要让大家接受自己，也得先把音乐做好，还要学习表演技巧。

和以退为进的道理一样，先予后取的要领在于不计当前利益，着重长远利益，吃小亏、占大便宜，所有的退却和付出都是为了给将来更大的发展做铺垫的。

日本丰田汽车公司为了确保在日本的销售市场，可谓是深谋远虑。他们从解决城市的汽车与道路的矛盾入手，成立了“丰田交通环境保护委员会”；在东京车站和品川车站首次修建了“人行道天桥”；还投资3亿日元在东京设立了120处电子计算机交通信号，使交通拥挤的现象得到缓解；另外，还投资创立了汽车学校，培养更多的人学会开车；还为儿童修建了汽车游戏场，从小培养他们学习驾驶本领。丰田的良苦用心最终如愿以偿，他们的汽车销量日益增多，公司效益也相当可观。

有一家超市采取的经营策略也是“欲取先予”的方针。这家超市虽然开业不久，但采取分期分类推出低价、全方位整合策略，在顾客心中树立了良好的形象。他们采取每天推出几种热销商品，实行特价销售，并结合各种节假日，辅之以广告、海报等多视角、多渠道宣传，虽然时间不长却声名鹊起，一举奠定了良好的口碑。

和一般商家不同的是，这家超市没有将滞销、积压的产品变相打折，也没有搞华而不实的所谓全场折扣、甩卖活动，而是以与人们生活密切相关的，即人人都离不开的商品作龙头，引领消费需求，让人感到店家的诚心诚意、实实在在。这样一来，消费者耳闻目睹，看到有“利”可图，竞相前来选购。

在某一样商品上，店家或许是微利，或是低于进价销售，表面上看是亏了。可是顾客趋之若鹜的同时，人流量上升，在买低价商品的时候，两个人中至少有一个会顺便也买点别的东西，这样一来，店家不仅没有亏本，反而一举两得、名利双收。

9. 人生不要太盲目

在我们的生活里，可以看到很多人的生活其实是很盲目的，就像羊群一样，许多羊在一起盲目地左冲右撞，只能顾及眼前，不会看到将来。

有一件真实而又引人深思的小事。

一位法国教育心理学专家，给法国的小学生和上海的小学生先后出了下面这道完全一样的测试题：一艘船上有 86 头牛、34 只羊，问：这艘船的船长年纪有多大？

法国小学生的回答情况是，超过 90%的同学提出了异议，认为这道测试题根本没办法回答，甚至嘲笑老师的“糊涂”。显而易见，这些学生的回答是对的。上海小学生的回答情况恰恰相反：有 80%的同学认真地做出了答案，86-34=52 岁。只有 10%的同学认为此题非常荒谬，无法解答。做出正确回答的同学竟然只有 10%！

这位法国教育心理学专家很惊讶，两国的小学生为什么会出现这么大的差别呢？他通过对上海这 80%小学生的调查后发现，他们之所以做出错误的答案，是因为他们坚信不移地认为：“老师平时教育我们，只有对问题做出回答，才可能得分；不做的话，就连一分也得不到。老师出的题总是对的，总是有标准答案的，不可能没办法做，也不可能没有答案。”

法国教育心理学专家在总结这两次实验的时候，引用了下面的几句话：

第一句话是笛卡尔说的：怀疑就是方法。

第二句话是法拉第说的：在学术上不盲从大师，他应当重事不重人，真理应当是他的首要目标。

第三句话是爱因斯坦说的：科学发现的过程是一个由好奇、疑虑开始的飞跃。

然后，他颇有感触地讲道：“应当教育孩子敬重老师，但更要教育孩子敬重真理。怀疑并不是缺点，总是没完没了地怀疑才是缺点。只有敢于怀疑，才能减少盲从。有怀疑的地方才有真理，真理是怀疑的影子。”

如果自己没有判断力，只是人云亦云地生活，那么除了有对现实不满的情绪外，就没有其他的积极的动力，但就是这点不满、不甘心，往往还会因为各种压力而转化为毫无用处的牢骚。每天都重复着相似的生活，从来没有为改变这些而做出什么实际的努力……

有这样的说法：同样的一个创意，第一做的是天才，第二做的是庸才，第三做的是蠢才。由此可见盲从者的悲哀。

因此，要想摆脱这种盲从的怪圈，你必须保持自己的个性，拥有自己独立的判断力，绝不能做一只温顺的羔羊，而要做一头狼。狼懂得合作，在狼群中有严明的秩序、自觉的纪律和明确的行动目标。同时，狼也有极强的生存能力，独行千里，仍能保持一定的危机预警力、攻击力和抗争力。

狼的这些特性，使它获得了陆地食物链中“最高终结者”的称号，人们在惊恐其凶残冷酷的同时，也不得不为其灵敏的危机处置能力和顽强的拼搏精神所惊叹。

你要有自己独特的个性，而这种个性会把你和其他人区分开来。即使你是一只羊，也要成为一只独具个性与众不同的羊。

要想不盲从，我们就要学会运用头脑，多思考，也就是掌握和运用“柔”字诀。一个经常思考的人是不会变成庸才的。突破传统的思维方式，多动脑、多思考，才能有从宏观把握事情全局的气魄，才能与众不同。

有一次，某电视台请了一位商界奇才做嘉宾主持，希望能听他谈谈成功之道，以对观众有所启发。

他淡淡地一笑，说：“我先出一道题考考你们吧。”

“某地发现了一处金矿，于是人们一窝蜂地拥去开采，都梦想着成为富翁。然而，一条大河挡住了必经之道，如果是你，你会怎么办？”

有人说：“绕道走，当然，这样就费点时间。”

还有人说：“干脆游过去。”

这位商界奇才一直含笑不语，等人们议论声过后，他才说：“为什么非得去淘金？为什么不买一条船去开展营运？”

全场愕然。

他接着说：“在那样的情况下，你很快就会成为富翁的，因为前面有金矿啊！”

换一种思考方式，结局就会截然不同。不让自己被一种固定的思维模式所束缚和囚困。

10. 别让已知的事物成为你的限制

人们最常犯的错误，就是被已知的事物限制住自己的思路，常常用已知去判断未知，如果不能和自己已有的知识对应上，就不加辨别地将之一律当作邪说异端，或是完全错误的事。这样做无疑是限制了自己的发展，因为已经满足于现状，而不再谋求进步。对于为人处世来说，这并不是什么好事。

哥伦布是15世纪的著名航海家，他经历千辛万苦终于发现了新大陆。

对于他的这个重大发现，人们给予了很高的评价和很多荣誉，但也有人对此不以为然，认为没什么了不起，话语中经常流露出讽刺。

一次，哥伦布去朋友家中作客，谈笑中又提起了哥伦布航海的事情，聚会中的众人开始嘲笑他。哥伦布听了他们的话，只是淡淡一笑，并不与大家争辩。

但当有人的言论渐渐偏激起来，已经超过了开玩笑的程度时，哥伦布起身来到厨房，拿出一个鸡蛋对大家说："谁能把这个鸡蛋竖起来？"

大家一哄而上，这个试试，那个试试，结果都失败了。

"看我的。"哥伦布轻轻地把鸡蛋一头敲破，鸡蛋就竖立起来了。

"你把鸡蛋敲破了，当然能够竖起来呀！"人们不服气地说。

"现在你们看到我把鸡蛋敲破了，才知道没有什么了不起。"哥伦布意味深长地说，"可是在这之前，你们怎么谁都没有想到呢？"

那些讽刺哥伦布的人，脸一下子变得通红。

的确，很多创新之举看起来似乎也很平凡，没什么了不起。但是它之所以成为创举，就是因为人们往往会对这样平常的事视若无睹，只知道用已知的道理去想问题，而不晓得要转换一下角度。要知道，只要换个角度，平凡的世界就会完全不同。

一位美国汽车修理师很喜欢开玩笑。有一次，一位在公司内担任高职的博士来他这里修车，一边修理一边和博士聊起天来。他从引擎盖下抬起头来，问道："博士，有一个又聋又哑的人来到一家五金店买钉子，他把两个手指头并拢放在柜台上，用另一只手做了几次锤击动作，店员就给他拿来一把锤子。他摇摇头，指了指正在敲击的那两个手指头，店员便给他拿来了钉子，他选出适合的就走了。那么，接着进来一个瞎子，他要买剪刀，你猜他是怎样表示的呢？”

这位博士微微一笑，心想：“这么简单的问题还来考我？”他胸有成竹地举起右手，用食指和中指做了几次剪的动作。

修理师一看，开心地哈哈大笑起来：“啊！你这个笨蛋。他当然是用嘴巴说要买剪刀啊。他只是瞎子，又不是不会说话。”接着，他又颇为得意地说，“我用这个问题把咱们公司里所有的硕士、博士都考了一下。”

“上当的人多吗？”博士急着问。

“不少。”汽车修理师说，“几乎是所有人都答错了。”

“为什么？”博士不无诧异地问。

“因为你们受的教育太多了，博士。”汽车修理师笑了。

如果不懂变通，不能把知识运用自如，不知道在不同的情形下需要转换角度看问题，那么再多的知识也只能成为束缚思想的负累，会限制我们的发展，有的时候还会破坏我们的人际关系，因为我们同样会用对一个人旧的看法去看待他，而不知道“士别三日当刮目相看”的道理。

所以，最好的方式是，灵活运用自己的知识和经验，根据事物的发展而作出判断。

11. 必要时壮士断腕

唐代的窦皋在《述书赋下》中说：“君子弃瑕以拔才，壮士断腕以全质。”是说，在选拔人才的时候，不能因为有些人的小毛病就连他大的才华都一起排斥了；当被蝮蛇咬到手的时候，应该砍下中毒的手，以免蛇毒扩散到全身。

事实上，壮士断腕也就是一个取舍的问题，虽然在有些情况下壮士断腕是个很艰难的抉择，但是也是必须做出的选择。

有一阵子，刚刚成为世界首富的比尔·盖茨显得有点着急，因为，他遇到了麻烦。

他心烦的事，不是在美国境内那场没完没了的官司，而是比官司更令人担心的事情正在发展中。

他发现，电脑软件市场微妙地改变了，因为 Windows 系统似乎不再被人们喜爱，销售量也首次出现跌势。

微软官司缠身之时，他的竞争对手见机不可失，便纷纷乘虚而入，像太阳微系统公司的爪哇语言，较微软更具优势，而惠普推出的数据机只装 Oracle 的软件，以致于 Windows 系统被束之高阁，此外，莲花公司的免费操作系统也在市场上频频出招，就连 26 岁的墨西哥小伙子米格尔·德伊卡萨所开发的 Gnome 网络，也向微软发出挑战。

在比尔·盖茨忧心忡忡的时候，微软的竞争对手们纷纷开香槟庆祝，连莲花公司免费操作软件的发明人托瓦尔茨也兴奋地说："突然之间，Windows 系统就失去了主宰地位，真是时过境迁啊！"

不过，他们还是高兴得太早了，因为对比尔·盖茨来说，竞争越激烈，他反而越有活力与挑战力。在经过短暂的烦恼之后，比尔·盖茨做出了令人震惊的选择，他壮士断腕般地选择了 10 倍速时代的生存策略："吃掉自己的幼子！"

他知道，"让每家每户拥有一台个人电脑"的口号已经不适用了。于是，他提出了全新的战斗口号："人们能够为所欲为，想去哪里就去哪里，不论是个人电脑还是光纤网络，方式不限。"

微软不仅加快研发 Windows 2000，还做出激励人心的决定，那就是研发人员可以自由开发一个与 Windows 系统无关的产品。最后，微软获得了胜利，重新取得了主宰电脑操作系统市场的地位。

微软能不能继续称霸，能够维持多久的繁荣，在 10 倍速变化的时代，谁也说不准，不过有一点可以肯定的是，"吃掉自己的幼子"，将会是另一种全新的思维，它将使世界不断创新，不断出现科技奇迹！

什么是比尔·盖茨"吃掉自己的幼子"的思维精髓，其实简单来说，就是要"勇于突破自己"，也就是要在必要的时候勇于壮士断腕，学会取舍，懂得进退。为了避免被过去的成就所束缚，采取更为灵活的手段应对这个瞬息万变的社会，只有这样才能突破自己，并超越别人。

在自然界中，动物们常常会演绎这种壮士断腕的传奇。当狐狸被猎人布下的夹子夹住了一只脚时，它会咬断自己的脚，然后逃走。这是因为它明白，不舍弃自己这只脚，那就得舍掉自己的命。这是最自然的选择，也是最正确的选择。

12. 不同的思维方式和做事准则

我们会遇到这样的情况，在这家公司适用的工作方式，到了另一家公司就行不通；对这个学生适用的教学方法，在另一个学生身上根本看不到效果；能让这个女孩感动的情话，在另一个女孩面前如同笑话；在本地卖得很火的商品，到了外地却无人问津。

这是因为，任何道理都不是一成不变的，或者是随着事物的发展有所变化，或是根据实际情况的不同而有所变化。所以才要学会灵活变通，否则只认准一条死理，难免要有寸步难行的时候。

托马斯·杰斐逊是美国第三任总统，他在给孙子的忠告里，提到了以下 10 点生活的原则：

（1）今天能做的事情绝对不要推到明天。

（2）自己能做的事情绝对不要麻烦别人。

（3）决不要花还没有到手的钱。

（4）决不要贪图便宜购买你不需要的东西。

（5）绝对不要骄傲，那比饥饿和寒冷更有害。

（6）不要贪食，吃得过少不会使人懊悔。

（7）不要做勉强的事情，只有心甘情愿才能把事情做好。

（8）对于不可能发生的事情不要庸人自扰。

（9）凡事要讲究方式方法。

（10）当你气恼时，先数到 10 再说话，如果还气恼，那就数到 100。

约翰·丹佛是美国硅谷著名的股票经纪人，也是有名的亿万富翁，在对记者的一次答辩中，他也发表了对以上几个问题的看法。从鲜明的对比中，可以看出一个政治家和一个商人的截然不同。

（1）今天能做的事情如果放到明天去做，你就会发现很有趣的结果，尤其是买卖股票的时候。

（2）别人能做的事情，我绝对不自己动手去做。因为我相信，只有别人做不了的事情才值得我去做。

（3）如果可以花别人的钱来为自己赚钱，我就绝对不从自己的口袋里掏一个子儿。

（4）我经常在商品打折的时候去买很多东西，哪怕那些东西现在用不着，可是总有用得着的时候，这是一个预测功能。就像我只在股票低迷的时候买进，需要的是同样的预测功能。

（5）很多人认为我是一个狂妄自大的人，这有什么不对吗？我的父母我的朋友们在为我骄傲，我看不出我有什么理由不为自己骄傲，我做得很好，我成功了。

（6）我从来不认为节食这么无聊的话题有什么值得讨论的。哪怕是为了让我们的营养学家们高兴，我也要做出喜欢美食的样子，事实上，我的确喜欢美妙的食物，我相信大多数人有跟我一样的喜好。

（7）我常常不得不做我不喜欢的事情。我想在这个世界上，我们都没有办法完全按照自己的意愿做事。正像我的理想是一个音乐家，最后却成为一个股票经纪人。

（8）我常常预测灾难的发生，哪怕那个灾难的可能性在别人看来几乎为零。正是我的这种动物的本能使我的公司在美国的历次金融危机中逃生。

（9）我认为只要目的确定，我就不惜代价去实现它。至于手段，在这个时代，人们只重视结果，有谁去在乎手段呢？

（10）我从不隐瞒我的个人爱好，以及我对一个人的看法，尤其是当我气恼的时候，我一定要用大声吼叫的方式发泄出来。

不同的行业，不同的人，有不同的思维方式和做事准则，想找到一个固定的模式是不可能的。

13. 大路走不通，就走小路

人们形容一个人不知变通，只知道盲目坚持的时候，常会说他“一条道走到黑”。这是非常形象的比喻。就像人们常说的，“条条大路通罗马”，要达到目的并不是只有一种方式，也不是只有一条途径。所以当这条路走不通的时候，就试试走另一条路吧。

海尔在国内外都有着良好的声誉和影响力。但是海尔进军海外之路并不是一帆风顺的。海尔刚刚在美国建厂时，美国人根本不知道海尔是什么公司，产品是什么，更何况美国市场上电器产品的种类极其丰富，要想打开美国市场谈何容易。

1999 年，海尔用年薪 25 万美元聘请了美国人迈克作为海尔美国贸易部总裁。迈克认为要让美国人知道海尔，事半功倍的做法是让海尔产品进入美国最大的连锁超市——沃尔玛。

沃尔玛在全美国有 2700 多家连锁店，每一家店内都摆满了来自世界各地的名牌产品，但是想让它接受一个陌生的品牌十分困难。整整两年的时间，迈克甚至没有机会让沃尔玛看一眼海尔的产品。直到有一天，他想出了一个好办法：他在沃尔玛总部的对面竖起一块海尔的广告牌，这样沃尔玛的高层每天在工作的间隙眺望窗外的时候都能发现海尔。

功夫不负有心人，终于有一天，沃尔玛负责采购的高层对这个整天等候在窗口的海尔有了兴趣，开始询问下属海尔是什么品牌，开始约见海尔代表……海尔在沃尔玛出售的产品品种已从最初的一两种发展到后来的近十种。

美国海尔贸易公司总裁迈克说：“广告张贴出去之后，我们赚了不少眼球，但广告并不是我们赢得沃尔玛这种重要客户的惟一原因，我们有很好的质量、很好的服务以及很好的技术支持。我认为，至少我们拥有三个客户所欣赏的基本要素。沃尔玛选择海尔是因为海尔能够提供需要的产品，海尔在沃尔玛的销售情况很好，只是相对于日本和韩国产品，我们还要提高设计，我相信我们公司的实力和能力。”

其实迈克没有说出来的是，海尔赢在不会“一条道走到黑”，此路不通就另觅他途，只要目标不变，走哪条路又有什么关系呢？

一天，日本一家公司需要租用一个船坞，所以他们派一名叫山本的职员去一个港口咨询相关事宜。

因为路途遥远，山本到达港口时船坞的负责人已经下班了，只有几个工人在边抽烟边聊天。山本走近他们，微笑着问道："请问哪位能告诉我该跟谁谈租船坞的事儿？"可那些工人谁也不理他。他再问时，有个人恼怒地答道："没有空余的船坞了！"但山本还是接着问："那什么时候能租到呢？租金是多少？"那些人都觉得这个人太不知趣了，先是瞪他，后来就继续聊天，当他不存在。

可山本却毫不气馁，向他们讨烟抽。可能是出于礼貌，有个人给了他一支，他接过烟，在说"谢谢"的同时拍了拍那个人的肩膀。他又向另一个工人借火，并在点烟时拍了拍那个人的手。

这样山本以烟为话题终于拉近了与工人们的距离，他有意无意的身体接触也打开了工人们的防备之心。他说："我女儿总是劝我戒烟，她从老师那儿知道，吸烟可能诱发癌症。"工人们纷纷点头，因为他们的家人也都有类似的担心。

后来，一位工人终于告诉他："要想在这儿租船坞，只能先在港口租一条船并把船坞包括进去。"接下来他又从工人那儿获取了足够的信息，因此使公司在租船坞的过程中没遇到什么问题。

在一般人看来，当山本第一次被拒绝时，这件事就已经没有希望了，应该放弃了。但是山本并没有放弃，他坚持了下来，既然工人们不愿意回答他的询问，那就和他们聊天，当关系拉近了，信息自然也就可以获得了。

古人说："山穷水尽疑无路，柳暗花明又一村。"当眼前似乎没有路可以走的时候，不要着急，再坚持一下，看看是不是还有另一条路可以走。也许，新发现的路还是条捷径呢。

14. 为人处世不可因循守旧

因循守旧也就是拒绝了发展变化，可是世界始终是在变化着的，并不因为你的拒绝而有所改变。为了更好地适应社会，我们就不能因循守旧，而是应该在该发展的时候发展，在该改变的时候改变。不能总是以老眼光来看问题，更不能对周围的发展变化麻木无知，那样的话我们就会被时代抛在后面，跟不上社会发展的脚步了。

唐明皇时期，安禄山发动叛乱。叛军一路上势如破竹，这一天攻打到了雍丘，著名将领张巡率领雍丘军民进行了积极的抵抗。守城战坚持了40多天，城中的箭都已用完了，无箭可用还怎么打仗？大家都急坏了。

张巡想了个主意，他叫士兵们扎了1000多个草人，给草人穿上黑衣，系上绳子。晚上，叫士兵提着绳子把草人从城墙上慢慢放下去。围城的叛军以为是唐军偷越出城，就一阵乱箭射去。等草人身上扎满了箭，士兵们再把草人拉上城来。这样反复好多次，得到了十几万支箭。如此反复多次，叛军终于知道了张巡在用草人借箭的计策，于是当张巡再把草人放下来的时候，射出去的箭越来越少，稀稀落落的。

有一天夜里，只见又有好多人从城上吊了下去。叛军将士都哈哈大笑，嘲笑张巡愚蠢。有个将领说："张巡还想用草人来骗我们的箭呀，弟兄们，别上当啦！咱们不理它，让他们干等着吧！"

过了一阵子，有人报告城墙上的草人不见了。那个将领说："咱们不射箭，张巡准是等得不耐烦，把草人收回去了。没事啦，大家都睡觉去吧。那些人只会缩在城里不出来，没什么作为。"夜深人静的时候，不知从哪里突然跑出一支唐军，直向叛军兵营杀来。城里唐军也擂鼓呐喊，杀出城来。叛军将士早已进入梦乡，遭到这突然袭击，立刻大乱。叛军将领从睡梦中惊醒，以为是唐朝的增援大军杀来了，不敢抵抗，慌忙下令放火，把那些工事壁垒一齐烧毁，然后逃跑了。原来这又是张巡用的计。这次吊下城来的不是草人，是唐军的敢死队。敢死队下城以后就找地方埋伏起来，到深夜发动突然袭击，城里再呼应助威，好像增援大军从天而降。其实敢死队一共才500人。等叛军惊慌逃跑，敢死队和城里的唐军乘胜追杀十多里，取得大胜才收兵回城。

人一旦形成了思维定势，就会习惯地顺着定势的思维思考问题，这就是"因循守旧"的后果。

美国德州有座很大的女神像，因年久失修，当地州政府决定将它推倒。这座女神像历史悠久，许多人都很喜欢，常来参观、照相，可以说，它是

许多人心目中的德州的象征，很多人都是从幼年时起就已经习惯了女神像的存在。

推倒后，广场上留下了几百吨的废料，有碎渣、废钢筋、朽木块、烂水泥……这些废料既不能就地焚化，也不能挖坑深埋，只能装运到很远的垃圾场去。200多吨废料，如果每辆车装4吨，就需50辆次，还要请装运工、清理工……全部费用至少得花25000美元。但是没有人为了25000美元的劳务费而愿意揽这份苦差事。

斯塔克却独具慧眼，竟然在众人避之惟恐不及的情况下，大胆将差事揽在自己头上。因为在他看来，这些“废物”真正是无价之宝。他来到市政有关部门，说愿意承担这件苦差事。他说，政府只需拿20000美元给他，他就可以完全按要求处理好这批垃圾。

合同当时就定下了。斯塔克还得到一个书面保证：不管他如何处理这批废物垃圾，政府都不干涉，不能因为看到有什么成果而来插手。

然后斯塔克请人将大块废料破成小块，进行分类：把废铜皮改铸成纪念币；把废铅废铝做成纪念尺；把水泥做成小石碑，把神像帽子弄成很好看的小块，标明这是神像的著名桂冠的某部分；把神像嘴唇的小块标明是她那可爱的嘴唇……装在一个个十分精美而又便宜的小盒子里。甚至朽木、泥土也用红绸垫上，装在玲珑透明的盒子里。

更为绝妙的是他雇了一批人，将广场上这些废物遮挡起来，并严密看管，禁止别人随意观看。这引来了许多好奇的人围观。大家都盯着大木牌上写的字：“过几天这里将有一件奇妙的事情发生。”

是什么奇妙事？大家都很好奇。

有一天晚上，有一个人悄悄溜进去偷制成的纪念品，被抓住了。这件事立即传开，于是报纸电台广播纷纷报道，大加渲染，立即就传遍了全美。斯塔克神秘的举动引起了人们极大的好奇心。

这时，斯塔克开始推出他的计划。他在那些盒子上写了一句令人伤感的话：“美丽的女神已经去了，我只留下她这一块纪念物。我永远爱她。”

斯塔克将这些纪念品出售，小的1美元一个，中等的2.5美元，大的10美元。纪念品都很快被抢购一空。

斯塔克的做法在全美形成了一股极其伤感的“女神像风潮”，结果他从一堆废弃泥块中净赚了 12.5 万美元。

如果按照惯性思维，那么斯塔克不仅不可能赚那么多钱，而且还有可能做赔本买卖。

拒绝“因循守旧”，和大多数人走完全相反的路，而不是简单地追随别人的脚步，像其他人一样去考虑问题，这是“柔”字诀的另一种表现方式。

15. 能屈能伸才能适应社会

能屈能伸是为人处世的宝典，当然屈也要屈得有理有据才可以，如果不论什么情况都一味地选择“屈”，那不仅不能适应社会，反而还会被社会的变化所舍弃掉。所以，无论是“伸”还是“屈”，都应该根据实际情况来选择。

从前，有一个原本十分繁荣的国家，自从新的国王继承王位掌管大权后，励精图治不眠不休，可是国家却日渐衰落萧条了，新国王十分不解。

于是，国王启程前往名山寺庙，访求大师的指点。当国王到达之后，看到大师静静地端坐在石头上，眺望着邻近的山谷冥想。他向大师说明来意及自己的困境之后，屏住呼吸诚挚地等着大师的教诲，然而大师却一言不发，只是微笑着示意国王随他下山。

他们来到一条水波滔滔的大河边，大师面对河水冥思片刻，便在岸边架起一堆柴。天色暗了，柴堆被点燃，火苗愈来愈大。大师让国王坐在火堆旁，这样不发一语地看着熊熊烈火划破夜幕，直到黎明。随着天色渐亮，柴薪烧尽，火焰也慢慢地熄灭了。

这时，大师才第一次开口说话：“现在你明白你无法像前任国王一样，维持国家繁荣昌盛的原因了吗？”

国王面带困惑，并没有明白大师的用意，说：“请原谅我的愚钝，请大师明示。”

大师并没有直接回答，反而接着问道：“昨天晚上，熊熊的火焰给你留下什么印象？”

国王答说："晚上燃烧的火焰，显得那么强大威武，它划破夜空的黑暗，似乎有着挑战万物、横扫一切障碍的力量。"

大师又问："那熊熊烈火过后，留下了什么？"

"只有一堆灰烬与一些余温而已了。"国王答。

大师再问："那我们身旁的这条大河，经过了一个晚上，给你留下什么印象？"

"河水静静地流着，很安静，几乎没有感到它的存在。"

大师问："这条河流过之处，你看到什么景象？"

国王答："绿油油的大地，盛开的花朵，欣欣向荣的大树。"

接着，大师走到河边，望着缓缓流过的河水，不再说话，留下国王若有所悟地静静深思。

火可以向夜空挑战，但在烧尽所有的柴薪后，只留下灰烬而已。水永无声息地流淌着，滋养绿油油的大地、盛开的花朵，还有欣欣向荣的大树。

表面的激烈往往是由于内心的软弱，真正的力量，往往如同流水一般沉静。懂得柔与忍的做人哲学的人就会拥有流水一样的力量，可以从容淡定地创造伟业，远离浮躁的平凡世界，在该奔腾的时候大浪滔滔，在该迂回的时候细水潺潺。

在秦始皇陵兵马俑博物馆，有一尊被称为"镇馆之宝"的跪射俑。它被称为兵马俑中的精华，中国古代雕塑艺术的杰作。陕西省就是以跪射俑作为标志的。

仔细观察这尊跪射俑你会看到：它身穿交领右衽齐膝长衣，外披黑色铠甲，胫着护腿，足穿方口齐头翘尖履，头绾圆形发髻；左腿蹲曲，右膝跪地，右足竖起，足尖抵地；上身微左侧，双目炯炯，凝视左前方；两手在身体右侧一上一下做持弓弩状。

跪射的姿态古称之为坐姿。坐姿和立姿是弓弩射击的两种基本动作。坐姿射击时重心稳，用力省，便于瞄准，同时目标小，是防守或设伏时比较理想的一种射击姿势。

秦兵马俑坑至今已经出土清理各种陶俑 1000 多尊，除跪射俑外，皆有不同程度的损坏，需要人工修复。而这尊跪射俑是保存最完整的，是惟一一尊未经人工修复的。仔细观察，就连衣纹、发丝都还清晰可见。

跪射俑何以能保存得如此完整？

专家说，这得益于它的低姿态。首先，跪射俑身高只有 1.2 米，而普通立姿兵马俑的身高都在 1.8 至 1.97 米之间。兵马俑坑都是地下坑道式土木结构建筑，当棚顶塌陷、土木俱下时，高大的立姿俑首当其冲，低姿的跪射俑受损害就小一些。其次，跪射俑作蹲跪姿，右膝、右足、左足三个支点呈等腰三角形支撑着上体，重心在下，增强了稳定性，与两足站立的立姿俑相比，不容易倾倒、破碎。因此，在经历了千年的岁月风霜后，它依然能完整地呈现在我们面前。

“顶天立地”有的时候并不一定就适合为人处世的原则，倒是“能屈能伸”才更能经历社会的考验。这既是自然的选择，也是经过历史实证的做人原则。

第九章　同事交往　和谐第一

同事关系是十分重要的社交关系。一个人走上工作岗位以后，接触最多的除了家人就是同事，维系和谐的同事关系一方面可以让自己心情愉快地完成8小时的工作，另一方面对自己的工作和整个职业生涯都大有助益。因此，掌握一些与同事交往的社交技巧是提高个人为人处世整体水平的玄机之一，也是低调做人的重要内容。

1. 维护和谐的同事关系

同学时代的友谊固然可贵，可惜天下没有不散的宴席。踏入社会后，面对朝夕相处的同事，又该如何与之相处呢？

同事关系与同学关系大不相同，你面临的不是同龄人，各人的教育背景、性格特征、价值观念、处世哲学等不可能完全一致。你们之间关系的状况可能会有这样三个不同阶段。

第一阶段：和谐的阶段。在头三四年里，大家对单位、工作、同事都还陌生，都需要摸索工作规律，了解单位和同事们的情况，这一时期安全需要是你们共同的优势需要。同样的需要、同等的地位、相同的感情把你们紧紧联系在一起，你们可以做到无话不谈、互相帮助、互相谅解，你们的关系可谓亲密无间。

第二阶段：不和谐的阶段。数年后，你们对单位、业务工作都熟悉了，与同事建立起一定的人际关系，此时尊重和自我需要成为优势需要，相当关心其他的同事、特别是领导对“我”的评价，关注“我”在单位的作用、地位和前景。然而，由于各自的能力、人际关系、机遇等因素，你们之间开始产生差距：评价、地位、作用、发展前途不同。此时，你们相互间不再像以往那样可以推心置腹地无话不谈了，相互间心理投入“量”减少了，关系不知不觉地发生了微妙的变化。

第三阶段：沉重的阶段。此时，你们的职务发生了变化，有的人得到提升，有的人还在原地踏步，自我实现的前景似乎有所不同。客观上的地位差别，往往会形成主观上的心理距离，甚至有人会产生命运不好、怀才不遇等感觉，于是交往的频率必然相应减低。然而，人是有感情的，回首往事，大家心中不免有些怅然，为什么彼此不能始终保持第一阶段关系呢？也就是说，为什么大家不能建立并发展起坦诚平等、互让互谅的关系呢？

要克服以上的分歧是可能的，而且在现实生活中这样的同事关系并不

少见。但是，良好的同事关系不会自然形成，需要大家共同遵循一定的行为准则。

行为准则之一：用你的行为使同事认识到，与你相交是安全的。换言之，使对方得到安全感。根据马斯洛的“金字塔”，安全需要是人的低层次需要，但却是必不可少的首属需要。为此你应该：在与同事交往中不探听、更不可揭露他人的隐私；不背后道人之长短，更不可搬弄是非；人孰无过，因此要不记人过错，更不可存报复之心；不狂妄自大，更不可事事处处尽占上风。这样，同事们自然会认为你既是忠实可靠的同事又是朋友，便会毫无顾虑地同你交往、合作了。

行为准则之二：需要的满足是相互的，人际交往的目的是彼此满足需要。在人际交往中一方传输信息、感情或者物质等等，另一方理应相应的作出回报，如态度的转变、交往频率和深度的增加、感情的融洽、关系的改善等等。如果人际交往中付出和回报不平等，则人际关系将受到影响。如果你待人真诚、不谋私利、急人所急、豁达大度，那么同事关系一定是好的；反之，若有己无人，盛气凌人，贪得务多，粗鲁野蛮……那么同事关系必然不好。

行为准则之三：注意交往的时空距离。我们已经知道，人际关系一般与交往距离的远近，交往时间的多少、长短成正比，因此一个班组、一个办公室的同事关系一般较密切。为了便于向同事交换信息，沟通感情，消除隔阂——也即消除交往中对另一方传输的信息的误解，一般需要进行面对面的人际交往，同时应经常进行交往。然而，我们也要注意交往过度会造成心理及感情上的饱和这一因素。因此，同事间的交往，无论从频率上讲，还是从空间上讲都要恰如其分，即保持“君子之交”的时空距离，这样各自都能冷静地处理相互关系，不致因交往过密而对另一方产生过高的期望，一旦这一期望不能实现（工作上产生意见分歧或冲突），就会产生失望感，甚至怨恨情绪。反而不利于保持正常的关系。

行为准则之四：正确对待竞争。在现代社会，各单位、公司都有晋升、加薪的机会，每个人都有好胜争强之心，这是自强不息的表现，也是满足自我实现需要的表现。因此，同事间相互竞争是正常的。围绕着一个共同的目标而展开的竞争，有利于相互促进，有利于共同目标和个人抱负的实现，它是组织和个人是否有活力的标志之一。既然如此，在竞争中大家都应有这样的认识和态度：在竞争中人人平等，人人都有获胜的机会，也有失败的可能；胜要胜得光荣，输要输得坦然；要戒妒——输者不嫉妒，戒骄——胜者不骄傲。胜负只说明过去，今天你晋级了，我衷心向你祝贺，诚心向你学习，争取明天再分高低。在竞争中是对手，在工作中是同事，在生活中是友人；争而不伤团结，不失风格，得意时不忘形，受挫时不丧志。这样，同事关系决不会因竞争而受到损害。

行为准则之五：正确认识自我，表现自我。所谓自我，是个人生理、心理和社会化三者的统一。正确认识自我，就是要对自己的体能、智能、价值、社会权利和义务、社会责任和社会地位等有一个符合实际的评价，形成正确的自我意识，在行为举止中表现出自尊而不自傲，自爱而不自卑，自律而不自弃。在对待自我理想和抱负的实现方面，既看到个人的能动性和潜力；同时要清醒地认识到，离开社会、离开集体、离开同志们的协助，自己必将一事无成。这样我们就会在交往中注意自我和社会大我的结合；我们就会有强烈的与他人交往的热忱，乐于与同事交换和分享信息、情报；我们就会在与同事和领导的交往中，保持平等自然的态度，不卑不亢，落落大方；我们就会既有强烈的自我实现愿望，同时又有强烈的与他人合作的愿望。完全可以肯定，同事们一定会尊敬这样的人，愿意与这样的人交往、共事。

要搞好同事关系，除了注意以上的五个行为准则外，还要切记如下要点，才能与同事相处得好：

首先要以诚待人，而且要讲信用。能赢得别人的信赖，自己也会心安理得，一切都会顺利。

欣赏别人的优点最容易博得别人的好感。希望引起别人的注意，希望别人知道自己的优点，是人的天性。因此，当你诚心赞誉别人时，对方就会以你为知己。

养成尊重别人私生活的习惯。中国人喜欢嘘寒问暖，关怀别人，往往容易流于谈论别人的私事。因此要尽量避免这种情形发生。很多事情，局外人无法了解，更没有资格去说长道短。

与同事相处，特别要注意公私分明，不能因为是亲朋好友而在公事上

带上感情。夫妻或情侣如果在同一办公室，上班时间最好公事公办，不要经常粘在一起，以免别人说闲话。

同事工作有成绩，千万不要嫉妒，要真心欣赏别人，向别人看齐，这也是一种具有积极意义的竞争。

每个人为了维护自己的利益和地位，有时会在心理上筑一道藩篱。如果要取得每位同事的密切合作，就应该尽量向别人表示自己的善意，经常考虑别人的立场和利益，不要自认为高人一等。

不要冷语讥讽他人，不要斤斤计较小利，否则，大家会对你望而生畏，设法避开你，这样你将失去与同事合作的机会。

使人有安全感，是你与同事相处的关键。前面已经提及多次。不要计较他人的过错，不要使人感到你有报复的意图。与别人谈话不能要求次次占上风、讨便宜，这样你才能成为最忠诚可靠的朋友。

古人说："上不失天时，下不失地利，中得人和，而百事不废。"用现代话来说，同事、上下级关系和谐则万事兴，也就是单位的生产率、工作效率可以提高，组织的计划、目标能顺利实现，团体中个人的愿望和抱负也可因此而实现。

2. 工作中是同事，生活中是朋友

俗话说"同行是冤家，同事是对手"，其实这种说法并不完全正确，因为同事之间不但有竞争，还有合作。

坐在一起的同事常常侃大山，云山雾罩，欢声笑语，气氛可说十分融洽。可谁知，在这种氛围背后，却会阴霾密布。因为是同事，因为是站在同一条起跑线上的同资同辈，他们之间就存在竞争。存在竞争就容易让人抛掉正常的心态，于是笑里藏刀、绵里藏针、排挤迫害等等招术便纷纷登场，因为"同行是冤家，同事是对手"。

韩非是名传千古的集法家之大成的思想家。当初他的著作传到秦国，秦王见到《孤愤》、《五蠹》这些文章，深有感触地说："我如果能见到这个人，并与他交往，就是死了也没什么遗憾的了。”李斯说：“这是韩国的韩非所写的文章。”秦王为了得到韩非就立即攻打韩国。其实，韩非在韩国并没有受到重用，韩国国君是在亡国之际，才想起韩非的用场，派他出使秦国。

韩非入秦之后，眼见强秦之势，不但忘记了出使秦国的重任，反而上书秦王，直陈己见。秦王阅毕，正合胃口，更添对韩非的敬慕，便欲封官重用。

然而，韩非入秦，却引起了李斯的恐惧。他与韩非曾同时师从荀子学“帝王之术”，李斯深知自己才华不及韩非，现在二人同事一主，日后定然韩非占尽风头，而自己则屈居其下。

于是，李斯向秦王进谏道：“韩非是韩国的公子，现在大王要兼并诸侯，韩非终究会帮助韩国，而不会帮助秦国，大王若久留他在秦国然后再放他回国，这是自留后患，不如找个罪名杀了他。”秦王认为他讲得有道理，便下令将韩非囚禁。李斯既怕秦王反悔，又怕韩非上书自辩，便派人送毒药逼韩非自杀。

一代旷世奇才，只因可能与李斯同事秦王便遭毒害，韩非也只能有“既生非，何生斯”的悲叹了。因为韩非的到来威胁了李斯在秦国的地位，视名利为生命的李斯焉能等闲视之？哪管你我曾是同学，哪管你我同在异乡为异客。因为，“同行是冤家”。

才华过人、锋芒毕露就容易让人感到受威胁，所以要处理好与同事的关系，就要用你的行为让同事感觉到，你的存在不会威胁他的地位，使他有安全感，不可妄自尊大，事事处处占尽上风。这样，同事就会认为你既是忠实可靠的同事，又是朋友，就会毫无顾虑地与你交往、合作了。

同事间的竞争应该是明刀明枪，因为竞争过后还得继续合作更不宜与同事争名夺利，当事业有成时，要与同事谦让一些。为了一些蝇头小利争来夺去，把属于同事的东西夺来归于自己名下，就不会有人愿意与你合作、相处的，你以后的发展也好不到哪里去了。

同行不幸成为“冤家”，同事成为“对手”，就是因为同行、同事之间存在着竞争。往往有这样的情形，同事之间还不甚了解，尤其是刚到同一单位的同事之间，他们对单位、工作都感到陌生。这时，同样的安全需要、同样的地位、相同的境况使他们可以成为好朋友。但过了若干年后，你会

发现情况出现了变化，人与人之间的差别出现了，他们便不再推心置腹、无话不谈，就会出现隔阂，而开始在意领导对每个人的评价，以及别人和自己的升迁、前途了。为什么会这样呢？究根寻底，只有两个字在作怪：竞争。

说到这里，我们不禁要问：难道竞争就非得让友情走开？!

基于此，要处理好与同事的关系，就必须正确认识竞争、正确对待竞争。

在现代社会中，竞争的存在是不可避免的。每个单位都有晋升、提薪的机会，而在众多的同资同级人中，晋升谁、提谁的薪，或者说谁能升级提薪，就全靠个人表现，这便出现了竞争。每个人都有争强好胜之心，竞争本身又有利于促进每个人的成长，有利于个人抱负的实现。对一个集体而言，竞争则有利于提高效率。

但是，竞争存在，不是不择手段存在的理由，竞争应该是正当的，同事之间的竞争，更不应该把对手理解为“对头”。竞争对手强于自己，要有正确的心态，著名数学家华罗庚说过：“下棋找高手，弄斧到班门。这是我一生的主张。只有在能者面前不怕暴露自己的弱点，才能不断进步。”因此，同事之间的竞争要以共同提高、互勉共进为目的，以积极的竞争心态投入到竞争当中去。

竞争总是要分胜负的，就看你能否正确地对待胜与负这两种结果了。有人在竞争中不择手段，就是无法正视结果，不能认清这样一个道理：竞争中每个人都是平等的，有成功者，就有失败者，胜要胜得光明磊落，输要输个坦坦然然。同事之间的竞争，胜负只说明过去，他胜了，你向他祝贺，你要从中找出自己身上存在的缺陷和不足，以利于你以后的发展。同事之间的竞争，竞争中是对手，工作中是同事，生活中是朋友。竞争后，胜者不必得意忘形，输者不必垂头丧气。

要能做到这一点，就需要把名利看得淡一些。孟子说：“养心莫善寡欲。其为人也寡欲，虽有不存焉者寡矣；其为人也多欲，虽有存焉者寡矣。”意思是说，人修身养性最好的办法就是减少欲望。欲望很少的人，就是得到的不多也不觉得少；欲望很多的人，就是已经得到了很多仍然觉得少。

“知足者常乐”，谁不想得到晋升，获得提薪呢？但现实中不可能每个人都能得到，于是就有了竞争。竞争总有失败者，何必那么在意结果而沮丧呢？又何必为了此名此利而不择手段，费尽心机呢？既然没能获得，还可以退而修身长智，下次再争取嘛。法国启蒙思想家卢梭有一句名言："人啊，把你的生活限制于你的能力，你就不会再痛苦了。"说的就非常有道理。

同事之间既有竞争，又有合作，既要搞好团结协作，又要谨慎小心地守住自己的发展领域，在竞争与合作中寻求一种平衡。同事应当是互相尊敬的对手，而不是冤家对头，只有明白了这一点，你才能与同事和平共处，你才能在仕途上昂首阔步。

3. 及时化解同事之间的小矛盾

同事几乎天天见面，各人的性格脾气禀性、优点和缺点也暴露得比较明显，尤其各人行为上的缺点和性格上的弱点暴露得多了，就会引起各种各样的冲突和矛盾。

宋蕾越来越讨厌财务部的王会计，每次到她那里去取报表什么的，都要费半天劲，结果还被经理说成是"办事慢吞吞的人"！王会计也非常讨厌宋蕾，觉得她整天咋咋呼呼，不尊敬老员工。结果两人越弄越僵，宋蕾摔东西、使脸色，王会计就说东道西、指桑骂槐。宋蕾真想换工作，可除了与王会计的矛盾外，一切都很顺利，她还真舍不得这份工作，她该怎么办呢？

处在一个办公室里，低头不见抬头见，如果跟同事闹矛盾，不但伤害感情，也影响工作，事情闹大了，还容易引起领导不满，影响自己的前途，所以跟同事闹矛盾就是在自找麻烦。

其实同事之间有了矛盾，仍然可以来往。首先，任何同事之间的意见往往都是起源于一些具体的事件，而并不涉及个人的其他方面。事情过去之后，这种冲突和矛盾可能会由于人们思维的惯性而延续一段时间，但时间一长，也会逐渐淡忘。所以，不要因为过去的小意见而耿耿于怀。只要你大大方方，不把过去的矛盾当一回事，对方也会以同样豁达的态度对待你。

其次，即使对方对你仍有一定的成见，也不妨碍你与他的交往。因为

在同事之间的来往中，我们所追求的不是朋友之间的那种友谊和感情，而仅仅是工作、是任务。彼此之间有矛盾没关系，只求双方在工作中能合作就行了。由于工作本身涉及到双方的共同利益，彼此间合作如何，事情成功与否，都与双方有关。如果对方是一个聪明人，他自然会想到这一点；这样，他也会努力与你合作。如果对方执迷不悟，你不妨在合作中或共事中向他点明这一点，以利于相互之间的合作。

同事之间有了矛盾并不可怕，只要我们能够面对现实，积极采取措施去化解矛盾，同事之间仍会和好如初，甚至比以前的关系更好。

要化解同事之间的矛盾，你应该采取主动态度，不妨尝试着抛开过去的成见，更积极地对待这些人，至少要像对待其他人一样地对待他们。一开始，他们会心存戒意，而且会认为这是个圈套而不予理会。耐心些，没有问题的，将过去的积怨平息的确是件费功夫的事儿。你要坚持善待他们，一点点地改进，过了一段时间后，表面上的问题就如同阳光下的水，一蒸发便消失了一样。

如果是深层次的问题，你可以主动找他们沟通，并确认是否你不经意地做的一些事儿得罪了他们。当然这要在你做了大量的内部工作，且真诚希望与对方和好后才能这样行动。曾见到有些人坐在一起，表面上为了解决问题，而实际上却是大家更强硬地陈述自己的观点。

他们可能会说，你并没有得罪他们，而且会反问你为什么这样问。你可以心平气和地解释一下你的想法，比如你很看重和他们建立良好的工作关系，也许双方存在误会等等。如果你的确做了令他们生气的事儿，而他们又坚持说你们之间没有任何问题时，责任就完全在他们那一方了。

或许他们会告诉你一些问题，而这些问题或许不是你心目中想的那一个问题，然而，不论他们讲什么，一定要听他们讲完。

同时，为了能表示你听了而且理解了他们讲述的话，你可以用你自己的话来重述一遍那些关键内容，例如："也就是说我放弃了那个建议，但你感觉我并没有经过仔细考虑，所以这件事使你生气。"现在你了解了症结所在，而且可以以此为重新建立良好关系的切入点。但是，良好关系的建立应该从道歉开始，你是否善于道歉呢？

如果同事的年龄、资格比你老，你不要在事情正发生的时候与他对质，除非你肯定你的理由十分充分。更好的办法是在你们双方都冷静下来后解决，即使是在这种情况下，直接地挑明问题和解决问题都不太可能奏效。你可以谈一些相关的问题，当然，你可以用你的方式提出问题。如果你确实做了一些错事并遭到指责，那么要重新审视那个问题并要真诚地道歉。类似“这是我的错”这种话是可能创造奇迹的。与同事相处千万不能太较真，一些鸡毛蒜皮的小事就让它过去，斤斤计较只会使彼此都不愉快。

4. 帮助同事也要把握分寸

同事之间少不了互相帮帮忙，你对这种事情应该采取什么态度呢？应该有乐于帮忙的热心，但也要有分寸。

只要是人，都会有善、恶之分，但是在办公室里与同事交往却不可以厚此薄彼，最好是一视同仁地与他们打交道。

同事之间要能同甘共苦。“今天如果不加班的话，工作是怎样也赶不完的！”假如有一位同事一边看表，一边叹气地说这些话时，你也许会说：“唉！真是够辛苦的！要不要我来帮你忙啊？”若能对他这么说的话，那位加班同事的内心该会多么感激啊！今天我帮你忙，明天也许变成你帮我忙了，这种情形在工作上是经常发生的。但要注意的是，热心不能太过，你是同事，不是管家婆。

A 女士非常重视同事间的交情，待人极其热心：同事夫妻不和，她权充“和事佬”，讲尽好话，让他们破镜重圆；同事弟弟过了适婚年龄仍无女朋友，她知道后自动请缨当红娘，把所有自己知道的未婚姑娘都拉去介绍给他认识；同事要约会、要办事，有未完成的工作往她桌上一放，她二话不说挽起袖子就干……她虽然是热心助人，但却常帮倒忙，同事们干脆送了 A 女士一个外号“管家婆”。领导对她的做法也不太满意，认为各人的工作就该各人做。A 女士实在很困惑，为什么一心助人却还落了一身不是？

A 女士的问题就出在她没有把握好“度”，她的帮助施得太滥，这样“助

人”自然就不会再有任何乐趣了。

生活中，工作认真、乐于助人的你，终日忙得团团转。因为除了本身的工作，你还是“清道夫”，对其他同事的要求援手，一概接纳。

不妨检讨一下，这样做，是否经常弄得你透不过气来，甚至要超时工作？如果达此程度，奉劝你应该重新估计自己的能力和态度了。

谁都需要休息，要是你没有停下来喘息和“加油”的时间，对本身的工作肯定有坏处。其次人是不能纵惯的，长久做“好人”，人家是不懂珍惜的，结果你可能是辛苦了自己，却吃力不讨好。所以你应该学习去拒绝别人。

当然不是叫你一反常态，只顾自己，而是请你预先分析一下，那一件工作需要花多少时间，自己的能力和精力又可以承受多少工作。别以为自己是超人，没有人可以长期在巨大压力下工作的，请解放自己。

好了，你确实有剩余时间，不妨“择人而助”，那就是研究一下哪种工作可以让你学到新技巧，或在人际关系上有好处。否则，请婉转地拒绝吧。

同事意欲另谋高就，且坦白向你要求做其介绍人。这位同事跟你颇为投契，甚至视你为“好友”，所以你总不应袖手旁观。

然而，在你伸出援手之际，请注意自己的身份。

对工作不满意的，是你的同事，不是你，所以，你是绝对不值得为此给自己的工作造成坏影响的。即使插手，也得聪明点、理智点。

首先，同事仍服务于公司，你若给他介绍新工作，等于跟公司作对，即使老板不怪你，要是有人拿此做话柄，在背后中伤你，多少对你是不利的。

如果刚巧确有份工作十分适合这位同事，不妨考虑以下方法：请公司以外的第三者给同事做介绍人，就是两全其美之策了。

当然，若同事已离开公司，即已不是你的同事，以朋友身份向你求助，你就可以放开手去协助他了。因为没有了利害关系、同僚关系，许多问题都不会发生，你要伸出援手，对你和他都是有益无害了。

不知是什么原因，你的同事竟然在公在私均十分依赖你。

“没有你，我真不知怎么办！”某同事常公开这样表示。

你千万别沾沾自喜，这绝不是一个好现象。试想，别人会怎样想？以为你控制他别有妙法！何况，该同事永远不能“站起来”，对你或多或少是一种障碍，你俩只会一起停留在原职位。你实在有必要终止该同事处处依赖你的情况。

若是厉言正色，或十分公式化，或公然地向对方表示，你不会待他如过去的迁就，请他凡事自己决定和实行，这样，当然会弄巧成拙，对方一定以为你嫌他烦，或是要独自邀功，对你的好印象当即打折扣。

不妨婉转和间接一些。例如对方要求你照例伸出援手时，你可以打趣地说："其实这件事很简单，你一定可以应付自如的，被我的意见左右可能不妙。"这番话是在间接提醒他：一个成功人士，必须独立、自信。何况，这样说一点也不会损及大家的情谊。

总之，办公室里"助人"要因时、因事、因人制宜，而且热心也要有度，这样才能给你带来乐趣，才能让双方都接受。

5. 对同事间的应酬不能忽视

社交中的应酬，是一门人情练达的学问，它可以拉近距离、联系感情。同事间的应酬有很多：小张结婚、大李生子、赵姐升迁、小童生日、老王儿子金榜题名……你一定要积极一点，帮人凑份子、请客、送礼，因为应酬是最能联系感情的办法，善于交际的人一定会抓住它大做文章。

一位同事生日，有人提议大家去庆贺，你也乐意前行。可是去了以后你发现，这么多的人，偏偏来为他贺岁，他们为什么不在你生日的时候也来热闹一番？这就是问题所在，这说明你的应酬还不到位，你的人际关系还有欠佳的时候。要扭转这种内心的失落，你不妨积极主动一些，多找一些借口，在应酬中学会应酬。

比如你刚领到一笔奖金，又适逢生日，你可以采取积极的策略，向你所在部门的同事说："今天是我的生日，想请大家吃顿晚饭，敬请光临。记住了，别带礼物。"在这种情形下，不管同事们过去和你的关系如何，这一次都会乐意去捧场的，你也一定会给他们留下一个比较好的印象。

小方上班已经快半个月了，与同事的关系却还停留在"淡如水"的阶段，看着其他同事彼此间亲亲热热，小方真是既羡慕又无奈。这天是周五，行

政部的王小姐大声宣布："明天我生日，我请大家吃饭，愿意来的呢，明天下午3点，在公司门口会合！"大家听了都非常高兴，叽叽喳喳议论个不停，当然，小方依旧是被冷落的那一个。"去不去呢？人家又没邀请我！"下班后小方一直在考虑这个问题，最后他一咬牙，还是决定去。第二天，他准时来到公司门口，当他把准备好的礼物送给王小姐时，她明显愣了一下，但马上就笑开了，并对小方表示了热情的欢迎。那一天他们玩得非常尽兴，小方还两次登台献艺，办公室里的尴尬气氛就这样打开了，小方也成功地融入了这个集体。

如果没有参加这次应酬，小方可能还得在办公室的"北极地带"继续徘徊，可见应酬确实是联络感情的最好办法，吃喝笑闹间，双方的距离就被拉近了。

重视应酬，一定要入乡随俗。如果你所在的公司中，升职者有宴请同事的习惯，你一定不要破例，你不请，就会落下一个"小气"的名声。如果人家都没有请过，而你却独开先例，同事们则会以为你太招摇。所以，要按约定俗成来办。这是请与不请、当请则请的问题。

重视应酬，还有一个别人邀请，你去与不去的问题。人家发出了邀请，不答应是不妥的，可是答应以后，你一定要三思而后行。

对于深交的同事，有求必应，关系密切，无论何种场面，都能应酬自如。

浅交之人，去也只是应酬，礼尚往来，最好反过来再请别人，从而把关系推向深入。

能去的尽量去，不能去的就千万不能勉强。比如同事间的送旧迎新，由于工作的调动，要分离了，可以去送行；来新人了可以去欢迎。欢送老同事，数年来工作中建立了一定的情缘，去一下合情合理；欢迎新同事就大可不必去凑这个热闹，来日方长，还愁没有见面的机会吗？

重视应酬，不能不送礼，同事之间的礼尚往来，是建立感情、加深关系的物质纽带。

同事在某一件事上帮了你的忙，你事后觉得盛情难却，选了一份礼品登门致谢，既还了人情，又加深了感情。同事间的婚嫁喜庆，根据平日的交情，送去一份贺礼，既增添了喜庆的气氛，又巩固了自己的人缘。像这种情况，送礼时要留意轻重之分，一般情况礼到了就行了，千万不要买过于贵重的礼品。

同事间送礼，讲究的是礼尚往来，今天你送给我，我明天再送给你，所以，不论怎样的礼品，应来者不拒，一概收下。他来送礼，你执意不收，岂不叫人没有面子？倘若你估计到送礼者别有图谋，推辞有困难，不能硬把礼品“推”出去，可将礼品暂时收下，然后找一个适当的借口，再回送相同价值的礼品。实在不能收受的礼物，除婉言拒收外，还要诚恳地表明谢意。而收受那些非常礼之中的大礼，在可能影响工作大局和令你无法坚持原则的情况下，你硬要撕破脸面不收，也比你日后落个受贿嫌疑强。这叫作“君子爱礼，受之有道”。

应酬，是处理好同事关系的法宝之一，嫌应酬麻烦而躲避它的人，会被人说成是不懂得人情世故，能处理好应酬的人必定会受到同事的欢迎。

6. 注意自己在办公室的言行细节

同在一个办公室里，有人能和同事打成一片，有人却孤孤单单，除了重大问题上的矛盾和直接的利害冲突外，平时不注意自己的言行细节也是一个原因。下面这些言行是办公室中应避忌的，检查一下你自己是否疏忽了！

(1) 好事不通报

陆群的表姐是管后勤的，所以单位里有什么好事，比如发几箱水果了、组织看电影了，陆群总能最先得到消息，自然他每次都能领到最好的。但不知出于什么想法，有好事时陆群从来不向大家通报，大家自然也就离他远远的。现在看到陆群一个人行动时，同事就会冷笑着说：“瞧！不知道又有什么好事了！”

单位里发物品、领奖金等，你先知道了，或者已经领了，一声不响地坐在那里，像没事儿似的，从不向大家通报一下，有些东西是可以代领的，你也从不帮人领一下。这样几次下来，别人自然会有想法，觉得你太不合群，缺乏共同意识和协作精神。以后他们有事先知道了，或有东西先领了，

也就有可能不告诉你。如此下去，彼此的关系就不会和谐了。

(2) 明知而推说不知

同事出差去了，或者临时出去一会儿，这时正好有人来找他，或者正好有他的电话，如果同事走时没告诉你，但你知道，你不妨告诉他们；如果你确实不知，那不妨问问别人，然后再告诉对方，以显示自己的热情。明明知道，而你却说不知道，一旦被人知晓，那彼此的关系就势必会受到影响。外人找同事，不管情况怎样，都要真诚和热情，这样，即使没有起实际作用，外人也会觉得你们的同事关系很好。

(3) 进出不互相告知

你有事要外出一会儿，或者请假不上班，虽然批准请假的是领导，但你最好要同办公室里的同事说一声。即使你临时出去半个小时，也要与同事打个招呼。这样，倘若领导或熟人来找，也可以让同事有个交待。如果你什么也不愿说，进进出出神秘兮兮的，有时正好有要紧的事，人家就没法说了，有时也会懒得说，受到影响的恐怕还是你自己。互相告知，既是共同工作的需要，也是联络感情的需要，它表明双方互有的尊重与信任。

(4) 不说可以说的私事

有些私事不能说，但另外一些私事说说也没有什么坏处，比如你的男朋友或女朋友的工作单位、工种、学历、年龄及性格脾气等；如果你结了婚，有了孩子，有关爱人和孩子方面的话题，在工作之余，都可以顺便聊聊，它可以增进了解，加深感情。倘若这些内容都保密，从来不肯与别人说，这怎么能算同事呢？无话不说，通常表明感情之深；有话不说，自然表明人际距离的疏远。你主动跟别人说些私事，别人也会向你说，有时还可以互相帮帮忙。你什么也不说，什么也不让人知道，人家怎么信任你？信任是建立在相互了解的基础之上的。

(5) 有事不肯向同事求助

轻易不求人，这是对的，因为求人总会给别人带来麻烦。但任何事情都是辩证的，有时求助别人反而能表明你的信赖，能融洽关系，加深感情。比如你身体不好，你同事的爱人是医生，你不认识，但你可以通过同事的介绍去找，以便诊得快点、诊得细点。倘若你偏不肯求助，同事知道了，反而会觉得你不信任人家。你不愿求人家，人家也就不好意思求你；你怕人家麻烦，人家就以为你也很怕麻烦。良好的人际关系是以互相帮助为前提的。因此，求助他人，在一般情况下是可以的。当然，要讲究分寸，尽量不要使人家为难。

(6) 拒绝同事的“小吃”

同事带点水果、瓜子、糖之类的零食到办公室，休息时间，你就不要推，不要以为吃人家的东西难为情而一概拒绝。有时，同事中有人获了奖或评上职称什么的，大家高兴，要他买点东西请客，这也是很正常的，对此，你可以积极参与。不要冷冷地坐在旁边一声不吭，更不要人家给你，你却一口回绝，表现出一副不屑为伍或不稀罕的神态。人家热情分送，你却每每冷拒，时间一长，人家有理由说你清高和傲慢，觉得你难以相处。

(7) 喜欢嘴巴上占便宜

在同事相处中，有些人总想在嘴巴上占便宜。有些人喜欢说别人的笑话，讨人家的便宜，虽是玩笑，也绝不肯以自己吃亏而告终；有些人喜欢争辩，有理要争理，没理也要争三分；有些人不论国家大事，还是日常生活小事，一见对方有破绽，就死死抓住不放，非要让对方败下阵来不可；有些人对本来就争论不清的问题也想要争个水落石出；有些人常常主动出击，人家不说他，他总是先说人家……这种喜欢在嘴巴上占便宜的人，实际上是很愚蠢的。他给人的感觉是太好胜，锋芒太露，难以合作。因此，讲笑话、开玩笑，有时不妨吃点亏，以示厚道。你什么都想占便宜，想表现得比别人聪明，最后往往是人家对你敬而远之，没人说你好。

(8) 神经过于敏感

有些人警觉性很高，对同事也时时处于提防状态，一见人家在议论，就疑心在说他；有些人喜欢把别人往坏处想，动不动就把别人的言行与自己联系起来；有些人想像力太丰富，人家随便说了一句，根本无心，他却听出了丰富的内涵。过于敏感其实是一种自我折磨，一种心理煎熬，一种自己对自己的苛刻。同事间，有时还是麻木一点为好。神经过于敏感的人，关系肯定搞不好。过分的敏感，就像天平，米多了一粒，就马上显出重了；

米少了一粒，就马上显出轻了。如此灵敏的东西，多么难以操作！人与人也相同，你太敏感，人家就会觉得无法与你相处。

(9) 该做的杂务不做

几个人同在一个办公室，每天总有些杂务，如打开水、扫地、擦门窗、夹报纸等，这些虽都是小事，但也要积极去做。如果同事的年纪比你大，你不妨主动多做些。懒惰是人人厌恶的，如果你从来不打开水，可每天都要喝，报纸从来不定，可每天都争着看，久而久之，人家对你就不会有好感。如果你自己的房间收拾得非常干净，可在办公室里却从不扫地，那么人家就会说你比较自私。几个同事在一起，就是一个小集体，集体的事，要靠集体来做，你不做，就或多或少有点不合群了。

(10) 领导面前献殷勤

对单位的领导要尊重，对领导正确的指令要认真执行，这都是对的。但不要在领导面前献殷勤，溜须拍马。有些人工作上敷衍塞责，或者根本没本事，一见领导来了，就让座、倒茶、递烟，甚至公开吹捧，以讨领导的欢心。这种行为，虽然与同事没有直接的利害关系，但正直的同事都是很反感的。他们会在心里瞧不起你，不想与你合作，有的还会对你嗤之以鼻。如果你的上司确实优秀，你真心诚意佩服他，那就应该表现得含蓄点，最好体现在具体工作上。有些人经常瞒着同事向上司反映问题，而这些问题往往是同事们平时在办公室里谈论的。这实际上是一种变相的献殷勤，同事得知后，也极其厌恶。

“千里之堤，溃于蚁穴”，一些小细节看起来不起眼，却可能对人际关系产生重大影响，不注意纠正的话，你就会成为办公室里不受欢迎的人。

第十章　表现忠心　处处小心

低调做人在处理与领导的关系时作用更为明显。领导是你的顶头上司，一定程度上掌握着你的前途命运，所以，与领导接触尤需谨慎，要拿出十分的小心和十二分的忠心去做事。

1. 以诚恳的态度面对领导的批评

当我们受到上司批评时，最需要表现诚恳的态度，从批评中确实受到教育，得到启发，改进了工作方法。最令上司恼火的，就是他的话被你当成了“耳边风”。如果你对批评置若罔闻，依然我行我素，这种效果也许比当面顶撞更糟。因为，你的眼里没有领导，太瞧不起他。

批评有批评的道理，错误的批评也有其可接受的出发点。切实地说，受批评才能了解上司，接受批评才能体现对上司的尊重。比如说错误的批评吧，你处理得好，反而会变成有利因素。如果你不服气，发牢骚，那么，你这种做法产生的负效应，足以使你和领导之间的感情距离拉大，关系恶化。当领导认为你“批评不起”、“批评不得”时，也就产生了相伴随的印象——认为你“用不起”、“提拔不得”。

当然，公开场合受到不公正的批评、错误的指责，心理上是难以接受的，思想上也会造成波动。妥善的方法是，你可以一方面私下耐心做些解释；另一方面，用行动证明自己。如果是当面顶撞，则是最不明智的做法。既然是公开场合，你觉得下不了台，反过来也会使领导下不了台。其实，你能坦然大度地接受其批评，他会在潜意识中产生歉疚之情或感激之情。他也会琢磨，这次批评到底是对还是错。

依靠公开场合耍威风来显示自己的权威，换取别人的顺从，这样不聪明的领导是不多的。其实，你真遇到这种领导，更需要大度能容，只要有两次这种情况发生，跌面子的就不再是你，而是他本人了。

同领导发生争论，要看是什么问题。比如你对自己的见解确认有把握时，对某个方案有不同意见时，与你掌握的情况有较大出入时，对某人某事看法有较大差异时，等等。请记住：当领导批评你时，并不是要和你探讨什么，所以此刻决不宜发生争执。

受到上级批评时，反复纠缠、争辩，非得弄个一清二楚才罢休，这是很没有必要的。确有冤情，确有误解怎么办？可找一两次机会表达一下，点到为止。即使领导没有为你“平反昭雪”，也完全没必要纠缠不休。

在晋升的过程中，有人充满信心，有人谨小慎微。但不管怎样，突然受到来自上级的批评或训斥，都会造成很大的影响。而要处理得好，首先要明白上司为什么要批评你。

我们可以这样认为：领导批评或训斥部下，有时是发现了问题，必须纠正；有时是出于一种调整关系的需要，告诉受批评者不要太自以为是，或把事情看得太简单；有时是为了显示自己的威信和尊严，与部下有意保持一定的距离；有时是“杀一儆百”、“杀鸡给猴看”。不该受批评的人受批评，其实还有一层“代人受过”的意思……明白了上司为什么批评，你便会把握情况，从容应付。

挨批评虽然在情感上、自尊心上受一定影响，但如果你不情绪低落，而用一种反思维的态度对待自己，即像古人说的“有则改之，无则加勉”，你一定会受益匪浅。过于追求弄清是非曲直，只会使人们感到你心胸狭窄，经不起任何的考验。

2. 珍惜上司的信任

要想争取上司的信任，当然不是一朝一夕之功，有人认为“比其他人做更多的工作，超时工作”是最重要的，这只能是老观念而已。新一代的老板则认为：工作并不算繁重，却要赶时才可完成，这是低智商行为。

要想使上司对你另眼相看，最实际的是在工作尽责外，还要注意你的上司如何做他人的工作，怎样与高层行政人员沟通，其他部门又担任什么角色。当你成为这个行业的专家时，老板当然会对你青睐有加。

如果你能帮助上司发挥其专业水准，对你必然有好处。例如，上司经常找不到需用的文件，你尽快替他将所有档案有系统地整理好；要是他对某客户处理不当，你可以得体地代他把关系缓和；如果他最讨厌做每月一次的市场报告，你不妨代劳。这样，上司觉得你是好帮手后，你自己也可以多储备一些工作本钱。

要想自己名利双收，不可只满足于做好分内事，还应在其他方面争取

经验，提升自己的工作“价值”，即使是困难重重的任务，也要勇于尝试。分析一下哪些问题才应劳烦老板注意，如果真有难题，请先想想有什么建议，更不应投诉无法改变的条例。

与上司保持良好的沟通。这种技巧十分微妙，给上司简洁、有力的报告，切莫让浅显和琐碎的问题烦扰他，但重要的事必须请示他。

耐心寻找上司的工作特点，以他喜欢的方式完成工作，不要逞强，更不要急于表现自己。

随时随地，抓紧机会表示对他忠心耿耿，以你的态度说明一个事实：我是你的好朋友，我会尽己所能为你服务。“言必行，行必果”，说出的话要算数。不要以为上司很愚笨，如果你真的努力这样做，他会看在眼里，一定会很明白你的意思，对你日渐产生好感。

听到对公司有什么不利的谣言或传闻，不妨悄悄地转告上司，以提醒他注意。

不过，你的措辞与表达方式须特别注意，说话简明、直接为最佳方式，以免发生误会。

适应不同上司的工作形式，也是白领人士必须懂得的技巧。如何去适应？一点也不困难，只要本着诚意去与对方接触，摒弃一切主观看法或者其他同事的不正确意见即可。

上司向你下达任务后，先了解对方的真意，以免因误会而种下恶根或招来不必要的麻烦。

谁都知道与上司建立良好的工作关系，对自己的工作有百利而无一害。

自己做错了事，不要找借口和推卸责任。解释并不能改变事实，承担了责任，努力工作以保证不再发生同样的事，才是上策，同时得虚心接受批评。

要使上司信任你和准时完成工作，做任何事一定都要检查两次，确认没有错漏才交到上司面前。谨记工作时限，若不能准时做好，应预先通知上司，当然最好不必这样做。必须圆满地把工作完成，不要等上司告诉你应该怎样去做。

上司愿意选择你作为他的下属，他对你的印象自然很好，你必须丢开对上司的偏见，事事替他着想，把他的事当成自己的事。

3. 不要做让上司难堪的事

在领导的眼里，如果自己的下属在公开场合使自己下不了台、丢了面子，那么这个下属肯定是对自己抱有敌意或成见，甚至有可能是有组织、有预谋的公开发难。正如一位心理学家所说的那样："人们都喜欢喜欢他的人，人们都不喜欢不喜欢他的人。"这样，在公开场合不给领导留面子的结果便是，领导要么给予以牙还牙的还击，通过行使权威来找回面子，要么便怀恨在心，以秋后算账的方式慢慢报复。

这种结果，自然是下属在提出批评和意见时所不愿看到的，也违背了他的初衷。他大概忘记了，无论是领导还是他本人，都生活在充满人情味儿、十分讲究人际和谐的同一个社会中。

领导十分注意自己在公开场合，特别是在其他领导或者众多下属在场的时候的形象，这决不仅仅是因为有个文化的潜意识在作祟，更是在于领导从行使权力的角度出发，维护自己权威的需要。这种需要因受到公开的检验而变得更加强烈甚至是不可或缺。

如果下级的意见使领导感到难堪，即使他是出于善意的愿望，即使他的确是"对事不对人"，但其结果却必然是一样的：使领导的威信受到损害，自尊受到伤害。

威信受到损害，便会使权力的行使效力受到损失。它影响到领导在今后决策、执行、监督等各个方面的决定权和影响力。因此人们不禁要问，他说的是否都对呢？是否会产生应有的效果？……这样，下级在执行中便多了几分疑虑，这必然会降低领导权力的有效性。因为服从越多，权力的效果就会越好。行使权力必须要以有效的服从为前提；没有服从，权力就会空有其名。

自尊心受到伤害，是最伤人感情的，因为它触动了人最为敏感的地带，挫伤了"人之所以为人"的信条。在公开场合丢面子，这说明领导正在失去对下级的有效控制，于是，人们不禁对他个人的能力乃至人格都产生了

怀疑。因此，无论是谁，身处此境，最先的反应肯定是怒火中烧，而不是理智地对意见内容的合理性进行分析。那么，此后的一系列举动肯定都是很情绪化的。即使他很有面子、很得体地将这件事掩饰过去，情感上的愤怒依然是存在的，这个阴影将会把你美好的印象浸没，使你在后来饱尝麻烦，悔恨不已。

因此，若一领导当众受到下属的伤害，丢了面子，即使当场不便发作，日后也会有所忌恨，甚至予以报复。因为如果他不这样做的话，可能还会有其他人会当庭责难，使他下不了台。“杀一儆百”、“杀鸡给猴看”的道理正是缘由此处啊！

钟白是个很有前途的青年，能力出众，工作认真，备受领导器重，进公司不过一年就当上了业务部主任，以此来看他一定会步步晋升，前途无量的。然而就在这个时候，钟白却犯了一个致命的错误：经理陪着从深圳赶过来的老总到业务部视察，总经理对业务部这半年的表现很满意，鼓励大家再接再励，并说大家有什么意见尽管提。钟白没客气，张嘴就来了一句：“总经理，您不能光说不做啊！几个月之前就说给我们加提成，可到现在也还没兑现呢！”总经理愣了一下，然后连说：“好，好，回去我再研究一下！”然后匆匆离开了业务部。后来听说总经理出门后就恨恨地说了一句：“那人是谁啊？怎么这么不懂规矩！”不用说，钟白在这家公司自然是前程无“亮”了。

钟白错就错在不该不分场合乱提意见，而且还偏偏提了一个让老总下不来台的意见，惹恼老总的后果就是大好前程付诸东流，一个月后，钟白就被迫离职了。钟白的遭遇颇具代表性，这其中的经验与教训，为人下属者都应当三思并引以为戒。

所以，下级在公共场合给领导提意见时，一定要注意给领导留有面子。

留面子，首先表明你对领导是善意的，是出于对领导的关心和爱护，是为了帮助领导做好工作。这样，他才愿意理智地分析你的看法。

留面子，还表明你是尊重领导的，你依旧服从他的权威，你的意见并不是代表你在指责他，相反，你是在为他的工作着想。

留面子，其实就等于给自己留下了充分的余地，下属可利用这个余地同领导在私下里进行更为深入的交流和探讨。同时这个余地还表明，下属只是行使了一定的建议权，而领导仍保有最终决断的权威。留有余地，还会使下属能够做到进退自如，一旦提出的意见并不确切或恰当，还有替自己找回面子的余地。

当然，我们讲公开场合提意见要注意领导的面子，并不是鼓励下属“见风使舵”，做“老好人”。我们是非常赞成对领导多提建设性的宝贵意见的，同时也对直言不讳、敢犯龙颜者表示深深的敬意，我们的着眼点只是在于提意见要注意场合、分寸，要讲究方式、方法。

如果只注重提意见的初衷和意见的合理性，而不去考虑它的实际效果，这样的劝谏只能给下属带来灾祸。我们衷心地劝诫每一位下属，一定要在公开场合给领导留面子。

4. 居功自傲是应对上司时的大忌

每个人都喜欢当功臣，然而居功是一件很危险的事，功高震主可能会惹恼上司，甚至会产生致命的后果。所以如果有某种工作顺利完成，你就应该主动把“小红花”戴在上司的胸前。

龚遂是汉宣帝时期一名能干的官吏。当时渤海一带灾害连年，百姓不堪忍受饥饿，纷纷聚众造反，当地官员镇压无效，束手无策，宣帝派年已70余岁的龚遂去任渤海太守。

龚遂单车简从到任，安抚百姓，与民休息，鼓励农民垦田种桑，规定农家每口人种1株榆树、100棵茭白、50棵葱、1畦韭菜，养2口母猪、5只鸡，对于那些心存戒备、依然带剑的人，他劝喻道：“干吗不把剑卖了去买头牛？”经过几年治理，渤海一带社会安定，百姓安居乐业，温饱有余，龚遂名声大振。

于是，汉宣帝召他还朝，他有一个属吏王先生，请求随他一同去长安，说：“我对你会有好处的！”其他属吏却不同意，说：“这个人，一天到晚喝得醉醺醺的，又好说大话，还是别带他去为好！”龚遂说：“他想去就让他去吧！”

到了长安后，这位王先生终日还是沉溺在醉乡之中，也不见龚遂。可

有一天，当他听说皇帝要召见龚遂时，便对看门人说："去将我的主人叫到我的住处来，我有话要对他说！"

一副醉汉狂徒的嘴脸，龚遂也不计较，还真来了。王先生问："天子如果问大人如何治理渤海，大人当如何回答？"

龚遂说："我就说任用贤才，使人各尽其能，严格执法，赏罚分明。"

王先生连连摆头道："不好！不好！这么说岂不是自夸其功吗？请大人这么回答：'这不是小臣的功劳，而是天子的神灵威武所感化！'"

龚遂接受了他的建议，按他的话回答了汉宣帝，宣帝果然十分高兴，便将龚遂留在身边，任以显要而又轻闲的官职。

做臣下的，最忌讳自表其功、自矜其能，凡是这种人，十有九个要遭到猜忌而没有好下场。当年刘邦曾经问韩信："你看我能带多少兵？"韩信说："陛下带兵最多也不能超过10万。"刘邦又问："那么你呢？"韩信说："我是多多益善。"这样的回答，刘邦怎么能不耿耿于怀！

喜好虚荣，爱听奉承，这是人类天性的弱点，作为一个万人注目的帝王更是如此。有功归上，正是迎合这一点，因此它是讨好上司、固宠求荣屡试不爽的法宝。

自以为有功便忘了上司，总是讨人嫌的，特别容易招惹上司和君上嫉恨。自己的功劳自己表白虽说合理，但却不合人情的捧场之需，而且是很危险的事情。

而把功劳让给上司，是明智的捧场，稳妥的自保。如果你有能力去完成一件事，那你立功的机会还有很多。把功劳让给上司，就等于让上司欠了你一笔人情债，上司在对你心怀感激之余，自然会努力提拔你，并给你再次建功的机会，所以，把功劳让给上司，你绝对不会吃亏。

5. 从容应对上司的错误指令

下属做出了错误决定，身为上司的可以直接向前者指出来，而无须诸多顾忌，但假如出现了相反的情形，作为下属又该采取什么对策呢？

在向上司指出他所犯的错误之前，下属有一点必须先弄清楚：无论怎样上司始终是上司，他虽然犯了错，下属仍要注意维护他的权威；如果直接指出他的不是，只会招致上司的反感，小则大骂，大则炒鱿鱼、降职或调职。所以，如果上司真的做出了错误指令，你也只能技巧性地劝他改正，直来直去只会自讨没趣。

永乐皇帝闲着无事，想到江西吉安一带游玩，便传下圣旨，要吉州知府筑路修桥接驾。

刚刚考中学士的解缙得知此事，暗暗思忖：皇上每次巡游奢侈挥霍，百姓税收加重，劳役陡增。这次一定要设法劝阻皇帝，打消其巡游念头，使吉州百姓免受灾难和荼毒。于是，他连夜赶写了奏折，次日上朝，面奏皇上。

永乐皇帝一见奏文，勃然大怒："解缙，天子出游，乃施恩泽于民间，你因何阻挠？真乃狗胆包天！"

解缙不慌不忙地说："皇上息怒，解缙上疏，实为龙体之安！皇上有所不知，吉州自古有'吉水急水'之称，那里山高无路，惟有从水路走，水急浪大，岂不惊了圣驾。"

永乐皇帝说："我命吉州府打造巨舟，岂有镇不住'急水'之理！"

解缙笑道："纵然有巨舟，却难过峡江县。江西俗话'峡江峡江，奈断手掌'，那里江窄暗礁多，莫说巨舟，就是竹排也很难通过。"说着，解缙招了招手，下官捧来一条扁鱼，解缙呈上，说："皇上请看，此鱼产于峡江，由于江窄，久而久之，连鱼身子也挤扁了。"永乐皇帝一看信以为真，心想还是不冒这个险吧！便取消了游吉州的打算。

解缙用自己敏变的才智，为吉州人办了件大好事。在中国历史上，有些忠贞之士敢于在皇帝做出错误决定时犯颜直谏，这些人最后往往落得悲惨的下场。与之相比，解缙的做法就聪明多了，他劝阻皇帝巡游，不提巡游扰民，仅说是为了"龙体之安"，结果成功地说服了皇帝。

如果上司做出了错误指令，你不妨试试以下几招：

(1) 暗示法

接到不恰当的指令时，你觉得不能执行或无法执行，可先给上司以某种暗示，让其悟到自己的指令不甚恰当。有些指令不恰当，不是因为上司

素质差、水平低，而是没考虑周全，或是只看到了事物的表象，没看到事物的本质。你稍加暗示，他可能就会马上意识到。

(2) 提醒法

有些不恰当的指令，可能是上司不熟悉、不了解某一方面的情况，有的可能是上司一时遗忘了。你提醒他，上司认识到了，一般都会收回或修正指令。当然，提醒不是埋怨，也不是直通通、硬邦邦地批评。提醒要讲究策略，语气上尽可能委婉些。

(3) 推辞法

对上司不恰当的指令，有的可以考虑推辞。推辞要有理由，有的可从职责范围提出，譬如说："我总觉得这件事不是我的职责，要不，同事关系就不大好处理了。"有的可从个人的特殊情况提出。但不管从哪一方面，理由一定要真实和充分。你推辞了，有的上司还可能会这样问："那你觉得这件事应该由谁来做？"你不能随便点名，也不要随口说"除了我，其他谁都可以"之类的话，比较巧妙的回答是："这事谁来做，我了解得不全面，还是您来定夺好。"推辞不是耍滑头，而是委婉地拒绝。

(4) 拖延法

有些不恰当的指令，是上司心血来潮时突然想出来的，并要你去执行。倘你惟命是从，马上付诸行动，那就铸成了事实上的过错。对这种上司心血来潮而向你发出的指令，如果你在暗示或提醒都不能，推辞也没多少理由时，那么，最好的对策就是拖延。虽然默认或口头上答应，实际上却迟迟不动。若闲着不动，上司会产生疑心的，因此，你必须忙别的事，作为拖延的理由，应付上司的追问。拖延法是消极的，但对有些非原则性问题的不恰当指令，只能如此。你拖延了一段时间后，上司的头脑冷静了，或许有了新的认识，就可能收回指令，或让其不了了之。

需要注意的是，如果上司做出的是明显违反法规的指令，那么下属就应该坚决拒绝，并明确向上司陈述理由。虽然拒绝上司的指令需要承受压力，但涉及原则问题，只能拒绝，别无他法。

6. 别擅自替领导做主

如同社会一样，办公室里同样等级分明。领导就是领导，下属就是下属。下属绝不能替领导做主。

领导在作决策时，往往是经过深思熟虑的，因此当他作出决策后，很需要别人特别是下属的认可和尊重。

作为一个下属，如果希望获得领导的欣赏，学会尊重领导的决定是第一要诀。不管你职位多高，你都不能忘记一点：你的工作是协助领导完成经营决策，而不是制定决策。因此，领导的决定，即使不尽如你意，甚至和你的意见完全相悖时，你也得低头顺从。

大多数领导都希望自己的下属充满活力与冲劲，而不会希望下属暮气沉沉，成为机器人。执行领导的决策，并不表示你是一个毫无主见的下属，也不表示你将失去工作中的活力。但你应该知道，表现在工作上的活力与冲劲，一定要符合领导的理想与要求。否则领导会认为你不够成熟，做事不用大脑，自然也不敢把重要的工作交给你。

下面这个例子中的下属就做了一件出力不讨好的事情。

"糟了！糟了！"宋经理放下电话，就叫了起来："从那家买来的便宜的东西，根本不合规格，还是原来那家的好。"接着，宋经理狠狠捶了一下桌子，"可是，我怎么那么糊涂，竟写信把他臭骂一顿，还骂他是骗子，这下麻烦了！"

"是啊！"秘书赵燕转身站起来，"我那时候不是说么，要您先冷静、冷静，再写信，可您不听啊！"

"都怪我在气头上，想这小子过去一定骗了我，要不然别人怎么那样便宜。"宋经理来回踱着步子，指了指电话，说："把电话告诉我，我亲自打过去道歉！"

赵燕一笑，走到宋经理桌前，说"不用了！告诉您，那封信我根本没寄。"

"没寄？"

"对！"赵燕笑吟吟地说。

"嗯……"宋经理坐了下来，如释重负，停了半晌，又突然抬头，"可是我当时不是叫你立刻发出吗？"

“是啊！但我猜到您会后悔，所以压下了。”赵燕转过身，歪着头笑笑。

“压了三个礼拜？”

“对！您没想到吧？”

“我是没想到。”宋经理低下头去，翻记事本，“可是，我叫你发，你怎么能压？那么最近发往美国的那几封信，你也压了？”

“我没压。”赵燕脸上愈发亮丽了，“我知道什么该发，什么不该发……”

“你做主，还是我做主？”没想到宋经理居然霍地站起来，沉声问。

赵燕呆住了，眼眶一下湿了，两行泪水滚落，颤抖着、哭着喊：“我，我做错了吗？”

“你做错了！”宋经理斩钉截铁地说。

赵燕被记了一个小过，是偷偷记的，公司里没人知道。但是好心没好报，一肚子委屈的赵燕，再也不愿意伺候这位“是非不分”的宋经理了。

她跑去孙经理的办公室诉苦，希望调到孙经理的部门。“不急！不急！”孙经理笑笑说，“我会处理。”隔两天，果然做了处理，赵燕一大早就接到一份解雇通知。

看完这个故事，你会想这是个“不是人”的公司？宋经理不是人，孙经理也不是人，明明赵燕救了公司，他们居然非但不感谢，还恩将仇报，对不对？如果说“对”，你就错了！

正如宋经理说的：“你做主，还是我做主？”

假使一个秘书，可以不听命令，自作主张地把经理要她立刻发的信，压下三个礼拜不发，她岂不成了经理？如果有这样的“黑箱作业”，以后交代她做事，谁能放心？

再进一步说，自己部门的事，跑去跟别的部门经理抱怨，这工作的忠诚又在哪里？

如果孙经理收了她，能不跟宋经理“对上”？而且哪位经理不会想：“今天她背着经理来向我告状，改天她会不会倒戈，又跟别人告我一状？”

所以赵燕不但错，而且错大了，她非但错在不懂人情，更错在不懂工作规则。他毕竟还是你的领导，也毕竟还是他做主。出了错，他最先承担。有面子，也该由他来卖。此外，你必须知道，领导永远是向着领导的，就算在工作上对立，在立场上也一致。

一个不忠于自己领导的职员，很难得到别的领导欣赏。当你卖面子，表示自己有办法，偷偷把自己公司的消息告诉别人，即使他得了好处，也不会尊重你，只可能窃笑说："这人最没城府，以后找他下手。"

办公室是一个团体，作为领导，一定有其管理原则，有他的经营目的。下属的责任，就是要在这一管理原则下，让自己的工作做得更好，这样才能协助领导完成经营目标。

如果每个人都认为听从领导的话，顺着领导的意思去工作，就是逢迎、拍马屁，而只按自己的想法去做，那么这个办公室将会成什么样子？没有统一的经营观念，没有制度的约束，做什么事情都是各人随心所欲，不用想也知道，用不了多长时间这个公司就会垮掉。

下属要想同领导搞好关系，就必须明确领导与自己的等级之分，千万别擅自替领导做主，否则，即使对领导有益，他也会怀恨在心。

不要企图替你的上司做决定。谁是公司的最高决策者？当然是老板。无论大事还是小事，都必须由他最后敲定。如果他愿意听听你的意见，那么你尽可以说说你的想法和看法。但是，你一定要记住一点，那就是你千万不能忘了自己的身份，你是下属，他是老板，即便你的意见是对的，你也不能强迫他采纳，更不能不自量力，自作主张，替他做主。这样，就显得你比他聪明，会让他很没面子，他自然也不会给你好果子吃。

罗马执政官马西努斯围攻希腊城镇帕伽米斯的时候，由于城高墙厚，士兵们死伤惨重却仍然未能攻占这座城镇。最后，马西努斯发现城门是最薄弱的环节，于是打算集中兵力猛攻城门，但要攻打城门就必须要用到撞墙槌，当时军中并没有这种器械。马西努斯想起几天前他曾在雅典船坞里看过两支沉甸甸的船桅，就马上下令把其中较长的一支立刻送来。

然而，传令兵去了多时，桅杆仍未送达。原来是军械师与传令兵发生了争执。军械师认为短的那根桅杆才能真正发挥作用，不但攻城效果比长的那根要好，而且运送起来也方便，他甚至花了不少时间画了一幅又一幅图来证明自己的专业，而传令兵则坚持执行命令，既然上司要长的桅杆，他的任务就是把长桅杆送到上司面前。

面对军械师喋喋不休的说辞，传令兵不得不警告他，他们的领袖是不容争辩的，他们了解领袖的脾气。军械师终于被说服了，他选择了服从命令。在士兵离开以后，军械师越想越觉得自己的想法是正确的，他觉得服从一道将导致失败的命令是毫无意义的，于是，他竟然违抗命令送去了较短的船桅。他甚至幻想着这根短桅杆在战场上发挥功效，使领袖不得不赏赐他许多战利品以赞扬他的高明。

马西努斯见送来的是那根短的桅杆很生气，马上召来传令兵，要他对情况做出合理的解释。传令兵忙向他汇报说军械师如何费时费力地与他争辩，后来还承诺要送来较长的桅杆。马西努斯对这名军械师的自以为是深感震怒，于是，他下令马上把这名军械师带到他面前来。

过了好久，军械师才到达，他没有察觉到领袖的震怒，反而为能够亲自向领袖阐述自己的正确理论而洋洋得意。他仍然以专家自居，滔滔不绝地说了许多专业术语，并表示在这些事务上专家的意见才是明智的。马西努斯见军械师仍然不改其说大话的老毛病，十分生气，立刻叫人剥光他的衣服，用棍子活活地将他打死了。

这名军械师可能死后也不会搞懂自己错在什么地方，他设计了一辈子的桅杆和柱子，还被推崇为这方面最好的技师，凭他的经验，他知道自己是对的，因为较短的撞墙槌速度快、力道强，更适合攻城。他可能永远也没办法想通，他费尽口舌向统帅解释了大半天，为什么统帅仍然坚持他的无知呢？

现实生活中，像军械师这样自以为是的人随处可见，即便在上司面前也不懂得收敛。虽然我们不能否认他们的聪明才智，但是这就犯了领导的大忌，他们或许能接受你的意见，而绝对不容许你替他做决定，你的越俎代庖，会让他觉得你是自作聪明，对他不够尊重。所以，记住：献策，而非决策。

王小姐年轻干练、活泼开朗，进入企业不到两年，就成为主力干将，是部门里最有希望晋升的员工。一天，公司经理把王小姐叫了过去，说：“小王，你进入公司时间不算长，但看起来经验丰富，能力又强，公司开展一个新项目，就交给你负责吧！”

受到公司的重用，王小姐欢欣鼓舞。恰好这天要去上海某周边城市谈判，王小姐考虑到一行好几个人，坐公交车不方便，人也受累，会影响谈判效果；打车一辆坐不下，两辆费用又太高；还是包一辆车好，经济又实惠。主意定了，王小姐却没有直接去办理。几年的职场生涯让她懂得，遇事向上级汇报是绝对必要的。于是，王小姐来到经理办公室。“老板，您看，我们今天要出去，这是我做的工作计划。”王小姐把几种方案的利弊分析了一番，接着说：“我决定包一辆车去！”汇报完毕，王小姐满心欢喜地等着赞赏。

但是经理却板着脸生硬地说：“是吗？可是我认为这个方案不太好，你们还是买票坐长途车去吧！”王小姐愣住了，她万万没想到，一个如此合情合理的建议竟然被驳回了。王小姐大惑不解：“没道理呀，傻瓜都能看出来我的方案是最佳的。”

其实，问题就出在“我决定包一辆车”这句自作主张的话上。王小姐凡事多向上级汇报的意识是很可贵的，但她错就错在措辞不当。在上级面前，说“我决定如何如何”是最犯忌讳的。如果王小姐能这样说：经理，现在我们有三个选择，各有利弊。我个人认为包车比较可行，但我做不了主，您经验丰富，您帮我做个决定行吗？领导若听到这样的话，绝对会做个顺水人情，答应她的请求，这样才会两全其美。领导喜欢的是那些谦虚好学的下属，聪明的你要把你的决定以最佳的方式提供给他，从主动的提议变成被动的接受。忌急躁粗暴，多倾听和征询老板的意见和建议，少做一些不容辩驳的决定和争论，即使你可能是对的。即使对待能力不强的上级，同样要保持尊重，不擅自行动和做决定。这些如果你都做不到，就有可能遭受老板的冷遇。因此，凡是要量力而行，不可擅做主张。

一个人的身份地位决定了一个人的行事风格。如果你是下属，那么即便你有天大的才能，即便你的上司是个白痴，你也不能自作主张，替他做决定。要知道他才是公司的最高决策者，你充其量只有提提建议的资格，你替他做决定，就等于无视他的存在，不把他放在眼里，如此，他怎么能够容忍？怎么会给你好果子吃？

7. 与领导交谈要小心

在办公室中，如果你跟领导交谈时率性而为，只顾着阐述自己的观点，而不管领导的感受，很容易就把领导得罪了。脾气暴躁的领导当场就可能给你难堪；城府深的领导即使一时不表现出来，过后找个借口，就会让你“生不如死”。

作为下属，不要随便打断领导的讲话。

无论在正式的场合还是非正式场合，随便打断领导的讲话，都会被好面子的领导认为你不尊重他。中国官场有句话，官大半级压死人。领导认为，他的身份地位高，在讲话时就应该具有优越性，就不应该被下属随便打断。你随便打断他，就是无视他的权威，就是不尊重他，就是不给他面子。

初入办公室的新人，往往容易犯这个错误。在学校里时，“民主”的气氛相对浓厚一些，熏陶得有较强的自我意识。踏入职场，身上“自由”的分子一时消除不干净，就忍不住冲动，好表现自己。当领导讲错话时，就挺身而出，打断领导的讲话，指出领导的错误，并洋洋自得地给予纠正。或者自己有更先进的观点和更好的创意，就迫不及待地打断领导，阐述自己的观点。小心眼的领导被你这一搅和，自然心中大为不悦，过后给你小鞋穿，也就在情理之中了。

李伟如履薄冰一般通过了一轮又一轮的考试，终于如愿进了一家著名的 IT 公司。按照公司规定，新员工要参加为期一周的培训，主要是了解公司文化、熟悉公司规章制度等。第一天，公司人力资源部总监亲自来授课，点名时一疏忽，将一个人的姓名念错了。这个人是李伟的同学，姓名比较生僻，经常被读错，也习以为常了，所以他含糊地应了一声。总监正想继续点名，李伟却笑着说：“错了，错了！”总监愣住了。李伟纠正完毕，除了总监，在座的员工都忍不住笑了。

总监从此记住了李伟，当然是记恨李伟。分配时，别人都分到了比较重要的岗位上，李伟被总监“美言”了几句，被分配干公司的网络维护。这样无足轻重的岗位，干一辈子也不会干出什么成绩。李伟的专业跟软件开发相吻合，他也是奔着这样的岗位来的，就去找领导，声明自己应聘的是软件开发岗位，要求调换岗位。

领导的答复是：对公司来讲，公司的每个岗位都是重要的。

李伟明白这是一个冠冕堂皇的借口，这时他才隐隐感到自己把人力资源部总监得罪了，让他抓住了把柄，都是人力资源部总监在背后搞的鬼。

与领导交谈时，尤其在正式的场合谈论工作上的问题，不要贸然提出与领导不同的意见。因为这容易被领导看成公然挑战他的权威；更不要坚持己见，据理力争。唱反调已经引起领导的不悦了，再非要分出个谁是谁非，那无异于火上浇油、雪上加霜。

孙平是一家公司市场部的统计，因为毕业于一所著名大学的营销专业，所以好在公众场合炫耀自己的学识。一次，市场部总监召开营销人员会议，部署下一步的营销工作。孙平列席参加会议。总监让孙平参加会议的目的，是让他了解市场工作，没想到总监宣读完一份销售方案后，让大家发表意见，孙平却第一个站出来唱反调。孙平引经据典，说得头头是道，让大家一下子看到了方案的不可执行性。其实，总监的意图是放弃那些业绩差没潜力的市场，因为经过几年的努力，在这些市场取得的成绩与投入的成本是不成正比的，而把主要精力投放到那些有潜力的市场。总监阐述完制订方案的指导思想后，孙平又跟总监争论起来。最后，方案自然以总监拟订的为准。

除了孙平，别人都没提什么反对意见，只是说了一些表决心的话，如一定好好执行新方案，力争做出更大的业绩，等等。这更衬托出孙平的桀骜不驯。

没过几天，总监找孙平谈话，让他到一个业绩差的办事处工作。孙平曾私下管去那个地方工作叫“发配”，没想到自己要被“发配”了。况且，按照新方案，那个办事处很可能要撤销，为什么还要派自己去呢？孙平向总监说出了自己的困惑。

总监说：“你有很强的营销能力，在统计岗位上根本发挥不出来，派你去，是让你改变那里的局面。相信你会取得好的业绩的。”

孙平又不情愿地找到领导，他没想到领导说的话跟总监对他说的话一模一样，显然他们早沟通好了。领导给高帽戴，孙平只好同意。

同事问孙平公司为什么派他去，孙平还炫耀说：“让我去改变那里的局面。”同事心中暗笑，那只不过是领导的借口罢了，下一步办事处撤销，

孙平恐怕也要跟着被裁掉了。

果然，不久办事处撤销，孙平也被裁掉了。

与领导交谈，无论聊天还是谈论工作，都要把握好分寸，不可无所顾忌，想到哪里说到哪里，这样才不会给领导抓住把柄，留下不好的印象。

你可以参照以下几点：

（1）不该说的别说

所谓不该说的，就是领导忌讳和感到不悦的，比如领导的隐私、疮疤和一切能让他感到有失脸面的事。特别是跟领导聊天开玩笑的时候，更要注意。

（2）轮不到你就别说

韩非子曾说过，部属不能随便向领导进言，进言要慎重，否则会很危险。如：为官的经历不深，还没得到君主的信任时，如果竭力显示自己的才能，谋划成功也不会受赏，如果谋划失败反而会受到怀疑。在职场同样如此，如果你还没得到领导的信任，即使你的意见是正确的，领导也未必会采纳。相同的意见，由领导信任的人提出，领导就认为是正确的，并欣然接受。所以，在得到领导信任之前，最好不要随意向领导进言，因为你说了也白说，还可能引起领导的反感。

（3）说时要拐弯抹角

所谓拐弯抹角，就是不直率地说出你要说的话，先说别的话题，让领导感到你真正要说的话是为他好，当然，更重要的是保全领导的面子。西方有句谚语：“一滴蜜汁比五加仑胆汁更能吸引苍蝇。”说的也正是这个道理。

（4）学说“官方语言”

有时候，完全保持沉默并不是最佳的选择。这时你可以说一些不痛不痒的“官方语言”，让领导觉得很舒服，自然不会让领导抓住把柄。

8. 重视领导身边的人

每个办公室中都有一些与领导关系非常密切的“红人”，这些人对领导的决策、用人及其他问题的看法都会产生重要的影响，而且这种影响在许多时候可能会是决定性的。

有些人认为，在公司里只要尽心尽力，取得业务实绩，赢得领导的赏识和欢心，加薪提升便指日可待了，而把那些领导身边的心腹不放在心上，认为这些人的职位不怎么高，权力也不怎么大，跟自己也没什么直接关系，没必要重视他们，只要不得罪就行了。殊不知，这样一来，让自己走了不少弯路。

有个小伙子才刚满24岁，就已经是部门主管了，而且很有发展前途。一到各部门主管开会的时候，他就去了，一屋子的中老年人，越发地显得他更有朝气。他总是先听，然后再三言两语地发表自己的意见，既中要害，又显得谦虚，令人叹服。

他的公司里的领导对他十分欣赏，对他的意见和建议十分重视。可是他对领导倒不那么恭敬，而对领导的得力助手——分管人事的副总却出人意料地亲近。逢年过节，必然登门拜访，且总要拎一点家乡的土特产。

大家很奇怪，领导明明是一个很难得的有魄力、知人善任的人，而那副总明明是一个本事不大、心眼不少的人。他为什么一个劲地对后者好呢？于是，有亲密的朋友去问他，他说，领导是个正人君子，用不着顾及和他的关系，只要你好好干，他对你就满意了。那副总则不然，这种人虽然没多少业务方面的本事，但他的心眼都用在为人处世上，如果在背后给你起点消极作用，你也吃不消呀。我之所以和他那么好，就是希望他不要在背后给我做手脚，那就谢天谢地了。

那分管人事的副总对这个小伙子也很好，他经常向这位小伙子通报一些情况。两人处得还真不错。

长期以来，我们已经形成了一种心理定式，那就是什么人受人尊重——有能力，有学问，有头脑，有良好的品德，我们跟他比较亲近。如果什么人专门斗心眼，一心钻营，我们往往躲着他们、疏远他们，结果呢？自己给自己设置绊脚石，只好磕磕绊绊地走在艰难的谋职路上。

这个小伙子做得对，很多领导身边的“红人”，虽然没有决策权，但却十分知情，对领导有很大的影响力。如领导的副手，领导的秘书，领导的太太，他们对一些事情往往有举足轻重的作用。

三国时的曹丕是曹操的大儿子，他和自己的弟弟曹植争夺太子的宝座。曹植自恃文才过人，父亲又重才胜过一切，便不拘小节，违背曹操的意愿。曹丕自知文才不如曹植，便在一次送行时，一语不发，叩头大哭，令曹操感动不已。

曹丕素日尊敬一切父亲身边的人，顺利地走上了从政之路，据史书记载，他还是一个很有政绩的帝王。

现在看来，曹植以为父亲是说一不二的一国之主，只要父亲喜爱自己，就不必顾及其他人了。曹丕就比较聪明，他调动了父亲方方面面的“亲信”为自己说话，终于登上了皇位。

领导身边的“红人”出于其地位上的原因，比领导更需要尊重和理解，他们虽然不能说一句顶一句，但有自己的圈子和能量，千万不要低估，更不能回避，否则容易产生一些不必要的误会。如果他本身并没有多少值得敬重的地方，就更要敬他三分了，免得牵动他敏感的神经。

第十一章　说顺耳话　说场面话

初次见面，人们以“怎么说话”来评判一个人，长时间相处，人们更多地以“说什么话”以及说之后的作用来评判一个人。所以说话不是词藻的简单堆砌，而是一个人思想境界和处世态度的具体体现。要想低调做人，就得从改变处世态度做起。

1. 没有人喜欢被强迫

任何人都不喜欢被强迫着去做事或者接受他人的意见。人们都喜欢按自己的心愿去做，同时，喜欢有人来征求我们的意见、愿望和想法。

韦森先生在研究人类关系学之前，损失了无数应该获得的佣金。韦森是一家服装图样设计公司的推销员，他几乎每星期都去找纽约某位著名的设计家，这样已经有 3 年的时间了。每次这位设计家都不拒绝见韦森，而且还总是把韦森带去的图案仔细看一遍，但就是不买。

经过了 150 次的失败后，韦森觉得自己必是过于墨守成规了，所以他决定每星期利用一个晚上的时间，去研究一下人际关系的法则，以帮助自己获得一些新的思想，产生新的热诚。

不久，他决定采用一种方法。他拿了几张那些设计者们尚未完成的图样，走进那位买主的办公室。这次，他并没有像往常那样请求买主购买这些图案，而是请求设计家提出自己的意见，然后把它完成。设计家把草图留了下来，让韦森 3 天后去找他。

3 天后，韦森又去他那里，听了建议后，把图样拿回去，按照那位买主的意思画完。这笔交易结果如何？不用说这位买主完全接受了。

自从那笔生意完成后，这位买主又订了 10 张图样，都完全是照着他的意思画的，韦森就这样赚了 1600 多美元的佣金。

韦森过去失败的原因——总是强迫设计家买他认为对方需要的图样。可是现在韦森所做的，跟过去完全不一样了。韦森请设计家提出他自己的意见，使设计家觉得那些图样是自己设计的。现在韦森不用要求他买，他自己也会来向韦森买。

长岛有一位汽车经销商，用了同样的方法把一辆旧汽车卖给了一对苏格兰夫妇。过去这位汽车经销商，把汽车一辆又一辆地给那苏格兰人看，但他们总是认为有问题，不是嫌这辆不合适，就是嫌那辆什么地方有了损坏，再不就是价钱太高。

同事建议别强迫那种意志不定的人买他的汽车，要让他自己来买，也不必建议他买哪一种牌子的汽车。总之，要让顾客觉得这是他自己的意愿。

几天后，有一位顾客想把他的旧汽车换一辆新的，那位汽车商就想到了那个苏格兰人，也许他喜欢这辆旧式的汽车。于是他打了个电话给那个苏格兰人，说是有个问题想请教他。

那位苏格兰人接到他的电话后，马上就来了。汽车商请他帮忙评估一下车子的价格。

那位苏格兰人听到这些话后，满面笑容，终于有人来请教他了。驾着这部车子兜了一圈，回来后他建议商人以 300 元买进这辆车子。

于是汽车商问他愿不愿意以 300 元的价格购买这辆车。他当然愿意，因为这是他的意思、他的估价。所以这笔生意立刻就成交了。

人与人之间的理解，一向是人际沟通当中最重要也是最容易被忽略的关键。每个人都有自己既定的立场，也因此而习惯于执著在本身的领域当中，却忘了别人也和自己一样，有着他固执的一面。

2. 把别人说成多好他就有多好

每个人都是自己内心的理想家，都把自己看得很高尚，都喜欢给自己的行为动机赋予一种良好的解释。因此在与人相处时要改变一个人的意志，就要激发他高尚的动机。

银行家培庞·摩根在他的一篇文章中说：人会做一件事，都有两种理由存在。一种是看起来很好，一种是的确很好。

人们会时常想到那个真实的理由，而我们都是自己内心的理想家，较喜欢有高尚的动机。所以要改变一个人的意志，需要激发他高尚的动机。

汉密尔顿的法瑞有一个很挑剔的房客，扬言要搬离他的公寓。但这个房客的租约尚有 4 个月才期满，每个月的租金是 55 美元，可是他却声称立即就要搬，不管租约那回事。

这个房客已在法瑞这里住了一个冬季，如果他搬走的话，在秋季前这房子是不容易租出去的。眼看 220 美元就要从口袋飞走了，法瑞实在是着急。如在以前，法瑞一定找那个房客，要他把租约重念一遍，并向他指出，如果现在搬走，那 4 个月的租金仍须全部付清。

可是，这次法瑞只是向他这样说："先生，听说你准备搬家，可是我不相信那是真的。我从多方面的经验来推断，我看出你是一位说话有信用的人，而且我可以跟自己打赌，你就是这样的一个人。"

房客静静地听着，没有作任何表示，接着法瑞提了个建议，让房客将他所决定的事，先暂时搁在一边，不妨再考虑一下，并给了他充裕的时间，如果到时候他还是决定要搬的话，法瑞将会接受他的要求。

最后，法瑞一再强调他相信对方是个讲信用的人，会遵守自己的租约。

事情果然不出法瑞所料，到了下个月这位先生自己来见他，并且付了房租。并说，这件事已经跟他太太商量过，他们都认为至少应该住到期满。

已故的洛史克力夫爵士发现一份报刊上刊登出一张他不愿意看到的相片，他就写了一封信给那家报社的编辑。他那封信上没有这样说："请勿再刊登我那张照片，因为我不喜欢。"他想激起高尚的动机，他知道每个人都尊敬自己的母亲，所以他在那封信上换上另外一种口气说："由于家母不喜欢那张照片，所以贵报以后请勿刊登出来。"

当约翰·洛克菲勒要阻止摄影记者拍他子女的照片时，便想起一个人人都不愿伤害儿童的高尚动机。他对记者们这样说："诸位，我相信你们之中有很多都是孩子们的父母，如果让孩子们成了新闻人物，那并不是适宜的。"

柯狄斯本来是梅恩州一个贫苦人家的孩子，后来成为《星期六晚报》和《妇女家庭杂志》的负责人，赚了几百万美元。他创业之初，不能像别家的报纸、杂志一样付出高价买稿子，他没有能力聘请国内第一流作家替他执笔撰稿，可是，他运用了人们高尚的动机。

例如，他会请《小妇人》的作家奥尔克特为他撰写稿子，并且当时是她声望最高的时候。柯狄斯所使用的方法很突出，他签了一张 100 元的支票，他不是把支票给奥尔克特，而是捐助给她最喜欢的一个慈善机构。

或许有人会怀疑说："以这种手法，用在洛史克力夫、约翰·洛克菲勒和富于情感的小说家身上，或许会有效。可是，朋友，你这种方法，如果用在那些难缠的人身上，是不是一样有效？”

不错，没有一样东西能在任何情形下产生同样的效果；没有一样东西，能在所有人身上都发生效力。如果你满意你现在所得到的结果，那又何必再改变呢？假如你认为不满意的话，那就不妨试验一下。

信别人就是信自己，这是推己及人的道理。信任不值得信任的人，会改变这个人，使他值得信任；信任值得信任的人，会使这个人更加值得信任。

3.“场面话”不是可有可无的

一踏入社会，应酬的机会就多了，这些应酬包括去别人家做客、赴宴、参加会议及其他聚会等。不管你对某一次应酬满不满意，“场面话”一定要讲。

什么是“场面话”？简言之，就是让主人高兴的话。既然说是“场面话”，可想而知就是在某个“场面”才讲的话，这种话不一定代表你内心的真实想法，也不一定合乎事实，但讲出来之后，就算主人明知你“言不由衷”，也会感到高兴。说起来，讲“场面话”实在无聊之至，因为这几乎和“虚伪”划上等号，但现实社会就是这样，不讲就好像不通人情世故了。

聪明人懂得：“场面之言”是日常交际中常见的现象之一，而说场面话也是一种应酬的技巧和生存的智慧，在人世间生存的人都要懂得去说，习惯于说。

(1) 学会几种场面话

当面称赞他人的话——如称赞他人的孩子聪明可爱，称赞他人的衣服大方漂亮，称赞他人教子有方等等。这种场面话所说的有的是实情，有的则与事实存在相当的差距，而这种话说起来只要不太离谱，听的人十有八九都感到高兴，而且旁人越多他越高兴。

当面答应他人的话——如“我会全力帮忙的”、“这事包在我身上”、“有什么问题尽管来找我”等。说这种话有时是不说不行，因为对方运用人情

压力，你当面拒绝，场面会很难堪，而且当场会得罪人；对方缠着不肯走，那更是麻烦。所以用场面话先打发一下，能帮忙就帮忙，帮不上忙或不愿意帮忙再找理由，总之，有缓兵之计的作用。

所以，在很多情况下，场面话我们不想说还不行，因为不说，会对你的人际关系造成影响。

(2) 如何说场面话

去别人家做客，要谢谢主人的邀请，并盛赞菜肴的精美、丰盛、可口，并看实际情况，称赞主人的室内布置，小孩的乖巧聪明……

赴宴时，要称赞主人选择的餐厅和菜色，当然感谢主人的邀请这一点绝不能免。

参加酒会，要称赞酒会的成功，以及你如何有“宾至如归”的感受。

参加会议，如有机会发言，要称赞会议准备得周详……

参加婚礼，除了菜品之外，一定要记得称赞新郎新娘的“郎才女貌”……

说“场面话”的“场面”当然不只以上几种，不过一般大概离不了这些场面。至于“场面话”的说法，也没有一定的标准，要看当时的情况决定。不过切忌讲得太多，点到为止最好。

总而言之，“场面话”就是感谢加称赞，如果你能学会讲“场面话”，对你的人际关系必有很大的帮助，你也会成为受欢迎的人。

4. 场面上要注意礼节和措辞

在礼节场合与人说话时，不要故作姿态，更不要“皮笑肉不笑”，给人以虚伪的印象。要让对方感到自己热情、实在、值得信任。因此，说话时的动作要适度、端庄，在必要时可做些手势。如果坐着说话，手不要搭在邻座的椅背上，腿不要乱跷、乱晃、随便颤抖，更不要一边说话一边修指甲、剔牙齿、挖耳搔痒等等。

美国人一般性格外向、感情丰富。他们欣赏英俊的外貌，沉着潇洒、彬彬有礼的绅士风度，赞赏幽默机智的谈吐。1960年，尼克松败在肯尼迪手下，就是因为在电视辩论中风度与谈吐均不如肯尼迪。里根之所以能当上总统，与他在当电影演员时培养出来的潇洒风度和练就的好口才有很大的关系。

从外部形象看，年仅46岁的高大、英俊的克林顿当然比年纪老迈的布什占有很大的优势，但布什是一个很难对付的对手，他是一个老牌政客，在从政经验的丰富与外交成就的显赫这两个方面，克林顿无法同他相比。故而克林顿在三次电视辩论中决定采用以柔克刚的办法，不咄咄逼人，不进行人身攻击，要在广大听众面前展示出一个沉着稳重、从容大度的形象。在1992年10月15日的第二次电视辩论中，辩论现场只设一个主持人，候选人前面都没有讲桌，只有张高椅子可坐，克林顿为了表示他对广大电视观众的尊敬，一直没有坐，并且在辩论中减少了对布什的攻击，把重点放在讲述自己任阿肯色州州长12年间所取得的政绩上。克林顿的这种以柔克刚、彬彬有礼的做法，立即赢得了广大电视观众的好感。

在最后一次电视辩论中，克林顿英俊潇洒的姿态，敏捷的论辩与幽默机智的谈吐使他大出风头。他在对布什的责难进行了有效的反驳以后，很得体地对广大电视观众说："我既尊敬布什先生在白宫期间的为国操劳，又希望选民能鼓起勇气，敢于更新，接受更佳人选。"话音刚落，掌声雷动。

克林顿要想圆他的总统梦，必须把布什拉下马，克林顿深知电视辩论的重要。如果在电视辩论中表现出色，加上舆论界广为宣传，就将为他入主白宫铺平道路；如果在电视辩论中惨遭失败，那么，他的总统梦将化为泡影。

为了在电视辩论中获胜，克林顿的竞选班子绞尽了脑汁，制定出了有礼有节、以柔克刚的有效的辩论策略。

电视辩论不但可以显示总统候选人的竞选主张，更重要的是还能展示候选人的素质和能力，如形象、风度、思维能力、表达能力、应变能力等。克林顿抓住电视这个受众面最广的传媒，在辩论中以说"礼"话的策略与布什竞选，赢得了广大选民的信任和支持，也展示了自身良好的风度和形象。

5. 自我介绍要得体

在求人办事时，自我介绍是必不可少的。从交际心理上看，人们初次见面，彼此都有一种了解对方、并渴望得到对方尊重的心理。这时，如果你能及时、简明地进行自我介绍，不仅满足了对方的渴望，而且对方也会以礼相待，自我介绍。这样，双方以诚相见，就为彼此的沟通及进一步交往奠定了良好的基础。

而且，在参加社交集会时，主人不可能把每一个人的情况都介绍得很详细。为了增进了解，你不妨抓住时机，多作几句自我介绍。时机有两种：一是主人介绍话音刚落时，你可接过话头再补充几句；二是如果有人表示出想进一步了解你的意向时，你可作详细的自我介绍。

自我介绍时应注意以下几点：

(1) 要有自信心

在日常交往尤其是求人办事时，有些人怕见陌生人，见到陌生人，似乎思维也凝固了，手脚也僵硬了。本来伶牙俐齿的，变得说话结巴；本来拙嘴笨舌的，嘴巴更像贴了封条。这种状况怎能介绍好自己呢？要克服这种胆怯心理，关键是要自信。有了自信心，才能介绍好自己，给别人留下好的印象。

(2) 要真诚自然

有人把自我介绍称为自我推销。既然推销产品时需要在“货真价实”的基础上作宣传，那么推销自我时也不能不顾事实而自我炫耀。因此，作自我介绍时，最好不要用“很”、“最”、“极”等极端的词汇，给人留下“狂”的印象；相反，真诚自然的自我介绍，往往能使自己的特色更闪闪发光，引起人们的注意。

(3) 要考虑对象

自我介绍的根本目的是要给对方留下一个印象，因此要站在对方理解的角度来说话。

所以，在介绍自己时，一定要重视那个或那群与你打交道的人，要随机应变。如你面对的是年长、严肃的人，你最好认真规矩些；如与你打交道的人随和而具有幽默感，你不妨也比较放松地展示自己的特点，作出有特色的自我介绍来。总之一句话，要在自我介绍中表现出你的口才，使它成为与人沟通和进一步交往的前提。

生活中每一次谈话都要注意倾听。任何一件小事都是不应该被人们忽视的。有一位女士就非常注意这一点，无论是对大人还是对孩子。当她的儿子罗伯特和她谈心的时候，她总是很注意地倾听。有一天，罗伯特问她："妈妈，你爱我吗？"她点点头："那是当然。"罗伯特对她说："每当我说话时你总是放下手中的工作认真地听我讲，在那个时候，我感到你是爱我的。"

如果是一个你喜欢的人向你倾诉，听听倒也无妨，如果你根本不愿意跟他啰嗦，那你该怎么办呢？

遇到这种情况，你就应该分析一下，正如卡耐基所说，"如果在你的日常生活中，你不想听他说你也觉得没必要跟他交朋友，这时，你可以不听。但是，要记住一点，千万不要让他下不了台。如果你让他下不了台，就是不尊重他，这是不礼貌的行为，因为这是社交中最基本的礼貌。他滔滔不绝地说下去，你可以做一些动作来暗示他停止他的谈话。例如，你眼睛不瞧他，而向其他地方看，并不时地改变方向。或者信手翻阅一本书，并装出对书的内容极感兴趣，越看越出神。有时，不时地看表，脸上做出很焦急的样子。如果你还具有表演天赋的话，做点'欲言又止'的动作让他看看。这样，他就知道你根本对他的话不感兴趣，就会知趣地停住。通过以上方法，我们可以轻易地摆脱对方话语的'纠缠'而又使他不失面子。"

但是，如果你是一位推销员或者你是一位调解员，不管对方有多么讨厌，你都要耐着性子听下去，并要注意对方的话，因为这是你的工作需要，你要得到别人的好感，这样才对你的工作有利。如果你像上面所说的那样对待对方，那么只会把成功变为泡影。

第十二章　有序竞争　追求双赢

竞争的最终目的如果只是为了得到一个你死我活的结局，那就是一种最原始、也最不人道的竞争了。如果你已对低调做人有所感悟，竞争何不也换一种方式呢？如果竞争的双方能够在竞争中达成共赢，下一盘和棋，双双获利，不是更好吗？

1. 竞争绝佳境界

在一般人的观念领域里，在整个的过程中，明枪暗箭、尔虞我诈是最常用的竞争手段，当竞争最激烈的时候和平竞争可以突发为恶性竞争，直至两败俱伤。但有一部分人的观念却与此相反。他们希望竞争的双方都能够在整个过程中获利，在竞争中求合作，在合作中求生存，共赢是他们追求的最高境界，而具备这种观念的人才可能成为最大的赢家。

1987 年 6 月法国网球公开赛期间，韦尔奇和法国政府控股的汤姆逊电子公司的董事长阿兰·戈麦斯相遇了。

在他们见面的时候，情形和韦尔奇第一次与别的商家会谈时没有什么两样。他们彼此的企业都需要帮助。汤姆逊公司拥有一家韦尔奇想要的医疗造影设备公司。这家公司叫 CGR，实力不算很强，在同行业内排名只占第 4 或第 5 名。而韦尔奇的 GE 公司在美国医疗设备行业则拥有一家首屈一指的子公司，但是他们在欧洲市场却没有明显优势。尤其重要的是，由于法国政府保持着对汤姆逊公司的控股，实际上这就等于将韦尔奇的公司关在了法国市场之外。

在会谈中，阿兰·戈麦斯明确地表示他不想把他的医疗业务卖给韦尔奇。但韦尔奇决定看看他是否对进行业务交换感兴趣，因此他向戈麦斯说明，他可以用自己的其他业务与他们的医疗业务进行交换。在此之前，韦尔奇非常清楚他不喜欢 GE 的哪些业务和公司，因此，他决不会做赔本的交易。于是，他站起身来，走到汤姆逊公司会议室的讲解板前面，拿起一支水笔，开始在上面列出他能够卖给他们的一些业务。他列出的第一个项目是半导体业务，对方不想要。然后，他又列出了电视机制造业务，这时，阿兰·戈麦斯立刻表示对这个想法很有兴趣。在他看来，他的电视机业务规模目前还不算很大，而且全都局限在欧洲范围之内。他认为，通过这项交换可以把那些不赚钱的医疗业务甩掉，同时又能使他一夜之间成为第一

大电视机制造商。他们两人对这项交易很是兴奋，于是马上开始谈判。很快，他们达成一致。谈判结束后，阿兰·戈麦斯陪着韦尔奇走出了电梯，一直把他送到等候在办公楼外面的轿车旁边。当车发动起来并从道路上疾驶而去的时候，韦尔奇一把抓住了他身边的秘书的胳膊，激动地说："天啊，是上帝来让我做这笔交易的，我当然有理由把它做得更好。而且，我认为阿兰·戈麦斯也是真想做成这笔交易。"秘书回答了他，他们都开怀大笑起来。韦尔奇确信阿兰回到楼上之后也会有同样的感觉，因为阿兰·戈麦斯也同样清楚，他的电视机公司规模太小，根本无法同日本人竞争，这笔交易可以使他获得一个相对稳定的规模经济和市场地位，从而使他可以应对一场巨大的挑战。对韦尔奇来讲，他在国内消费电子产品的业务年销售额为30亿美元，拥有员工3231万人，而买进汤姆逊的医疗设备，自己的业务年收入则将增加7亿5千万美元。这笔交易将使韦尔奇在欧洲市场的份额提高到15%，他将更有实力来对付GE的最大竞争者——西门子公司。在余下的6周之内，交易过程中的所有手续全部顺利完成，并于7月份对外宣布。除了做交换的医疗设备业务之外，汤姆逊公司还附带给了GE公司10亿美元现金和一批专利使用权，这批专利权将会每年为GE带来1亿美元的收入。而同时，汤姆逊公司也变成了世界上最大的电视机生产商。当媒体批评韦尔奇的这一做法时，韦尔奇对此发表评论说："这些批评都是媒体的一派胡言。事实是，通过交易，我们的医疗设备业务更加全球化，技术更加尖端，而且还得到了一大笔现金。每年专利使用费的收入，就比我们前10年里电视机业务的纯收入还要多。而且，我们由此上缴国家的利税也是前些年的好几倍。"

就这样，韦尔奇与汤姆逊公司在很短的时间内做成了这笔交易，各自扩大了自己的业务量，最终双双取得了成功。在生意场上，双赢无疑是最佳的选择。但要做到这一点，却是很不容易的。

因为，双赢对竞争的双方而言虽然诱惑很大，但其中的关键因素却错综复杂，只有双方都能以诚相待，找到彼此可以合作的契合点，双赢才会有保障。

2. 人应具备双赢观

双赢观就是在最大限度内寻求利益双收的观念，即互惠互利，利人利己。

利人利己可使双方互相学习、互相影响及共享其利。要达到互利的境界，必须具备足够的勇气及与人为善的胸襟，尤其与损人利己者相处更得这样。培养这方面的修养，少不了过人的见地、积极主动的精神，并且应以安全感、智慧与力量作为基础。我们都应该具备这样的观念，在竞争与合作中让自己活得有精神。

品格是利人利己观念的基础，以下三项品格特质尤其重要：

真诚正直：人若不能对自己诚实，就无法了解内心真正的需要，也无从得知如何才能利己。同理，对人没有诚信，就谈不上利人。因此，缺乏诚信作为基石，“利人利己”便成了骗人的口号。

成熟：也就是勇气与体谅之心兼备而不偏废。有勇气表达自己的感情与信念，又能体谅他人的感受与想法；有勇气追求利润，也顾及他人的利益，这才是成熟的表现。许多招考、晋升与训练员工使用的心理测验，目的都在测试个人的成熟程度。

只可惜常人多以为魄力与慈悲无法并存，体谅别人就一定是弱者。事实上，人格成熟者严于律己，宽以待人。在需要表现实力时，决不落于损人利己者之后，这是因为他不失悲天悯人、与人为善的胸襟。

徒有勇气却缺少体谅的人，即使有足够的力量坚持己见，却无视他人的存在，难免会借助自己的地位、权势、资历或关系网，为私利而害人。但过分为他人着想而缺乏勇气维护立场，以致牺牲了自己的目标与理想也不足为训。

勇气和体谅之心是双赢思维不可或缺的因素，两者间的平衡才是真正成熟的标志。有了这种平衡，我们就能设身处地为对方着想，同时又能勇敢地维护自己的立场。

富足心态：一般人都会担心有所匮乏，认为世界如同一块大饼，并非人人得而食之。假如别人多抢走一块，自己就会吃亏，人生仿佛一场游戏。难怪俗语说：“共患难易，共富贵难。”见不得别人好，甚至对至亲好友

的成就也会眼红，这都是“乏匮心态”在作祟。抱持这种心态的人，甚至希望与自己有利害关系的人小灾小难不断，疲于应付，无法安心竞争。他们时时不忘与人比较，认定别人的成功等于自身的失败。纵使表面上虚情假意地赞许，内心却妒恨不已，惟独占有能够使他们肯定自己。他们又希望四周都是对其惟命是从的人，不同的意见则被视为叛逆、异端。

相形之下，富足的心态源自厚实的个人价值观与安全感。由于相信世间有足够的资源，人人得以分享，所以不怕与人共名声、共财势，从而开启无限的可能性，充分发挥创造力，并提供宽广的选择空间。

公众的成功并非压倒别人，而是追求对各方都有利的结果。经由互相合作，互相交流，使独立难成的事得以实现。这便是富足心态的自然结果。

要想潜移默化地扭转损人利己者的观念，最有效的方式莫过于让他们多和利人利己者交往。此外，还可阅读发人深省的文学作品与伟人传记，或观看励志电影。当然，正本清源之道还是要向自己的生命深处探寻。

建立在利人利己观念上的人际关系，有厚实的感情账户为基础，彼此互信互赖。于是个人的聪明才智可投注于解决问题，而非浪费在猜忌设防上。这种人际关系不否认问题的存在或严重性，也不强求泯灭各方分歧，只强调以信任、合作的态度面对问题。

然而合理的关系若不可得，与你交手的人偏偏坚持双方不可能都是赢家，那该怎么办？这的确是一大挑战。在任何情况下，利人利己都不是易事，更何况和自私自利的人打交道，但是问题与分歧依然要解决。这时候，致胜的关键在于扩大个人影响圈：以礼相待，真诚尊敬与欣赏对方的人格、观点；投入更长的时间进行沟通，多听而且认真地听，并且勇于说出自己的意见。以实际行动与态度让对方相信，你由衷希望双方都是赢家。

这是人际关系的最大挑战，追求的已不止于完成谈判或交易，更要发挥感化的力量，使对手以及彼此的关系都能脱胎换骨。纵然少数人实在不容易被说服，我们还可选择妥协——有时为了维持难得的情谊，不妨有所变通。当然，好聚好散也是一种选择。

总之，无论如何，双赢的观念应该是我们必备的。也只有在这种观念的引导下，才不至于让竞争变得生硬而不可调和。这种观念决定了我们的生存状态和个人成就，请你不要忽视它。

3. 培养合作精神

竞争是指为了自己的利益与人争胜。“物竞天择，适者生存”，这是竞争的本质和普遍规律，也是自然界、人类社会得以前进的动力所在。可以说，竞争是无处不有、无时不在的。

合作是指两个或两个以上的人为了完成一项工作而团结一致，齐心协力。竞争者与合作者作为竞争与合作的主体及对象，与竞争合作相伴而生相伴而灭。

合作与竞争，可以说伴随着人类的出现而几乎同时出现。从原始社会到奴隶社会到封建社会到资本主义社会，直至今天，合作与竞争不仅没有削弱、消亡，相反，随着时间的推移和社会的进步，合作与竞争的趋势在增强。而且，随着人类生存空间的不断拓展，交往的不断扩大，人与自然斗争的不断深化、科技的不断发展，合作与竞争的联系也在日益加强。在向知识经济时代过渡的征途中，高科技的发展水平和发展速度已经超乎了人们的想像，通讯、交通等的发展使人们之间的沟通与交流变得空前容易，不论是国与国之间、组织与组织之间，抑或是具体的个人之间，竞争与合作已经成为了不可逆转的大趋势。在这样一个时代里，开展交流与合作的成本将大幅度降低，而效率则将大幅提高。实际上，任何一个人，任何一个民族、国家都不可能独自拥有人类最优秀的物质与精神财富，而随着人们相互依赖程度的进一步加深，那种一人打天下的思想多少显得有些幼稚。封闭的个人和孤立的企业所能够成就的“大业”将不复存在，合作与团队精神将变得空前重要。缺乏合作精神的人将不可能成就事业，更不可能成为知识经济时代的强者。我们只有承认个人智能的局限性，懂得自我封闭的危害性，明确合作精神的重要性，我们才能有效地以合作伙伴的优势来弥补自身的缺陷、增强自身的力量，才能更好地应付知识经济时代的各种挑战。

合作的好处在被参与者的社会交往中，在改善劳资关系的同时，往往减少种族及民族偏见，或消除差异。参与合作项目的人往往更加投入到他们的工作中去，对他们的工作具有更大的满足和兴趣，对他们的能力和技能拥有更多的自信。

那么，该怎样培养自己的合作精神呢？

第一，尽可能地减少你对进攻性竞争的依赖。你不必努力证明自己，实际上，你越是拼命争取获胜，你越不能对自己这么做的能力产生信任。如果你信任你自己，你没有想在别人眼中证明自己的压力，你就越可能超过别人。

第二，认识到你的成功需要别人的帮助。你不是生活在真空中，你不能在与世隔绝与孤立无援中完成自我实现。接受你作为个人和作为你在社会中界定一个位置二者之间的平衡，始于你跨进校门之时的社会化过程的完成。把健康的竞争和合作紧密结合起来，将有助于你实现理想的平衡。

第三，把合作接受为一个成功的策略。如果你被竞争性的抱负所驱使，那么你也许会顽固地抵制别人的建议，或者你也许随意地接受它们，但拒绝与人分享见解，惟恐你会失去荣誉。如果你把合作接受为一个成功的策略，你就能分享别人的信息和反馈的好处。并非每一次竞赛都产生失败者，最好的结果就是双赢。通过从合作的优点中受益，你就能成功地实现你所选择的目标，并帮助你周围的那些人也成功地实现他们的目标。

4. 掌握正确的合作方法

当我们了解到与人合作的重要性时，与人合作的方法就被提到了一个关键的地位上来。习惯于单打独斗的人，很难在短时期内学会与人的合作。这就需要去改变原来的观念，学会与人沟通、合作，在成就团队的同时，成就自己。不改变独行的观念，永远都只能是一个弱者。所以，与人合作的能力和方法必须具备。这就需要我们：

(1) 准确认识自己在团体中的角色和与他人的关系

就如在一场球赛中，“没有号码牌你无法分辨运动员”一样，一个团体要有效地发挥作用，也需要你识别出谁是“运动员”，他们彼此关系的性质，以及决策权是如何分配的。在一个你不熟悉的新团体中，弄清这些情况是特别重要的，它可以为你提供一个你在其中能说话和回答的“思考环境”。

(2) 尊重团体的每一位成员

这是保证合作成功的基本准则。虽然你可能确信你比其他的参加者更有知识，但重要的是，你要让他人充分地表达自己的观点，而不要随意打断，或表现出不耐烦，做到这一点对于团体正常地发挥功能是很有必要的。也许在某些场合，其他成员不同意你的分析或结论，即使你确信你是正确的，当发生这种情况时，你需要做出必要的妥协和让步。如果做不到这一点，就接受现实，尽你所能地阐述自己的观点，力争使他人能够接受。

(3) 积极参与团体活动

在团体中，每个成员都应该具有奉献意识，并有责任做出自己应有的贡献。培养自己的社交能力，赢得团体中其他成员对你的尊重，或者对团体的决定施加影响，都是你必须努力做到的。既然你同样对团体的最终决策负有责任，无论你态度积极或保持沉默，你都可以贡献你的聪明才智。如果你不敢抛头露面，大胆地表述自己的观点，或觉得你的观点不如他人的有价值，那么，你需要首先排除这种消极认识。如果你感到忧虑和焦急，那么，你需要迫使自己迈出第一步。

(4) 具备有效讨论的能力

清楚地表达你的观点，并提供支持的理由和根据；认真地聆听他人的意见，努力了解他人的观点及其理由；直接地对他人提出的观点做出回答，而不要简单地试图阐述你自己的观点；提一些相关的问题，以便全面地探究所讨论的问题，然后设法去回答问题；把注意力放在增加了解上，而不要试图不计代价地去证明你自己观点的正确性。

(5) 客观地评价观点，而不意气用事

当团体对其成员提出的观点进行评价时，应该运用批判思考的技能对它们进行评价。争论点或问题是什么？这个观点是如何说明问题的？提出

这个观点的理由和根据是什么？这个观点的风险和弊端是什么？重要的是要让团体的成员意识到评价的对象是观点，而不是提出观点的人。对有挑战性的观点应该做出这样的回答："我不同意你的看法，原因是……"而不应该说："你真无知。"只有如此，你才能与其他合作者进行良好的沟通。

以上是培养合作能力需要注意的问题，只要你有意识地培养与人合作的能力，就一定可以成功。

5. 坚持合作原则

为保证相互之间的合作愉快而顺利的进行，坚持一定的原则即成为首要条件。无原则的竞争与合作都不可能产生最大化利益。就像玩游戏也需在一定的原则下进行一样，如果你因为某些因素不按原则进行，那么合作必定会进入无序状态，其结果可想而知。为保证合作有序，我们就必须做到：

（1）寻求共存之处

无论你与对手之间的竞争或合作有多么艰难，共同之处始终会有，寻找这种共同之处，以求共存是最明智的选择。

约翰给泽尼斯广播公司的老板尤格耐·F·麦克唐纳写了一封信，请求和他会面，谈论泽尼斯在美国黑人中做广告的利益关系。但麦克唐纳拒绝了他。

约翰并没有气馁。于是，约翰又给麦克唐纳去了一封信，谈论他在黑人社团中的广告政策。

麦克唐纳回信说："你是个具有坚持不懈精神的年轻人，我要见你。但是，不许提到在你的出版物中做广告的事。"

这又提出了新问题。他们将谈些什么呢？

约翰去了趟美国查寻人物经历的机构，发现麦克唐纳过去是个探险家，曾继马修·亨森穿越北极圈的伟大壮举后，有几年到过北极。而亨森也是一位黑人，他还就其探险的经验写过一本书。

约翰确信这是自己要打开的缺口。他请亨森在他写的一本书上签名；

然后，他从即将出版的杂志中删除了一篇文章，换成了有关亨森的传记。

当约翰走进麦克唐纳的办公室时，麦克唐纳的第一句话就是："看见那儿摆的雪靴了吗？是马修·亨森送我的。我认为他是我的朋友，你知道他写过的那本书吗？"

约翰说："知道。我碰巧随身带了一本。他很热心地在书上签了名。"

麦克唐纳把书和杂志翻阅、浏览了一下，点头表示赞赏。约翰告诉他自己已创办的这份杂志，就是要把像亨森这种以超群的勇气打破各种羁绊、取得成就的人物集中起来，介绍给广大读者。

麦克唐纳马上说："既然这样，那我们非得在这本杂志上做广告不可了。"

（2）己所不欲、勿施于人

有时，我们凭一种感觉，经常会忽略掉他人的感受。

但是应该记住最重要的事，就是我们大家彼此之间生活是如此亲近，以至于往往忘乎所以。在设法用我们的观念影响他人的时候，我们首先应该侧重于他人的需要，而不是我们自己。如果你想要使某个人满足你的重要需求，你就得搞清楚他想要什么，用他的利益来提高你的利益，以此来达到目的。因为，你和他人总是有区别的。

（3）相信真诚的力量

多年前的一场意外，使戴丝由正常人一变而成喑哑残障，其中的人情冷暖，常令她垂泪。坦白而言，她对人生是有些失望的，尤其在工作上受到的排斥和冷漠，使她几乎已提不起求职的勇气。但生存的问题，逼得她必须再三地去怀抱希望，再次接受被拒绝的打击和刺伤。

辗转多次之后，戴丝通过许多朋友的安排与推荐，进入一新闻传播机构任职。由于负责静态资料的管理，不仅非常适合她，而且同事对她也非常友善、关怀，使她对人生又充满了期望和勇气。

不久发生了一件轰动的新闻事件，同仁们为了抢新闻、发布新闻莫不忙得鸡飞狗跳。为了配合新闻，戴丝负责的资料、档案的调卷管理工作霎时变得非常重要，不断地要查找背景资料以提供新闻后勤支援。由于同仁要求资料支持非常急迫，此时，她的喑哑残障带来了工作上沟通的障碍和

难度，不仅延误了宝贵的时间，也出了不少的差错。

事后，同仁的抱怨，使得单位主管重新检视她在此工作上的适宜性，因此，有了将她调离现职之意。这其实不仅为了单位，也是为她好。但她实在舍不得离开这个热爱的工作。戴丝急忙跑去向主管拍胸脯保证："我可以认真学，可以在速度上加倍。"

从主管的眼神、表情中，戴丝得悉自己是不可能再在此工作了，这对她真是致命的打击。

由于怀疑心作祟，戴丝发现同仁们不仅不再如以往那般和善，而且常常在周围窃窃私语，指指点点。

以往，同事间有任何活动都会邀她参加，但最近他们每星期一、三、五晚上都有活动，地点就在办公室，却再也不通知她；她也故意装作不知道。可憋着实在难过，她便趁着一个晚上他们办活动时，故意装作把东西忘在办公室前去拿取。

当戴丝打开大门时，他们都吓了一跳，而她更是吓了一大跳。原来他们不是在办舞会、插花、纸雕等活动，他们请了手语老师在教他们学手语，不仅单位同仁个个都到齐，连单位主管也到了。

为了改善与戴丝在工作沟通上的困难，他们每个人都放弃了下班休闲时间，认真地学手语，来迁就她、配合她的工作。原来为了不把她调走，他们付出了许多的心血和宽容！

第一次，戴丝发现了自己的无知，也发现人性的崇高和真诚；第一次，她流下的不是怨恨、感伤的泪水，而是感谢的泪水。

6. 祝福你的对手

生活中，由于各种各样的原因，有的人把对手当成死敌，嫉妒对手的成功，结果用各种手段去攻击对手。殊不知，相互拆台只会两败俱伤。只有胸怀宽广、懂得如何竞争的人才能笑到最后。

有个名叫安东尼奥的人，在美国一个小镇上开着家杂货铺。这铺子是他爸爸传下来的，他爸爸又是从他爷爷手里接过来的。他爷爷开这铺子的时候，南北两边正在打仗。

安东尼奥买卖公道，信誉很好。他的铺子对镇上的人来说，就像手足，不可缺少。他没有什么野心，没有赚大钱的想法，只想让老店传承下去。安东尼奥的儿子在长大，小铺子就要有新的接班人了。

可是有一天，一个外乡人笑嘻嘻地来拜访安东尼奥，情况便变得严重了！

此人说，他想买下这铺子，请安东尼奥自己作价。

安东尼奥怎么舍得？即便出双倍价格他也不能卖！这铺子不光是铺子呀，这是事业，是遗产，是信誉！

外乡人耸耸肩，笑嘻嘻地说："抱歉，我已选定街对面那幢空房子，粉刷一番，弄得富丽堂皇，再进些上好货品，卖得便宜，那时你就没生意了！"

安东尼奥眼见对面空房贴出了翻新告白，一些木匠在里面锯呀刨呀，有一些漆匠爬上爬下，他的心都碎了！他无可奈何却又不无骄傲地在自家店门上贴了张告白：敝号系老店，九十五年前开张。

对面也换了一张告白：敝号系新店，下礼拜开张。

人们对比读了，无不哧哧暗笑。

新店开业前一天，安东尼奥坐在他那阴暗的店堂里想心事。他真想破口把对手臭骂一顿。

幸亏安东尼奥有个好妻子。

"安东尼奥，"她低低的声音缓缓地说："你巴不得把对面那房子放火烧了，是不是？"

"是巴不得！"安东尼奥简直在咬牙切齿，"烧了有什么不好？"

"烧也没用，人家保险过。再说，这样想也缺德。"

"那你说我该怎么想？"安东尼奥冒着火。

"你该去祝愿。"

"祝愿天火来烧？"

"你总说自己是个厚道人，安东尼奥，可一碰到切身事就糊涂。你该怎么做不是很清楚嘛！你应该祝愿新店开业，祝愿他成功。"

"你是这脑筋出了窍吧，贝蒂。"

说是这么说，安东尼奥决定去一次。

第二天早晨新店还没开门，全镇人已等在外边。大家看着正门上方赫然写着："新新面货店"几个金字，都想进去一睹为快。安东尼奥也在人群中，他快快活活，跨到台阶上大声说：

"外乡老弟，恭喜开业，谢谢你给全镇人带来方便！"所有人都感到突然。

全镇人都围上来朝他欢呼，还把他举起来。大家跟他进店参观，谁都关心标价，谁都觉得很公道。那外乡老板不好意思地牵着安东尼奥的手，两个生意人像老朋友一样，心里突然觉得温暖了许多。

后来，两家生意都做得兴隆，因为小镇一年年变大了。

人性的弱点是共同的，但不是不能克服的。战胜了这种弱点，你就可以战胜一切对手。竞争的方式也并不只有一种，软性的竞争有时可能更具说服力。祝福你的对手，你也可以获得同样的祝福。聪明人的竞争观念是建立在实力强大的基础之上的，而不是以拆台为手段来达到自己的目的。

7. 让对手看到你的风度

1991 年 11 月 3 日夜，美国大选揭晓。当选总统克林顿在竞选总部楼前他的支持者们的聚会上即席演说，先是言辞恳切地感谢昨天还在互相唇枪舌剑、猛烈攻击的主要政敌现任总统布什，感谢布什从一名战士到一位总统期间为美国做出的出色服务，并呼吁布什和另一位对手佩罗及其支持者与他团结合作，在未来 4 年重造美国，在全面振兴美国的大变革中继续忠诚地服务于祖国。

而远在异地的布什则打电话祝贺克林顿成功地完成了一场"强有力的竞选"，还调侃地告诫克林顿："白宫是个累人的地方"。并保证他本人和白宫各级人士将全力以赴地与克林顿的班子合作，顺利完成交接工作。与此同时，与布什连任的搭档丹・奎尔副总统也在他的家乡高呼："感谢印地安纳，我还会再回来的。"

竞选的成功与失败，对于他们来说欢乐与悲哀都是不言而喻的。但在现实面前，他们毕竟保持了高度的理智，表现了超然的风度。

在这个社会生存、竞争和斗争都是我们无法逃避的现实。如果在竞争中你失败了，那是极为正常的事。如果你在失败之后对对手怀恨在心，并伺机报复，对你自己并没有任何好处。

人和动物有些方面是不同的，动物的所有行为都依其本性而发，属于自然的反应；但人不同，经过思考，人可以依当时需要，做出各种不同的行为选择，例如——对你的对手表现一下大将风度。这是件很难做到的事，因为绝大部分人看到“敌人”，都会有灭之而后快的冲动，若环境不允许或没有能力消灭对方，至少也保持一种冷淡的态度，或说说让对方不舒服的嘲讽话，可见要表现一种大将风度是多么的难。

就因为难，所以人的成就才有高下之分，有大小之分。也就是说，能当众祝福敌人的人，他的成就往往比不能爱敌人的人大。

能爱自己的敌人的人是站在主动的地位，采取主动的人是“制人而不受制于人”。你采取主动，不只迷惑了对方，使对方搞不清你对他的态度，也迷惑了第三者，搞不清楚你和对方到底是敌是友，甚至有误认为你们已“化敌为友”的可能。可是，是敌是友，只有你心里才明白，但你的主动，却使对方处于“接招”、“应战”的被动态势。如果对方不能也“爱”你，那么他将得到一个“没有器量”的评语，一经比较，二人的分量立即有轻重。所以当众祝福你的敌人，除了可在某种程度上降低对方对你的敌意之外，也可避免恶化你对对方的敌意。换句话说，为敌为友之间，留下了条灰色地带，免得敌意鲜明，反而阻挡了自己的去路与退路。

此外，你的行为也将使对方失去再对你攻击的立场，若他不理你的祝福而依旧攻击你，那么他必招致他人谴责。

可见，对对手表示你的友好是多么绝妙的一招棋步！这个世界没有永远的敌人，也没有永远的朋友。适当表现你的友好是一种可进可退的竞争法则，也显示了你过人的风度。所以，不要让对手看到你因愤怒而失礼的那一面。如果是那样，你在气势上就首先输给了对方。

8. 感谢对手

有时我们会不自觉地想起自己在遭遇困境时的所做所为，感谢当时有那么好的机会认识到自己身上潜藏着的力量和毅力，以及在那种环境下锻炼出来的成熟的自己。然而却很少有人会从心底里感谢自己的对手。有的人甚至恨不得将对手置之死地而后快，这是一种危险的观念。换个角度想想，如果没有对手，你还会那么精力充沛、充满斗志吗？不会！没有虎豹，就没有羚羊的飞跑本领，没有竞争就没有科技的进一步革新。在这个层面上而言，你应该感谢你的对手，因为是他给了你再次发奋的动力。如果不是他尽早给你施压，等你养尊处优、失掉竞争能力的时候，再遇敌手，你就只有死路一条。

其实早在几百年前，达文西就说过一个类似的寓言故事以告诫我们：

在很久很久以前，有一只小老鼠住在一个树洞之中。只不过，在外面不远的地方，居住着一只想捕食它的鼬鼠。所以，每一次小老鼠想要出去找食物时都会非常小心，也全靠如此，它才多次逃得性命。

有一天早晨，它正准备出去时，发现那只可怕的鼬鼠正在不远处行走。哇，今天真险！我要让它先过去，免得自己变成它的午餐。但突然之间，一只灰猫跳了出来，一下子就咬住了鼬鼠，开始吞食起来。惊魂初定的小老鼠，不禁得意起来。哇！今天我真走运，现在危险已经过去，从此之后，我可以大摇大摆地出去觅食。开心的小老鼠还没有在森林中自由玩耍多大一会儿，就在贪婪的灰猫口中丧失了性命。

就像这个小老鼠在面临着鼬鼠的威胁时，会变得异常机警，从而逃过一场又一场的劫难，而在缺乏对手之后，却忘乎所以，放松了警惕，以致断送了性命一样，人类面临的生存现状也是同样的道理。

对手究竟是什么？也许在许多情况下，对手就是让自己变得更加成熟、更加完美的人。

在这个复杂的社会中，总是存在着各种竞争，甚至是你死我活的厮杀。于是，无论是在职场还是商场，几乎每一个人的面前，都或多或少存在着对手。那也许是自己的同事，也许是同行，甚至是你完全不知道的人，都会通过一个个途径，让你的生活充满了紧张感。但对手是否都是负面与不必要的呢？答案也许出乎你的意料之外。听了这个故事你就会有所启发：

在某一间公司里，有一位掌管销售的副总经理张先生，总是与掌管财会的刘女士存在许多矛盾。在这间经理办公室里，时常可以听到张副总的抱怨声："这也不能报销，那也不能支出，她哪知道我们在外面开发业务的艰难啊！"确实，当时的经济不景气，业务员们通常要花费更多的气力，才能获得一定的成绩，各种说不清楚的支出自然会较多了。但这位较为死板的刘会计，也不知道变通，整天只会按章办事，难怪让这位张副总愤愤不平，报怨连天。公司的员工们也都知道，张副总与刘会计是一对难以共事的冤家对头。不久之后，善于运用智谋的张副总，就使了一个坏招，让老实的刘会计背了个黑锅，成为代罪羔羊，被迫辞职。而不久之后，年迈的总经理退休，他顺利升职，成为新的总经理。坐在宽敞的总经理办公室，张先生得意洋洋，现在公司里的一切都顺心如意，再也没有人敢和自己作对了。他花起钱来，也自然大胆了。

但不久之后，公司的业绩却不见起色。面对董事会的压力，焦急不安的张总经理想了许多方法，都不见成效，到最后，他终于想出了一个新的点子：更改公司的账目，让亏损的数字统统都变成赢利，不就可以让董事会满意了吗？想到这里，他找来了公司的新会计，幸好他非常合作，立即就更改了账目。果然，在董事会上，这位新总经理获得了一阵叫好声，诸位董事对他的成绩非常满意，还准备送给他高额的红股。但纸终究包不住火，不久之后，东窗事发，他不仅被董事会免职，还受到检察部门的追究，弄得身败名裂。有一天，当他面对记者的追问时，深有所感地说："要是我不将那个刘会计赶走就好了，她肯定不会让我这么做，我也不会弄得如此下场。"只不过，一切都晚了。

有对手并不一定是坏事，如果没有人与你竞争，从另一个角度上说你可能就是一个毫无竞争价值的庸才。因为没有人愿意去踢一只死狗。如果别人把你当一只"死狗"看待，连碰都不愿碰你一下，那才是人生最大的耻辱和悲哀。所以，"感谢对手"才是我们该有的胸襟和观念。

下篇　低调做人的思想基础

如果一个人从来都是以自我为中心，总想着压人一等、胜人一筹，或者凡事稀里糊涂，对周围的人和事没有准确的认识，对客观形势没有正确的判断，做起事来必然要么不管不顾，要么轻重不分、敌我不分。这样的人要做到低调做人又从何谈起呢?

第十三章　改变自己　适应环境

水无常形，放入什么样的容器中就呈现什么样的形状，但水的本质并不因此而改变，做人处世不可不学水的柔忍之道。有许多人抱怨这个社会的种种弊端，但是抱怨不能改变现实，何不改变自己来适应社会？既然不能超脱世俗，那就痛痛快快地接受它吧。

1. 改变不了那就接受它

有很多人的情绪都会受到环境的影响，比如当阳光明媚时心情也就开朗，做事也有干劲；而阴雨绵绵之时便会情绪低落，做什么都提不起精神来。但是我们要明白，外界环境是客观的，而我们的心情则是主观的，我们不能改变外界环境，但是可以控制自己的主观感情。也就是说，快乐还是不快乐，选择权在我们自己手上。

有一个智者遇到一个失恋的女子，女子伤心地哭个不停，为自己被男朋友抛弃而很伤心。智者对她说："他抛弃你，是他的损失。因为你只是失去了一个不爱你的人，而他却失去了一个爱他的人。说到底，是他的损失比你大，该哭的人是他才对啊！"女子听了之后深觉有理，心情慢慢开朗起来，不再像当初那样难过了。

这个小故事告诉我们，心情的转换只在一念之间，而选择一个快乐的心情却可以影响我们做人的态度。无论我们心情是怎样的，客观现实都是不可改变的，天气不会因为你的心情而选择是阴还是晴，已经发生的事情也不会因为你的心情而改变结果，我们惟一能做的就是调节好自己的心情，以积极的心态来面对人生。很多时候我们甚至会因为这一念之间的转换而改变自己的人生。

其实每个人都想拥有完全顺心如意的生活，但是谁都知道这是不可能的事，地球不会按照你一个人的意愿来转。但是往往人们会忘记这一点，总是希望别人或是周围的环境来适应自己，却不知道要主动去适应别人和周围的环境。

而懂得柔与忍的做人哲学的人才知道要征服自己、改变自己，从而获得战胜一切挫折的力量。

从前有一个国王，他统治着一个富足的国家，但是那个时候还没有发明鞋子，所以这个国家的人都不穿鞋。有一天，国王徒步走去一个离王宫较远的地方视察民情，因为是第一次步行出远门，而且路上崎岖不平、沙石遍地，国王感觉脚底十分疼痛。于是国王下令将他要去的道路上统统铺上皮革，但是这需要成千上万张牛皮，要花费大量的金钱。而且，恐怕把全国的牛都杀了剥皮也不够用的。

于是一位大臣向国王建议说："英明的国王陛下，其实我们不需要花那么多钱，您只需要割下一小块牛皮，包上您的双脚，就可以起到同样的作用啊！"

国王惊讶不已，立刻接纳了大臣的建议。从此，这个国家开始有了鞋子。

这个小故事告诉我们，如果强行让外界适应我们的话，可能会花费巨大的代价，而且还不一定能取得成功。倒不如改变自己来适应外界更容易些。

当然，改变自己来适应外界也不是一件很容易的事，毕竟每个人都有自己独特的个性，想融入这个社会也需要过程。然而聪明的人善于运用柔与忍来调整自己，并最终完善自己。

2. 是金子总会发光的

有的人常喜欢抱怨环境的苛刻，抱怨生活条件不好、工作单位待遇太差、同事关系太冷漠、老板不是伯乐……但是，你自己是那匹千里马吗？

是金子总会发光的，是千里马总会万里驰骋的，在环境不如意、没有人赏识的时候，我们该做的不是浪费时间去抱怨，而是埋头做事。

有一个刚刚步入社会的年轻人，觉得公司领导对自己不公，明明自己很有才华却得不到重用，而那些同事只不过比自己早些时候进入公司，就一个个趾高气扬的。他觉得自己生活得十分苦闷，于是找到一位智者，向他讲述自己的烦恼。

智者听后，把年轻人带到河边，他随手捡起一块鹅卵石扔了出去，鹅卵石远远地落到了一堆石头上。

智者问："你能把我刚才扔出去的鹅卵石捡回来吗？"

年轻人看了看，说："不能，那些石头的样子都差不多，我分不清哪一个是你刚才扔掉的。"

“那如果我扔出去的是一块金子呢？”智者再问。

年轻人怔了怔，随即恍然大悟。

如果你自己的价值还只是一块平淡无奇的鹅卵石，那你就没有权力去抱怨环境的不公，因为你没有被注意的价值。想要有自己的立场和声音，你先要努力提高自己的价值，只有当你成为金子的时候，你自身的光芒才会吸引来别人赞叹的目光。

所以要先忍受寂寞，埋头做事，当你做出成绩时，你说的话才会掷地有声！

在美国有一家知名的牙膏公司，公司里有一位小职员，因为公司里的人才太多了，像他这样平凡的人引不起别人的注意。但是小职员从来不埋怨自己职位太低、工作太琐碎，相反，他总是用高标准要求自己，尽力把每一件工作都做好。渐渐地，他得了一个奇怪的绰号，叫做“每支两美元先生”。因为他无论签什么账单，都会在账单的右下角注上公司的名称和“每支两美元”的字样，甚至和女朋友出去吃饭的时候也是如此。慢慢地，这件事被同事们知道了，大家都戏称他“每支两美元先生”，真名字反而没人叫了。

后来这件事传遍了整个公司，连老总都知道了。老总非常奇怪竟然还有这样的员工，如此注意宣传公司。于是他开始留意这个小职员的情况，发现他工作起来总是很有激情，而且也很有才能，于是起了提拔之心。而小职员也没有辜负老总的厚望，在接受老总分派的工作时总是全力以赴。后来，在老总离职时，便很放心地把公司交给了这个小职员。而许多原来比他职位高、能力强的人却都没有坐上这个位子。

这个平日默默无闻的小职员，终于凭借自己委婉的手段与等待，一鸣惊人，成为许多人的楷模。

环境不好没关系，事情太琐碎也没关系，只要你肯沉住气，那么你的等待和积累都会有回报的。因为在你等待和积累的过程中，你已经把自己锻造成了一块闪闪发光的金子。

若真有本事，又何须炫耀；是金子，无论在哪里都会发光。如果你有才华，那么就无需炫耀自己，无需哗众取宠，无需靠别人的眼光来证明自己的存在。有些人为了满足自己的虚荣心，总喜欢炫耀和表现自己。真是“老王卖瓜，自卖自夸”。其实，你若真有本事，又何须炫耀？

先来看一则寓言故事：

斑鸠强占了小喜鹊的窝，看着无家可归的喜鹊，斑鸠开心地说：“你可知道谁是鸟中之王？”

小喜鹊胆战心惊地说：“您是鸟中之王！”斑鸠满意地飞走了。不久斑鸠又啄光了小麻雀头上的毛，然后傲慢地问小麻雀：“你可知道谁是鸟中之王？”

小麻雀吓坏了，结结巴巴地说：“当然您……您是鸟中之王。”

斑鸠这下神气极了，它真的把自己当作鸟中之王了，耀武扬威地飞来飞去，见到一种鸟就向其炫耀自己的身份。迎面碰到了老鹰，它又问老鹰：“你可知道谁是鸟中之王？”然后得意洋洋地等待着回答。

可是它没有听到老鹰说它是鸟中之王的回答，只看到老鹰扇了一下翅膀，它感到一股强风向自己袭来，然后就重重地从空中跌落在草丛里。它听到老鹰在它头顶恶狠狠地说：“这下你知道谁是鸟中之王了吧。”

斑鸠不知高低，自我吹嘘为鸟中之王，结果被老鹰一巴掌就打出了原形，威风扫地。其实，真正实力雄厚的才是王者，光靠嘴上功夫是吹不出实力的。有本事要让别人去说，不能老王卖瓜自卖自夸，不知收敛、吹嘘自己的人，当真相被揭开时只会颜面无光、威风扫地。

生活中有些人总好炫耀自己曾经的辉煌，甚至把炫耀先人的业绩当作自己的光荣，这是并不光彩的行为。资历深自然值得尊重，但老是挂在嘴唇上当歌唱，就会贬值了。一个真正成功的人是不喜欢自吹自擂的，因为群众的眼睛是雪亮的，如果你真有本事，又何须炫耀呢？

东汉初时的名将冯异在建立东汉王朝的战争中屡立功勋，然而他在每次战争后，总独自躲在大树下，而不像其他人那样，聚在一处争说自己的功劳，因而他赢得了“大树将军”的美称。梁国的宰相沈约对梁武帝称赞他说：“此陛下之大树将军也！”功劳是客观存在的，别人抹杀不掉，而无功自吹终是徒劳。

实际上也是这样，有不少居功自傲的人，最终还是落得身败名裂的下场，只有那些继承了谦虚美德的老实人才能“赢得生前身后名”，为人们

津津乐道。

美国南北战争时，北军格兰特将军和南军李将军率部交锋，经过一番空前激烈的血战后，南军一败涂地，溃不成军，李将军还被送到爱浦麦特城去受审，签订降约。无疑格兰特将军是最后的胜利者，但是他并没有对自己的成绩自吹自擂，而是表现得非常谦虚。他很谦恭地说："李将军是一位值得我们敬佩的人物。他虽然战败被擒，但态度仍旧镇定异常。像我这种矮个子，和他那六尺高的身材比较起来，真有些相形见绌。他仍是穿着全新的、完整的军服，腰间佩着政府奖赏他的名贵宝剑；而我却只穿了一套普通士兵穿的服装，只是衣服上比士兵多了一条代表中将官衔的条纹罢了。"这一番谦虚的话听在人家耳里，远比数次的自吹自擂好得多。

有本事要让别人去评价，不必自我吹嘘、自我炫耀，因为你的成绩，你的成功，别人会比你看得更清楚。只有对自己的成就持有怀疑态度的人，才爱在人家面前强出头，以掩饰他那些令人怀疑的地方。

曾经有人说："愈是不喜欢接受别人赞誉的人，愈是表明他知道自己的成功是微不足道的。"假使一个人常常把一点微不足道的成绩当作一桩了不得的事情，那他无异于是在欺骗自己，就像那些被魔术欺骗了的观众一样。这样的人早晚将会走上失败之路，因为他早已没有自知之明了，一个没有自知之明的人做事就如同盲人摸象，又如何会取得成功呢？

好自我炫耀的人，常常是外强中干的；他们的目的只不过是为了引起大家对他们的关注，以满足自己的虚荣心。没有本事就不要胡乱吹嘘，否则被人揭穿真相会颜面尽失。有真本事也不要挂在嘴上，俗话说"群众的眼睛是雪亮的"，你有几斤几两，旁观的人心知肚明。因此还是收敛一下嘴上功夫，用行动说话最好。

3. 适者生存，而不是强者生存

在达尔文的进化论里，提出了一个残酷的理论："物竞天择，适者生存。"适应环境，随着环境而改变自己，这样才能顺应自然之道。反之，则会遭到淘汰。我们为人处世也是一样，一味地顺着自己的心思禀性去为人处世，免不了要遭到挫折和排挤，毕竟别人是没有义务要忍受你的个性的。

以前人们常说“人定胜天”，又说“人与天斗，其乐无穷”，并将这些当做是一个强者的处世之道。可是，这并不一定正确。天道即自然，想要逆天而行的人最终总还是会被自然之道所毁灭。人，只能顺天，逆天是热血，可是不利于为人处世，需慎之。

海洋所在的公司要进行裁员。不过在海洋看来，公司裁员行动应该是和自己没有关系的。多年以来，海洋一直都是公司财务部的总监，过硬的专业知识和超强的能力使他一直受到老总的器重和赏识。

不过这次情况好像没有海洋想像得那么简单。宣布要进行裁员的当晚，老总竟然打电话给他要他到自己家里去一趟。这次老总带给海洋的可谓是一个坏消息，老总要求海洋考虑一下，根据目前公司的情况，是不是可以先到分公司的财务部工作。这个要求被海洋当场拒绝了。他相信自己的能力和才华绝对不会只屈居到一个小小的分公司，况且从总公司降到分公司，这也太没面子了。

海洋和老总不欢而散。临出门的时候，老总还在后面诚恳地说：“你还是考虑考虑，考虑好了再给我一个明确的答复。”

“不用了，肯定不行。”海洋头也不回地对老总说。他甚至有些恼怒老总居然对自己提这种要求，这也未免太看低自己了，难道这就是自己这些年来兢兢业业努力工作的结果吗？

几天后，公司裁员的名单下来了，随着裁员名单一起下发的，还有公司内部机构调整的名单。虽然遭到了海洋的拒绝，不过老总还是把海洋的位置放在了分公司的财务部。

“能不能给我个理由？”海洋拿着调令找到了老总。

“这是董事会的决定，”老总站起来摊开双手对海洋说，“我想你还是先做一段时间，然后……”

没等老总说完，海洋就把调令放在了老总的办公桌上，然后对老总说：“不用再说了，我下午会把辞职信交上来的！”

海洋交辞职信的时候，老总神色有些黯然：“你不能再考虑一下吗？一起合作这么多年，我个人是非常欣赏和信任你的，真的不希望失去你这

么好的合作伙伴。”老总诚恳地说。海洋摇头，但心里还是小小的震动了一下，原来老总还是赏识自己的，只是形式所迫啊。

“那么好吧，”老总的语气里有些无奈，“晚上你到我家去，我为你饯行！”

老总为海洋准备了很丰盛的宴席。来之前海洋打定主意，饯行是饯行，绝对不牵涉到公司内部调整的话题，只要老总的话转到这方面，那么自己马上站起来告辞。

奇怪的是，老总真的没有再规劝海洋的意思。吃完饭后，老总对海洋说："时间还早，跟我一起看部片子吧，好久没有看电影了。”海洋不知道老总葫芦里卖的是什么药，答应了下来。

老总播放的电影是一部科学记录片，描述的是在白垩纪、侏罗纪时代地球上的种种生物，包括恐龙、鳄鱼、蜥蜴、变色龙等爬行动物。海洋实在想不出来这有什么好看的，不过既然答应了老总也只能勉强看完。

影片是随着恐龙的灭绝而结束的。海洋站起来要走的时候，老总忽然说了句奇怪的话：“那么强大的恐龙灭绝了，而小小的变色龙却繁衍生息到现在。适者生存，而不是强者生存啊！”回家的路上，海洋在心里回味着老总的这句话，虽然是对影片而发的，但心里却触动很大，难道自己就是职场上的那只恐龙？

后来，公司里有很多人都奇怪为什么海洋会改变自己的决定，而老总则好像从来没有收到过什么辞职信。拿到调令，海洋去分公司的财务部报到了，而且不带一点情绪，工作做得很认真。

半年之后，公司情况好转，同时恢复了海洋的职务。原来，内部调整和裁员，是因为公司那时在市场上遭遇了同类产品的强烈竞争，所以公司只好通过内部调整和裁员来渡过难关。

而海洋因为在分公司财务部期间发现了不少以前没有发现的问题，财务总监做得更加得心应手了。

在海洋的办公桌上出现了一条橡胶的变色龙的模型，他常常在工作之余默默把玩。有人问海洋，为什么喜欢这个看起来丑陋的家伙？海洋总是笑笑，什么也不说。

顺应天道，才能获得更好的发展机会，凭借着一时的冲动和盲目的自信，其实未必能有什么出头之日。听起来似乎这个道理会让很多自信心强烈的人觉得反感，可是细细思量，难道不是很有道理的吗？

4. 山不过来，我们过去

当我们不能改变环境的时候，就要去适应环境，当我们不能解决困难的时候，就要想办法改变自己。如果我们有信心去适应一切环境，那么在哪一种环境里会不能成功呢？

其实在生活中，有很多琐碎的小事是需要我们去适应的，比如过集体生活时难免要吃自己不爱吃的菜，如果过于挑剔只会给人留下“此人婆婆妈妈”的印象，倒不如稍稍改变一下自己的口味，也就不会给别人添麻烦了。再比如，在工作中或许会遇到合不来的同事，可是工作上又必须要与之打交道，如果抱定不融洽的心态去合作，那肯定会出问题，倒不如忍耐几分、大度一点，欣赏他的优点，找出交流的渠道，这样也有利于工作的开展。

先知穆罕默德带着他的 40 个门徒在山谷里讲道，他说，“信心”是成就任何事物的关键；也就是说，人有信心，便没有不能成功的计划。

一位门徒对他说：“老师，你有信心，你能让那座山过来，让我们站在山顶吗？”穆罕默德对他的门徒满怀信心地把头一点，对山大喊一声：“山，你过来！”他连喊了三次，山谷里响起了他的回声，回声终于消失，山谷又归于宁静。

大家都聚精会神地望着那座山，可是山纹丝不动。这时穆罕默德说：“山不过来，我们过去吧！”他们开始爬山，经过一番努力，终于到了山顶，他们因信心促使希望实现而欢呼。

有一位著名的经济学教授，凡是被他教过的学生，少有顺利拿到学分的。因为这位教授平时不苟言笑，教学古板，分派作业既多且难，结果学生们不是选择逃学，就是混水摸鱼，宁可被罚，也不愿多听“老夫子”讲一句。但这位教授可是国内首屈一指的经济学专家，叫得出名字的几位财经人才，都是他的得意门生。谁若是想在经济学这个领域内闯出一点儿名

堂，首先得过了他这一关才行！

一天，教授身边紧跟着一名学生，二人有说有笑，惊煞了旁人。后来，就有人问那名学生说：“你干嘛对那种八股教授跟前跟后地巴结呀？你有点儿骨气好不好！”那名学生回答：“你们听说过穆罕默德唤山吗？穆罕默德向群众宣称，他可以叫山移至他的面前来，等呼唤了三次之后，山仍然屹立不动，丝毫没有向他靠近半寸；然后，穆罕默德又说，山既然不过来，那我们过去吧！教授就好比是那座山，而我就好比是穆罕默德，既然教授不能顺从我想要的学习方式，只好我去适应教授的授课理念。反正，我的目的是学好经济学，既是要入宝山取宝，宝山不过来，我当然是自己过去喽！”

这名学生，果然出类拔粹，毕业后没几年，就成为金融界响当当的人物，而他那些骄傲的同学，都还停留在原地“唤山”呢！

想想我们所面对的人生，唤山不来，该不该去就山呢？其实，随着外在环境的变异而调整适应能力，要比一厢情愿地抛出自我的喊并等待回响，来得有智慧得多了。

在工作中我们会遇到很多问题，有的人动辄以“专家”自居，别人的都是“业余”水平，认为自己是最有经验的，自己的方案是最好的，看别人操作什么都觉得不顺眼。是的，你的方案可能是最好的，问题是为什么屡被抗拒呢？

或是因为别人反对你，并不是因为你的解决方案不好，而是你的态度和方式别人无法接受。因为无法接受你的态度，进而否定你的方案。并不是每个人都会和你保持一样的工作方式和节奏，要求别人与自己同一步调，显然也并不现实。如果我们可以先放低自己，和别人保持同一频率，然后再将他带到自己的频率上来，那么效果就会很好。所以我们才需要一种“山不过来我过去”的心态，事实上为人处世常常也就是一种相互妥协的过程，不能适应者迟早是要出局的。

所以，当做任何尝试都无法再改变什么的时候，不妨学着适应。有时，一种来自于适应后的融入，反而更能激发出生命的潜能。等到你具备了一定的条件与能力时，该适应你的，自然就会臣服了。山不过来，我们就过去，会达到同样的效果。

5. 在困难面前，学会忍耐

人生的旅途上免不了会有或大或小的困难，无论一个人是国王还是乞丐，是英雄还是罪犯，是万众瞩目的明星还是普普通通的平凡人，都会有自己的困难和痛苦。但是，只要勇敢面对，只要能够耐得过苦难，这些困难和痛苦都会成为超越自我的契机。

有一天，素有森林之王之称的狮子去求见天神，它对天神说："神啊，我很感谢你赐给我如此雄壮威武的体格、如此强大无比的力气，让我有足够的能力统治这整座森林。"

天神听了，微笑着问："但是这不是你今天来找我的目的吧！看起来你似乎为了某事而困扰呢！"

狮子轻轻吼了一声，说："不愧是天神，真的可以洞察人心呢。我今天来的确是有事相求。因为尽管我再威武强壮，但是每天清晨鸡鸣的时候，我总是会被鸡鸣声给吓醒。神啊！祈求您，再赐给我一个力量，让我不再被鸡鸣声给吓醒吧！"

天神笑道："你去找大象吧，它会给你一个满意的答复的。"

狮子兴冲冲地跑到湖边找大象，还没见到大象，就听到大象跺脚所发出的"砰砰"响声。狮子加速地跑向大象，却看到大象正气呼呼地直跺脚。

狮子问大象："你干吗发这么大的脾气？"

大象拼命摇晃着大耳朵，吼着："有只讨厌的小蚊子，总想钻进我的耳朵里，害我都快痒死了。"

狮子离开了大象，心里暗自想着："原来体形这么巨大的大象，还会怕那么一丁点儿的小蚊子，那我还有什么好抱怨的呢？毕竟鸡鸣也不过一天一次，而蚊子却是无时无刻地骚扰着大象。这样想来，我可比它幸运多了。"

狮子一边走，一边回头看着仍在跺脚的大象，心想："天神要我来看看大象的情况，应该就是想告诉我，谁都会遇上麻烦事，而它并无法帮助所有人。既然如此，那我只好靠自己了！反正以后只要鸡鸣时，我就当作鸡是在提醒我该起床了，如此一想，鸡鸣声对我还算是有益处的呢！"

每一个困难都有它正面的意义，从中找到它的正面意义则有助于我们

渡过难关。我们要了解，困难不是单单为你而产生的，但是困难的旁边就是机遇。如果你能忍耐痛苦，那你就能冷静下来，并从困难中发现对你有利的那个闪光点。

学会以隐忍的态度做人。当你还没有充分的实力时，忍耐就具有特别重要的战略意义，在这时候，做大事者，能审时度势，不把那些小耻小辱放在心上。但是，光被动地忍还不行，还必须为了忍后的行动积极准备。唐太宗李世民在争夺储位的过程中就是保存实力、边忍边动，后来终于达到了自己的目的。

唐高祖李渊建立唐王朝后，太子李建成和齐王李元吉勾结，多次陷害立有大功的秦王李世民，兄弟间一场生死拼杀势所难免。

李世民身边的文臣武将屡次进言，劝李世民早做打算，抢先动手。李世民每到这个时候，便会面现苦容，叹息不止，说："我们乃是一母同胞的兄弟，纵是他们的不对，我又怎么忍心呢？还是委屈一下吧，时日一长，他们也许会知错能改，一切就烟消云散了。"

别人都十分着急，深怪他心有仁念，坐失良机。李世民对此如若未闻，暗中却把他的心腹将领尉迟敬德等人找来，对他们说：

"你们的好心，我岂能不知？不过现在我们安排未妥，事无头绪，又怎能草率行事呢？事若不密，为人察觉，只怕我们先得人头落地了。还望各位详作筹划，切勿泄露。"

李世民边忍边动，加紧布置。由于他表面从容，处处示弱，李建成、李元吉果真被欺骗，暗中得意。他们按部就班，一步步地实施整倒李世民的计划，心想假以时日，不愁大事不成。

不久，有报说突厥兵犯境，李建成便保举李元吉为帅，带兵迎敌。齐王请求李渊把秦王李世民的兵马归他指挥，李渊答应了他的要求。李世民和他的文臣武将一眼便看穿了他们的阴谋，李世民见群情激愤，故作痛苦的模样安抚众人说：

"皇上既已同意，看来我只能束手待毙了。这是天意，我又能怎么样呢？"

众人见此，信以为真，不禁泣泪苦劝；有的还要告辞而去，以示抗议。

只有几个知情者以目示意，不露声色。

这时又有人进来密告李世民，说太子与齐王早已定下计谋，只等李世民等人给齐王出征送行时，便要密伏勇士，趁机全部杀光，然后太子登位，封齐王为太弟。

众人听此，情绪更为激动。李世民见火候已到，这才长叹一声，对众人说：

“我是被逼如此，各位都是明证。事已至此，只有先发制人，我们才能铲除强敌，保全性命。”

李世民分兵派将，伏兵于玄武门。第二天，李建成、李元吉上朝在此经过，伏兵齐出，二人猝不及防，李建成被李世民射死，李元吉被尉迟敬德砍杀。

没过多久，李渊便让位于李世民。李世民登基为帝，终于实现了他的梦想。

李世民的“成功”告诉我们：以隐忍的心态做人，以积极的准备做事，大事可成。

6. 世事洞明皆学问，人情练达即文章

卡耐基说：“一个人的成功，只有15%是由于他的专业技术，而85%的却要靠他的人际关系和为人处世的能力。”人的一生无非就是为人处世，只有对社会上的各种事情都明白透彻了，才算是学问；只有在处理人情世故时干练通达，才算是有本事。

这就要求我们做人要外圆而内方，方是准则，是做人之本，而圆是通融，是处世之道。

曹雪芹在《红楼梦》一书中塑造的薛宝钗便是这样一个成功的人物，她才貌双全，诗才之敏捷足与林黛玉媲美，而为人处世更是“行为豁达，随分从时，不比黛玉孤高自许，目下无尘，故比黛玉大得人心”。上至贾母，下至小丫头，不管是被归为正面人物的林黛玉，还是属于反派人物的赵姨

娘，没有一个不喜欢她的。在《红楼梦》营造的那个庞大而复杂的大家族里，能做到不与一人为敌，受到众人的尊重，的确不是易事。

首先薛宝钗为人大度，不计小怨，虽然开始的时候林黛玉处处针对她，甚至见她出丑而幸灾乐祸，但日久见人心，薛宝钗的友善却逐渐将林黛玉感化，最后两个人比亲姐妹还要亲。而薛宝钗的善良也不是只对林黛玉一个人，她暗中体贴接济家境贫寒的邢岫烟，见香菱羡慕大观园，就说服母亲把她带进园中。

宝钗的表现更多的是一种“宁静以致远，淡泊以明志”的境界，她不愿与人争与人斗，处世圆滑周到，但也不容许他人对自己随意践踏。“（夏金桂）先前不过挟制薛蟠，后来倚娇作媚，将及薛姨妈，后将至薛宝钗。宝钗久察其不轨之心，随机应变，暗以言语弹压其志。金桂知其不可犯，便欲寻隙，又无隙可乘，只得曲意俯就。”（七十九回）

三十回时，宝钗看戏，因怕热提前走了，宝玉开玩笑说宝钗像杨贵妃，体丰怯热。林黛玉听见宝玉奚落宝钗，心中得意，问宝钗听了两出什么戏。（宝钗）便笑道：“我看的是李逵骂了宋江，后来又赔不是。”宝玉又笑道：“姐姐通今博古，色色都知道，怎么连这一出戏的名字也不知道。这叫《负荆请罪》。”宝钗笑道：“原来这叫做《负荆请罪》！你们通今博古，才知道‘负荆请罪’，我不知道什么是‘负荆请罪’！”一句话未说完，宝玉、黛玉二人心里有病，听了这话，早把脸羞红了。

宝钗借一出《负荆请罪》，反被动为主动，由原来的被奚落，到后来的巧妙地使宝玉和黛玉“自打嘴巴”。而当王熙凤突然问他们三个人谁吃了生姜时，宝钗见宝玉十分讨愧，便一笑收住，得饶人处且饶人。既不让人轻贱了自己，又不过份逼迫别人，维护尊严与宽容大度交错得极为融洽。

而在宝钗处世的策略上，充分体现了她的智慧。

宝钗从不在人后道人长短，即使是姐妹们闲聊，也不见她说对谁有不满，这种谨言的态度也是她受到众人喜爱的原因之一吧。毕竟一个经常指责别人的人，只会让人感到挑剔而难于相处，甚至会让人感到品质恶劣而厌烦。比如中伤晴雯的袭人，就让许多人反感。

宝钗处世的柔婉，进退有度，在十八回元妃省亲时有很好的体现。当时宝玉作“绿玉春犹卷”，与元妃先前将“红香绿玉”改为“怡红快绿”相冲，宝钗见了，趁众人不理论之时，悄推宝玉，提醒他并教其改正。

宝钗在这些场合下表现出的进退有度，无疑体现了她的良好修养，同时也避免了得罪别人，为自己引来麻烦。这不是虚伪、狡诈，而是一种柔忍为做人处世的哲学，是一种圆融变通的处世技巧。

宝钗的处世智慧还体现在一些大局上，在五十六回时，宝钗与探春、李纨谈园中的花费开支，她围绕如何减少开支提出一系列具体的方案，既让园里省钱，又让那些老妈妈们分得一些甜头，使她们更尽心尽力地做事，两边皆欢喜。这分平衡就是凤姐很难掌握的。

宝钗对人体贴细心，宝玉生病，她会送去药丸，并给予宽慰；黛玉多病，又个性孤僻，她就常和其谈心，最终“金兰契互剖金兰语”；她帮助邢岫烟，暗中体贴接济，但从不让别人知道，是怕邢夫人有不满，反而给岫烟添麻烦。

我们在这个社会上生存，就要和人打交道，就得适应社会。即使对社会现状有什么不满，想要改变它，但前提也得是先要能生存下来，否则一切都是纸上谈兵。如果为人处世无方，就会使你四处碰壁，步履维艰；而若是能处世得法，则会柳暗花明，左右逢源。这的确是大学问、大智慧。

7. 要学会从多个角度考虑问题

善于为人处世的人，往往都能从多个角度去分析和思考问题，有时候还会用代入的方式去研究问题。毕竟事物的发展都不是孤立的、片面的，换一个角度看待问题可能就会产生截然不同的感受。而且多角度地研究问题，也更容易找到问题的根本所在，更容易去解决问题。

埃尔科兹酒店的电梯装载量不够，酒店召集了一些专家和工程师来讨论，看怎么解决这个问题。结果大家意见一致：多装一部电梯。但是这需要从底层起，每层楼都进行施工。正在工程师和建筑师们到会议室讨论安装事宜的时候，正在拖地的清洁工人听他们说要给每个楼层打洞，就说：“那就要乱得不得了！”

“当然，不过我们会处理好的。”一个工程师说。

另一个人说："如果不得不暂且休业的话，我们也只能这么做了，因为不装一部电梯不行啊！"

清洁工人拄着拖把，看着他们，说："你猜如果让我来干的话，我会怎么干？"

一位建筑师好奇地问："你会怎么办？"

"我会把电梯安装在酒店的外面。"

建筑师和工程师们面面相觑。

后来，他们真的把电梯装在了酒店的外面。这是建筑史上的第一次建筑革命。

人们往往会被固有的常识给困住，思维都在一个圈圈里打转，谁能突破这个桎梏，谁就是天才。

为人处世也是一样，不要总是依照旧俗常规来做事，偶尔另辟蹊径也许会有惊喜。

《战国策·韩公仲》这则故事中，就讲述了这个道理。

公元前293年，秦国与齐国连横之后，向韩、魏两国发动了大规模的进攻。韩、魏两国面临共同的威胁，但它们之间却貌合神离，互相之间并不信任，也不愿意真诚合作，而是互相推诿，谁都不愿意打先锋，结果连连败北。后来魏国为了自身的利益，企图将韩国抛在一边，单独同秦国议和，形势变得对韩国十分不利。

这时有一位谋士对韩相公仲说："双胞胎的长相非常相似，只有他们的母亲才能分辨清楚；利与害在表面上也很相似，只有明智的人才能分辨清楚，看透它们的本质。您的国家目前正面临着利与害相似的情形，也需要由明智的人把它们分辨清楚。如果能采取正确的处理方法，就能尊卑有序、各安其分，否则就会败坏纲常、带来祸患。如果秦魏联盟不是您促成的，韩国就面临遭到秦魏图谋的危险；如果韩国追随魏国去讨好秦国，那样韩国将依附于魏国并遭到轻视，韩国国君在诸侯中的地位就降低了。那时候，秦王就要把他宠信的人安插到韩国做官，这样您的处境就危险了。"

谋士层层递进地分析、引申出如何判断当时的政治局势后，又说："从目前的形势分析，你不如主动去撮合秦、魏进行和谈。两国和谈成功与否，对于韩国都会很有利。若和谈成功，是你穿针引线撮合而成，韩国就成了秦魏联合的门户，既可以受到魏国的推崇，也可以得到秦国的友善。再说，秦魏不可能永远互相信任，秦国会因为得不到魏国的援助而发怒，一定会亲近韩国而远离魏国。魏国也不会永远服从于秦国，一定将设法亲近韩国而防备秦国。这样您就可以像选择布匹随意剪裁一样轻松。由此可见，如果秦魏联合，它们都会感谢您；如果秦魏分裂，两国又都会争取您。这样做，进退对韩国都非常有利。希望您能下定决心。”

从中可以看出，这个谋士不只是站在韩国的角度看待问题，而且还是从全局观察，从而得出化被动为主动的办法——主动撮合秦魏和解，同时取信于两国，而使整个局面向着有利于韩国的方向转化。

这就是从多角度考虑问题的优势，也是灵活应变的一种表现，不仅对于政治上的风云变幻可以灵活反应，应用在人际交往中，也能够善察利害，化被动为主动，找出问题的根本。

8. 别给自己制造敌人

俗话常说：“宁可得罪君子，不可得罪小人。”这是很有道理的。在我们日常的人际交往中，尤其要注意与小人的相处关系。因为小人或许当初不能奈你如何，但他却往往是报复心重，记恨上许久，一旦有了机会就会报复，让你防不胜防。但是要我们抛弃原则和小人套近乎，似乎也是非常为难的事。不过，即使是不能和小人在表面上维持一种和睦的关系，至少也不要轻易得罪，否则可能会引来意料不到的祸患。

唐德宗时期，杨炎与卢杞同任宰相。

卢杞的祖父是唐玄宗时的宰相卢怀慎，为人以忠正廉洁而闻名天下，从不以权谋私，是颇受时人敬重的君子。他的父亲卢奕也是一位清廉方正的忠烈之士。但卢杞本人却是一个貌似忠厚，而实则善于揣摩上意的小人，他除了巧言善辩之外别无所长，而又嫉贤妒能，面厚心黑。因为他的左右逢源的处世之道，同时也凭借了祖父的清名，很快就由一名普通的官员爬上宰相之位，而因为他平时对衣着吃用都不讲究，很多人还以为他是颇有

祖风的贤者。

而杨炎是个干练之才，他提出的“两税法”对缓解当时朝廷的财政危机很有帮助，也受到人们的尊重和推崇。但是杨炎虽然博学多识，具有卓越的政治才能，但是却很不会为人处世，尤其是在处理与同僚们的关系上，他恃才傲物，目中无人。特别是他看穿了卢杞的伪装，知道这是个不足信任的小人，更加对卢杞不屑一顾。

两人虽然同处一朝，但杨炎几乎不与卢杞有丝毫往来。按朝廷的制度，宰相们一同在政事堂办公，一同吃饭，但杨炎因为不愿意与卢杞同桌而食，就常找个借口去别处单独吃饭。有人就趁机对卢杞说：“杨大人看不起你，不愿意和你同桌进食。”

卢杞本来就心胸狭窄、嫉妒杨炎的才干，自然对杨炎怀恨在心，便借机寻找杨炎手下的亲信官员的错失，并上奏皇帝。杨炎十分生气，就向卢杞质问道：“我的手下有什么过错，自然有我来处理。如果我不处理，也可以一起商量议处。为什么你要瞒着我暗中向皇上禀告呢？”他弄得卢杞很没面子，于是两个人的隔阂越来越深，常常是对着干，即使是对方提出的建议是正确的，另一个人也会反对。

卢杞与杨炎结怨后，千方百计图谋报复。他知道自己不是进士出身，又长得奇丑，才干更是无法与杨炎相提并论，于是就凭借自己阿谀奉承的本事，逐渐取得唐德宗的信任。

不久之后，节度使梁崇义背叛朝廷，发动了叛乱。唐德宗命淮西节度使李希烈前去讨伐。杨炎不同意，认为李希烈反复无常，就说：“李希烈这个人，是杀害了对他十分信任的养父才得到这个位置的，他为人凶狠无情，平时傲视朝廷、不守法度，如果他平定梁崇义叛乱时立下大功，就会恃功自傲，以后就更不好控制了。”但唐德宗已经打定了主意要重用李希烈，而不会察言观色的杨炎一再表示反对，使得唐德宗十分生气。

不巧的是，诏命下达后，因为是雨季，李希烈行军很迟缓。唐德宗很着急，就找卢杞商量。卢杞便趁机对德宗说：“李希烈之所以拖延徘徊，就是因为听说了杨炎反对他的事。陛下何必为了护着杨炎的面子而影响平定叛军的大事呢？不如先暂时免去杨炎的宰相之职，让李希烈放心。等到叛军平定之后，再重新起用，这样两全其美。”

这番话表面上全是为了朝廷考虑，而且也没有伤害杨炎的意思，唐德宗信以为真，就免去了杨炎的宰相职务。从此卢杞独掌大权，就不断整治杨炎，免得杨炎东山再起。杨炎在长安曲江池边为祖先建了祠庙，卢杞就诬告说："那地方有帝王之气，早在玄宗时代，宰相萧嵩就在那里建过家庙。后来玄宗皇帝到那里巡游，发现该地王气很盛，就让萧嵩把家庙改建在别处了。如今杨炎明知故犯，必定是有篡权夺位的野心。"

在卢杞的鼓动下，唐德宗勃然大怒，先将杨炎贬到崖州做司马，随即下旨在途中将杨炎缢杀了。

在这个例子里，杨炎虽然死得冤枉，但他不会圆滑处世，以致引起卢杞的报复，这实在是很不划算。

对于小人，我们日常生活里也可能会碰到一两个，虽然对于这些小人不必害怕，但是如果实力不如他，为了免得麻烦还是尽量能避则避，不能避的时候也应该柔婉圆滑一些，以免引起不必要的麻烦。否则还要随时多个心眼来提防他的报复，那就不值得了。毕竟只有傻瓜才会制造敌人，人生的荆棘已经够多，生活已经够沉重，没有必要为自己埋下几个不知何时会爆炸的炸弹。

第十四章　追求个性　不能任性

随着这个社会对个性的推崇，许多人用一种错误的个性观念来引导自己的个人行为。殊不知个性并不代表一个人着装的过分夸张、性格的过分任性，个性是不能用作褒义词来定义的。如果你要活出自己的特色和个性，就要先明白这个词的真正涵义，让自己成为一个独具特色的、能低调做人的人。

1. 个性并非异于常人

如果要给个性下一个定义，那就只能说是一个人在特定的社会条件和教育影响下形成的一个人比较固定的特性，而不是说一个人越是行为异于他人就越有个性，也不是说一个人的性格越暴躁就越有个性。否则，所有的精神分裂症患者或歇斯底里症患者都可以称之为有个性了。所以，不要错误地将个性定义为异于常人，只有活在自己意志中的人才可以称之为有个性，而这种人才可以有所成就。

以李嘉诚先生来说吧，他就是一个活在自己意志之中的人。他能取得如此卓越的成就，就是得益于他超乎常人的意志和独特而正确的观念。

李嘉诚先生曾经在汕头大学成立的开幕典礼上和汕头大学的学生们谈做人的道理。他引用清代名臣曾国藩家书所讲的一番话，“士人第一要有志，第二要有识，第三要有恒。有志则断不甘为下流。”李嘉诚先生所讲的志，其涵义深远，是做人的大道理，而不单是为了名成利就的狭窄解析就可以将其概括的。

活在自己的意志中，这个意志首先就是李嘉诚先生向汕头大学学生所讲的“不甘为下流”。做人，不问他是贫是富，首先便是要有风骨气节，不可以做一个下流的人。下流的定义就是做一些损人利己，或是损人而不利己，害人害物，有损公益，有损国家、民族，有损公德甚至私德之事。下流也可以包括为了利益而不择手段。中国成语之中形容下流的词有很多，而且都很精彩，例如落井下石、佛口蛇心、借刀杀人、移尸嫁祸、人面兽心、口蜜腹剑、心狠手辣、卖友求荣等等。这些“德行”，不是害于个人，就是害于大众公益。李嘉诚先生说得好，一个人如果有志，就一定不会甘于下流。做人的道理，是否富贵只是次要，最重要的就是不会学坏，不会变成一个卑鄙下流的人。李嘉诚先生虽然不是一个教师，但以他在商场为人的这般高尚情操和品德，以及谦和的精神，对其他人来说，已经是一个活生生的教材，值得我们任何一个有志追求成就的人去学习。

一个不甘下流的人，无论遇到什么情况都是堂堂正正的，也是值得我们尊敬的对象。一个不甘下流的人，一定不会贪不义之财。李嘉诚先生初出道之时，他只不过15岁。这个年龄的人很多还少不更事。在香港这样一个复杂社会中，如果进入商场这个大染缸，很容易在年少无知之时被其他人误导，以致误入歧途。但李嘉诚先生不但没有误入歧途，反而通过自学和勤奋工作树立了正确的人生观和价值观，磨砺了自己的处世能力。要知道在当时，他可以说是近于孤立无援的。社会上，人浮于事，再加上他并非生于富家，只有少数的亲属可以守望相助。但他却没有因此而行差踏错，反而洁身自爱，自勉自励，终于有了日后的成就。

李嘉诚先生的“志”，除了不甘下流，不做一个卑鄙的小人之外，还包括他立志要做一个有用的人。所谓有用的人就是要对社会、对国家、对民族有所贡献。这一点李嘉诚先生完全做到了。李嘉诚先生的志，并不是单单以财富去计算。财富只不过是因为他有独特的眼光，再加上他拥有其他很多成功的因素，塑造出今日的辉煌。但财富多一些或是少一些对李嘉诚先生都并非那么重要，重要的是他认为能够做一个有用的人，能够对社会、国家、民族做一点事，而令大家得益，他就会觉得比多赚一点钱更加有意义。

李嘉诚先生所讲的“志”，还应该包括他自幼立志要成为一个成功的人。这一点更加毫无疑问。有人说，如果在香港没听过李嘉诚这个名字的，他一定不是香港人。立志要成为一个成功人士，其实是要有一种骨气的，就是无论经历多少风霜，都愿意去尝试；无论有多少艰辛，都愿意去承担、去学习、去进步。欠缺这种一定要成功的风骨，根本就不可能会成功。这才是真正有个性的体现。

李嘉诚先生谈及成功之道时曾经这样讲过：“只要勤奋，肯去求知，肯去创新，对自己节俭，对别人慷慨，对朋友讲义气，再加上自己的努力，迟早会有所成就，生活无忧。”靠勤奋、创新、节俭、对别人慷慨、对朋友重义，而自己一定要尽力而为，这些才是真正的成功条件。

做人要有个性，诚如以上所讲，应该包含立志不做一个下流的人，立志要做一个对社会、对国家、对民族有贡献的人，立志做一个成功人士。在这种思想的指导下，坚定自己的意志并沿着正确的方向前进。

2. 不必羡慕别人

你也许会羡慕别人的生活比你快乐，你认为他的日子过得比你好，然而，你看过他们生活中的另一面吗？

不必羡慕别人的美丽花园，因为你也有自己的乐土，只要你用心耕耘，眼前的这片花圃，终会有花团锦簇、香气四溢的一天。

在河的两岸，分别住着一个和尚与一个农夫。

和尚每天看着农夫日出而作、日落而息，生活看起来非常充实，令他相当羡慕。而农夫也在对岸，看见和尚每天都是无忧无虑地诵经、敲钟，生活十分轻松，令他非常向往。因此，在他们的心中产生了一个共同念头："真想到对岸去！换个新生活！有一天，他们碰巧见面了，两人商谈一番，并达成交换身份的协议——农夫变成和尚，而和尚则变成农夫。

当农夫来到和尚的生活环境后，这才发现，和尚的日子一点也不好过，那种敲钟、诵经的工作，看起来很悠闲，事实上却非常烦琐，每个步骤都不能遗漏。更重要的是，僧侣刻板单调的生活非常枯燥乏味，虽然悠闲，却让他觉得无所适从。

于是，成为和尚的农夫，每天敲钟、诵经之余都坐在岸边，羡慕地看着在彼岸快乐工作的农夫。

至于做了农夫的和尚，重返尘世后，痛苦比农夫还要多，面对俗世的烦忧、辛劳与困惑，他非常怀念当和尚的日子。

因而他也和农夫一样，每天坐在岸边，羡慕地看着对岸步履缓慢的和尚，并静静地聆听彼岸传来的诵经声。

这时，在他们的心中，同时响起了另一个声音："回去吧！那里才是真正适合我的生活！"

我们经常听见朋友间的抱怨："你的生活过得真好，不像我，每天都得面对各种没完没了的麻烦。"

但是，你怎么知道朋友的生活过得有多好？

别只看事情表面！就像故事里的两位主角，没有经历过对方的生活，自然也看不见其中的辛苦；就像我们只看得见成功者的笑容，却看不见他们奋斗的过程中曾经流下的眼泪。

每个人都有自己必经的历程，其中的辛苦与甜美只有自己感受最深刻。只有你亲自栽种的花朵，你才知道其特性与培植的感受，当花朵嫣然绽放时，也只有你才懂得欣赏。

不必羡慕别人的笑容，那也许只是苦中作乐，当然，也可能是他们知道如何乐在其中。

你只属于你自己，你的个性、你的快乐别人无法理解，也会充满羡慕之情。所以保持好这种状态才是你应该做的。当你把自己所拥有的这一切当作珍宝一样看待时，它才具有真正的意义和价值。

3. 完善你自己

既然个性是一个人在特定条件下形成的一种性格特征，那么，我们就可以想到不同的条件可以造就不同的人。有的人个性鲜明突出，会很容易遭遇他人的忌恨。而个性太随和的人又往往会受制于人。作为这个社会中的一员，我们既要保持自己的个性，又要生存得从容自然，就该学会不断完善自己。

我们必须承认，除了少数别有用心的人恶意诽谤攻击外，有一部分批评确实是由于我们的弱点和失误给了对手可乘之机。所以，在生活或工作中，我们与其等待敌人来攻击我们，倒不如自己先检查一下自己，对自己严一点。在别人抓到我们的弱点之前，我们应该首先认清并处理这些弱点。达尔文就充分认识到了这一点。当达尔文完成其不朽的著作——《物种起源》时，他已意识到这一革命性的学说一定会震撼整个宗教及学术界，也一定会招来不少的批评、指责甚至辱骂。因此，他主动开始自我批评，并耗时15年，不断查证资料，不断向自己的理论发出挑战，以批评完善自我。

我们被人批评的时候，如果认为保持自己的个性很重要而不提醒自己改变一下应对策略，往往会不假思索地采取防卫姿态，拒绝接受他人的批评。但听到别人谈论我们的缺点时，急于辩护并不能给我们带来什么好处，而每个没头脑的人却都会这样做。我们不妨聪明一点也更谦虚一点，我们可以大器地说："如果让他知道我其他的缺点，恐怕他还要批评得更厉害呢！"

我们每个人都不是圣人，都不可避免地会做一些蠢事，也许随着岁月的流逝，想起少不更事时做的傻事，自己都会脸红。有一位名人说："我经常责怪别人，不过随着年龄的增长——但愿也同时长了一点智慧——我最后发现应该责怪的只有自己。"很多人随着岁月的流失渐渐地认清了这一点。拿破仑被放逐到圣海伦岛时说："我的失败完全是咎由自取，不能怪罪别人。我最大的敌人其实是我自己，这也是造成我今天不幸命运的根本原因。"

艾森豪威尔是位深谙自我管理艺术的人物。他曾谈到自己成功的秘诀，他说："几年来我一直有个记事簿，登记一天中有哪些约会。家人从不指望我周末晚上会在家，因为他们知道，我常把周末晚上留作自我反思，评估我在这一周中的工作表现。周末晚上，我独自一人打开记事簿，反省一周来所有的面谈、讨论及会议所涉及的事项。我自问：'我当时做错了什么？有什么是正确的？我还能如何改进自己的工作表现？我从这次经验中能吸取什么教训？'这种每周例行的检查有时会弄得我很心烦，有时我真不敢相信自己的莽撞。当然，随着年事渐长，这种情况也是越来越少，我一直保持这种自我分析的习惯，它对我的帮助非常大。"

而伟大的富兰克林是怎么做的呢？据说他每晚都进行自我反省。他发现过自己有13项严重的错误。其中三项是：浪费时间、关心琐事及与人争论。睿智的富兰克林知道，不改正这些缺点是成不了大事的。所以，他一周订一个要改进的缺点作目标，并每天记录成功的是哪一条。下一周，他再努力改进另一个坏习惯，他就这样一直与自己的缺点奋战，整整持续了两年，当然也受益匪浅。最后他成为一位受人爱戴、极具影响力的伟大人物。

平凡的人往往因他人的批评而愤怒，有智慧的人却从中受益颇多。诗人惠特曼曾说："别以为你只能向喜欢你、仰慕你、赞同你的人学习，从反对你、批评你的人那儿，你可能会得到更多的教益。"

林肯时期的美国防部长爱德华·史坦顿就曾经骂过总统。当时，为了讨好一些利欲熏心的政客，林肯签署了一次调动兵团的命令。史坦顿不但拒绝执行林肯的命令，背后还指责林肯签署这项命令是蠢到了极点。有人

告诉林肯这件事，林肯平静地回答："史坦顿如果骂我愚蠢，我多半是真的愚笨，因为他几乎总能做对。我会亲自去跟他交流一下。"

林肯果然前去拜访史坦顿。史坦顿还是不客气地指出林肯这项命令是错误的，林肯接受了他的建议。因为林肯相信对方是真诚的，是真心帮助他的。

法国著名作家拉劳士福古曾说："敌人对我们的看法比我们自己的观点可能更接近真实情况。"

名牌汽车公司——福特公司为了了解管理与作业上存在的问题，特地邀请员工对公司提出批评，从而有力地促进了福特公司的飞速发展。

一位推销员，为了改善自己的工作主动要求人家给他批评。他在刚开始为高露洁推销香皂时接的订单很少，担心自己会失业，但他确信产品或价格都没有问题，所以问题一定是出在他自己身上。他推销失败，会在街上走一走想想什么地方做得不对，是表达得没有说服力？还是热情不够？有时他会重返回去，问那位商家："我不是回来卖给你香皂的，我希望能得到你的意见与指正。请你告诉我，我刚才什么地方做错了？你的经验比我丰富，事业又成功。请给我点指正，直言无妨，请不必保留，我会非常感谢。"

这位推销员的态度为他赢得了许多珍贵的忠告，他后来升任为高露洁公司总裁，这位推销员就是李特先生。

只有心容万物的智者，才能像富兰克林、林肯那样，做个善于积极进行自我批评的人，以便不断完善自己。

4. 将好的一面发扬光大

渴望得到别人的赞美、追求和重视，是人与生俱来的一种特性。它促使人不停地奋斗，在别人的赞赏中得到自重感。但是，我们想的都是有关荣耀的报偿，而不是如何努力去赢得这份荣耀。

别人没有理由去喜欢你，要想赢得别人的尊重和爱，就必须让你自己成为一个让人喜欢和尊重的人。你可以让自己具备别人身上难以找到的优秀品质，形成自己独特的惹人喜爱的个性。正如孔子说的："最重要的，不是别人有没有爱我们，而是我们值不值得被爱。"要想赢得别人的友谊或感情，必须先不去担心别人是否喜欢我们，而是要用心去改善自己，增进能让别人喜欢你的优良特点。

玛丽·安德森曾经很感人地描述了她早期的生活——她那时事业失败，整个人意志消沉，差点儿要告别舞台。后来，她才慢慢恢复勇气和信心，准备继续为自己的事业奋斗下去。有一天，她兴高采烈地向母亲说道："我要再唱下去！我要每个人都喜欢我！我要创造完美！"

母亲对她说："那是个迷人的目标，但是，要知道，人在成就伟大的事业之前，必须先学会谦卑。"玛丽听了深有感触，因此决心在音乐造诣上追求十全十美，而且是"想要"完美。"谦卑先于伟大。"这是母亲给她的忠告。赢得别人注意的最好方法，就是不要去担心结果如何，不要太在意别人是不是喜欢我们。只要我们开始采取行动，努力去实践那些将会激发爱和友情的事。我们不妨细心体会一下威廉·奥斯勒爵士所说的话："不用为朦朦胧胧的未来担忧，只要实实在在地为现在努力即可。"

著名作家荷马·柯罗卫是一个广受欢迎的人，只要碰到他的人，无论是清洁工、百万富翁、妇孺老幼——都会在与他相处一刻钟之内，对他产生好感。他既不年轻，又不潇洒，更不是富豪，他有什么吸引力呢？很简单，因为他一点也不矫揉造作，并且能让别人感觉到他真的喜欢、关心他们。儿童会爬到他的膝头；朋友家的佣人会特别用心为他准备餐点；假如有人宣布："今晚荷马·柯罗卫会到这里来！"那么当天的宴会一定没有人缺席。除了朋友间深厚的感情之外，荷马·柯罗卫的家人也都十分敬爱他。他的妻子、儿女，也全都对他赞誉有加。

荷马·柯罗卫从不担心交不到朋友——因为他已经是每一个人的朋友。他不注重别人是否喜欢自己，只是一心一意去爱别人。这就像格鲁大使所说的："外交的秘诀可用一句话来概括——'我想要喜欢你。'"有经验的推销员一定都懂得，如果你一直担心产品是否卖得出去，就一定会造成心理上的障碍，反而无法正确介绍产品。成功人士认为，好的销售员不会去关心买卖是否能成交，而是一心一意去服务顾客。

打高尔夫球的人，目光通常都集中在球上。柯维在教导学生如何与人沟通的时候，常常告诉他们把注意力集中在所要传达的信息上面。如果一个人遇事过于在意成效如何，就容易产生紧张、害怕等不良情绪。

有一次，柯维准备发表一次演讲，当时的听众据说相当难缠，他难免流露出紧张的情绪。“假如听众不同意我讲的话，怎么办？”他忧心忡忡地问一位朋友，“假如他们不喜欢我，该怎么办？”“是啊，”朋友回答道，“他们为何要喜欢你呢？你要为他们干什么？你认为自己要讲的内容很重要吗？”

“我承认在我看来，我讲演的内容很重要。”柯维回答说。

“接着说，”朋友说，“我倒觉得听众喜不喜欢你并不重要，重要的是你有没有把想讲的内容讲出来。至于他们喜欢或讨厌你，又有什么关系呢？你已经胜利完成你的任务。”

朋友的这番话改变了柯维对演讲的整个看法。他体会到自己只不过想传达某些信息，而不是要刻意显露自己的学问或风采。他演讲的目的是要带给听众一些鼓舞性的思想，以期对他们的生活有帮助，而不是其他。结果他的演讲赢得了在场所有人的认同和赞赏。

为了要得到友谊和情爱，我们必须先认清本末先后。要想赢得爱，先要值得被爱；要想赢得朋友，先要表示友善；要想让别人对我们感兴趣，就得先要对他们发生兴趣。

将爱别人的那一面发扬光大，使自己独具爱别人的魅力，你就能赢得别人的喜欢。

5. 言行不要太出格

言行上的趾高气扬、放浪不羁是做人的大忌。而低调做人正好可以收敛自己的过分言行。有些人喜欢说大话、摆架子、耍威风，张扬卖弄，神气十足，到头来只能淹没在别人鄙夷的目光中。他们不管显达也罢，落魄也罢，都可能要比别人经历更多的挫折，承受更多的社会压力。

一个人为人处世要力求在现实生活中，摒弃那些趾高气扬、盛气凌人、指手画脚的行为。

信奉儒家学说的汉武帝征召天下有才能的读书人。年已70多岁的川人公孙弘的策文被汉武帝欣赏，提名为对策第一。汉武帝刚即位时也曾征召贤良文学士，那时公孙弘已60岁，以贤良征为博士。后来，他奉命出使匈奴，回来向汉武帝汇报情况，因与皇上意见不合，并在朝堂上起争执，引起皇上发怒，他只好称病回归故乡。这次他荣幸地获得对策第一，重新进入京都大门，就决定要吸取上次教训，凡事必须保持低调。

从此，公孙弘上朝开会，从来没有发生过与皇上意见不一致而当庭纷争的事情，凡事都顺着汉武帝的意思，由皇上自己拿主意。汉武帝认为他谨慎淳厚，又熟习文法和官场事务，一年不到，就提拔他为左内史。

有一次，公孙弘因事上朝奏报，他的意见和主爵都尉汲黯一致，两人商量好要坚持共同的主张。谁知当汉武帝升殿，邀集群臣议论时，公孙弘竟为迎合圣意放弃自己先前的主张，提出由皇上自己拿主意。汲黯顿时十分恼怒，当廷责问公孙弘说："我听说齐国人大多狡诈而无情义，你开始时与我持一致意见，现在却背弃刚才的意见，岂不是太不忠诚了吗？"汉武帝问公孙弘说："你有没有食言？"公孙弘谢罪说："如果了解臣的为人，便会说臣忠诚；如果不了解臣的为人，便会说臣不忠诚！"汉武帝见他回答得如此机巧而妥当，十分满意。从那以后，左右幸臣每次诋毁公孙弘，皇上都为他开脱，并在几年后提拔他为御史大夫。

公孙弘在皇上眼中是个谨慎淳厚的臣子，但有些大臣却认为他是个伪君子。有一次，主爵都尉汲黯听说公孙弘生活节俭，晚上睡觉盖的是布被，便入宫向汉武帝进言说："公孙弘居于三公之位，俸禄这么多，但是他睡觉盖布被，这是假装节俭，这样做岂不是为了欺世盗名吗？"汉武帝马上召见公孙弘，问道："你有没有盖布被之事？"公孙弘谢罪说："确有此事。我位居三公而盖布被，诚然是用欺诈手段来沽名钓誉。臣听说管仲担任齐国丞相时，市租都归于国库，齐国由此而称霸；晏婴任齐景公的丞相时从来不吃肉，妾不穿丝帛做的衣服，齐国得到治理。今日臣虽然身居御史大夫之位，但睡觉却盖布被，这无非是说与小官吏没什么两样，怪不得汲黯颇有微辞，说臣沽名钓誉。"汉武帝听公孙弘满口认错，更加觉得他是个

凡事退让的谦谦君子，因此更加信任他。元狩五年，汉武帝免去薛泽的丞相之位，由公孙弘继任。汉朝通常都是列侯才能拜为丞相，而公孙弘却没有爵位，于是，皇上又下诏封他为平津侯。

公孙弘拜为丞相后，名重一时。当时，汉武帝正想建功立业，多次征召贤良之士。公孙弘便在丞相府开办了各种客馆，开放东阁迎接各地来的贤人。每次会见宾客，他都格外谦让恭敬。有一次，老朋友高贺前来进谒，公孙弘接待了他，而且，留他在丞相府邸住宿。不过每顿饭只吃一种肉菜，饭也比较粗糙，睡觉只让他盖布被。高贺还以为公孙弘故意怠慢他，到侍者那里一打听，原来公孙弘自己的饮食服饰同样如此简朴。公孙弘的俸禄很多，但由于许多宾客朋友的衣食都仰仗于他，因此家里并没有多余的财产。

公孙弘活到80岁，在丞相位上去世。以后，李蔡、严青翟、赵周、石庆、公孙贺、刘屈氂相继成为丞相。因为言行不谨慎，这些人中只有石庆在丞相位上去世，其他人都遭到诛杀。

聪明人很清楚自己的不当言行将意味着什么。所以，他们处处小心，时时在意，所以在身处高位时，尽管险境叠生，也能保全自己。

据说李世民当了皇帝后，长孙氏被册封为皇后。当了皇后，地位变了，她的考虑更多了。她深知作为“国母”，其行为举止对皇上的影响相当大。因此，她处处注意约束自己，处处做嫔妃们的典范，从不把事情做过头。她不尚奢侈，吃穿用度，除了宫中按例发放的，不再有什么要求。她的儿子承乾被立为太子，有好几次，太子的乳母向她反映，东宫供应的东西太少，不够用，希望能增加一些。她从不把资财任情挥霍，从不搞特殊化，对东宫的要求坚决没有答应。她说：“作为太子，最发愁的是德不立、名不扬，哪能光想着宫中缺什么东西呢？”因此，长孙皇后不但受到了李世民的敬重，而且也受到了人民的爱戴。

也许你还没有体会到身处险境时，自己的言行举止所诱发的一切不利后果。但人贵有先见之明。如果你在顺境中就可以注意自己的言行，必能赢得生活中的很多有利条件。

6. 简化自己的生活

让自己优于别人，在地位和物质上令人羡慕是大多数人追求的目标。也许正缘于此，使得许多人难以安于现状，安于平淡，安于简单生活，甚至因此失去了低调做人的本色。然而，他们并未注意到在追求生活表面的高层次时，就极容易让精神的追求趋于麻木、低俗。而人生的价值却正是精神的充实和满足。

所以不少人对生活有一些过高的期望：拥有宽敞豪华的寓所；争取更高的社会地位；买高档商品，穿名贵皮鞋；跟上流行的大潮，永不落伍……这都并非人生价值的真正体现。

简化生活，无疑可以改变这些过高的期望。富裕奢华的生活需要付出巨大的代价，而且并不能相应地给人带来幸福。如果我们降低对物质的需求，改变这种奢华的生活目标，我们将节省更多的时间充实自己。轻闲的生活会让人更加自信、快乐、轻松，并珍视人与人之间的情感，提高生活质量。

许多人认为拥有豪宅能带给人安全感，比财富、婚姻更为重要。但是，现在随着土地价格的升高，拥有一幢房子需要付出的代价越来越大。其实，如果仔细计算一下得失，想一想生活中其他的乐趣，就会发现它并不像一般人所奢望的那么重要。

在简化生活中，有些事情是容易做到的，例如改变饮食习惯，减少购物等。但调整人际关系，就需付出更多的精力和勇气，因为这涉及到人与人之间的情感，比仅仅面对物质生活麻烦得多。

当然，简化复杂的人际关系不像清理房间那么简单，还要学会拒绝。在你开始过简单生活的时候，一定要给自己一个要求：减少对别人的承诺，不论是对朋友还是家人。如果别人的邀请对你来说是没有吸引力甚至乏味的，就应该学会断然而礼貌地拒绝。

大部分人在整个工作日都很忙，晚上也有一些杂事需要处理，只有周末才能完全由自己支配。要是这时候，有人要你去做一些不相干的事，你就应该果断地拒绝。畅销书《我拒绝！我有罪恶感》告诉我们：“你可以用一些言词上的技巧来减少你的承诺，让你可以拥有自己的时间。”因此，

你不妨试试在言词上多下功夫，或许会别有效果。

如今社会上一些无聊团体多是为沽名钓誉而聚成的，他们的活动既浪费时间，又浪费钱财。低调做人，可以远离这些团体的活动，反而会带来更多的轻松和愉悦。

特别是对一些有了名誉和地位的人来说，有一些人或一些单位为拉拢关系，冠以这节日那节日请你去出席，带家人去大吃大喝或者参加聚会。这些无聊的应酬让生活变得匆忙混乱、毫无乐趣而言。如果你能低调做人，不去追逐这些虚荣和所谓的“高雅”，你就会减少许多烦恼，而更能安逸地享受生活、享受人生。

据说大科学家爱因斯坦着装和修饰过于简朴，日常生活不修边幅，以致有一次去参加演讲时，负责接待工作的人把他的司机当作了他本人，而把他当成了司机。

爱因斯坦吃东西非常随便，外出时常坐二三等车，推导和演算公式常利用来信信纸的背面；并且，他还经常穿着凉鞋和运动衣登上大学讲坛，或出入上流社会的交际场合。有一次，总统接见他，他居然忘记了穿袜子，但这并不影响他在总统和人民心目中的伟大形象。

他初到纽约时，身穿一件破旧的大衣。一位熟人劝他换件新的。爱因斯坦十分坦然地说：“这又何必呢？在纽约，反正没有一个人认识我。”

过了几年之后，爱因斯坦已成了无人不晓的大名人，这位熟人又遇到了爱因斯坦，发现他身上还是穿着那件旧大衣，便又劝他换件好的。谁知爱因斯坦却说：“这又何必呢？在纽约，反正大家都认识我。”

可见在生活上简朴些、低调些，不仅有助于自身的品德修炼，而且也能赢得上下的交口称誉。让生活简单一点，这不仅仅可以作为一种训诲，也更是一种进身之道。

7. 从卑微处修身养性

一个人如果一心只想着做大事，对身边的小事不理不睬，那么这种人做不成大事。做大事的人不会拒绝身边的小事，只有把小事都能重视起来，做到尽善尽美，才能做好大事。从做小事的态度就可以看出一个人的修养和认真程度，就可以看出一个人能否受托大事。如果把你安置在一个不被关注的位置上，你会怎么办？是怨天尤人，做一天和尚撞一天钟，还是尽自己的所能把工作做得尽善尽美？

许多年前，一个少女到东京帝国酒店当服务员。这是她涉世之初的第一份工作，因此她很激动，暗下决心：我一定要好好干！但她没想到，上司竟安排她洗厕所！

洗厕所！实话实说没人爱干，何况她从未干过这种活儿。当她用自己白皙细嫩的手拿着抹布伸向马桶时，胃里立刻“造反”，想要呕吐的感觉一次又一次地袭击着她。而上司对她的工作质量要求却并未因此而降低；必须把马桶抹洗得光洁如新！

她当然明白“光洁如新”的涵义是什么，她当然更知道自己不适应洗厕所这一工作，真的难以实现“光洁如新”这一高标准的质量要求。因此，她陷入困惑、苦恼之中，甚至哭过鼻子。这时，她面临着这人生第一步该怎样走下去的抉择：是继续干下去，还是另谋职业？回想刚入社会时的雄心壮志，她犹豫了。

正在这时，单位的一位领导来视察她的工作。这位领导看她无精打采的样子，默默地替她洗开了马桶。

他一遍遍地抹洗着马桶，连最难洗的地方也不放过，直到抹洗得光洁如新，确信足够干净了为止。然后，他从马桶里盛了一杯水，一饮而尽，竟然毫不勉强。

那一次的经历让她的心灵大受震撼，也正是从那一次起，她不再对洗马桶的工作感到难以接受。相反，她能以最平和、也最热情的心去对待经她之手的每一份工作。几十年之后，她成了一家著名商社的董事长。而且成为董事长之后，她也依然保持着那份认真和热情。可见，一个人若甘于从卑微事做起足可以提高自己的修养，培养做大事的能力。

帕尔梅首相在瑞典是十分受人尊敬的领导人。他虽贵为政府首相，但仍住在平民公寓里。他生活十分简朴、平易近人，与平民百姓毫无二致。帕尔梅的信条是：“我是人民的一员。”

除了正式出访或特别重要的国务活动外，帕尔梅去国内外参加会议、

访问、视察和私人活动，一向很少带随行人员和保卫人员。只是在他参加重要国务活动时，才乘坐防弹汽车，并有两名警察保护。有一次他去美国参加一个国际会议，人们发现他竟独自一人乘出租车去机场。1984年3月，他去维也纳参加奥地利社会党代表大会，也是独自前往的。当他走入会场，没有人注意到他，直到他在插有瑞典国旗的座位上坐下来，人们才发现他，都啧啧称赞不已。

同普通群众打成一片是帕尔梅为人的重要特点。帕尔梅从家到首相府，每天都坚持步行，在这一刻钟左右的时间里，他不时同路上的行人打招呼，有时甚至与路人闲聊几句。帕尔梅同他周围的人关系处得都很好。在工作之余，他还经常帮助别人，毫无高贵者的派头。帕尔梅一家经常到法罗岛去度假，和那里的居民建立了密切的联系，那里的人都将他看做朋友。他常常独自骑车闲逛，铡草打水，劈柴生火，帮助房东干些杂活，彼此之间亲如家人。

帕尔梅喜欢独自微服私访，去学校、商店、厂矿等地，找学生、店员、工人谈话，了解情况，听取意见。他从没首相的架子，谈吐文雅、态度诚恳，从没有前呼后拥的威严场面，深得瑞典人民的爱戴。

帕尔梅平易近人，他同许多普通人通过信件建立了友谊。他在位时平均每年收到1.5万多封来信；其中三分之一来自国外，为此他专门雇用了4名工作人员及时拆阅、处理和答复，做到来者皆阅，来者均复。对于助手起草的回信，他要亲自过目，然后才能签发。这一切都使他的形象在人民心目中日益高大。在瑞典人民的心目中，帕尔梅是首相，又是平民，是领导人，又是兄弟、朋友，他是人们心目中的偶像。

一个人的卑微只源于心灵的猥琐与无知。帕尔梅的平易近人，亲历亲为不仅不能表明他的卑微，反而证明了他的崇高。从卑微处培养自己的心性是每一个聪明人的做法。从卑微处见精神，是每一个旁观者心里的一块明镜。不要拒绝你身边的任何一件小事，任何一份工作。认真的对待它们，你才可以收获更多。

8. 喜爱自己的平凡

我们是这世界的一粒沙。没有光泽可以炫耀，没有花香可以醉人，没有声音可以展喉，没有气魄可以撼物……而我们却拥有了平凡。因为平凡，我们无法与价值连城的珠玉并列；因为平凡，我们无法与一流的赞誉齐名。我们是什么？我们只是平凡的一粒沙。可是，我们就该哭泣吗？不，我们既然没有那么多，那就连哭泣都不需要。为我们的平凡举杯，告诉这个世界：尽管我们平凡，但我们却因为平凡而快乐着。

因为平凡所以伟大。生活有目标，想出人头地，可以说是一种相当积极的心态，可是这必须建立在对平凡生活的肯定之上。惟有对平凡生活的肯定，才能让人更发愤向上。相反，如果对平凡生活的状况一直抱着不满的态度，那么想出人头地的想法，反而会带来负面的影响。

不管多么平凡渺小，一个能把一家大小的生活都照顾得很好的母亲，就已经有足够的理由值得我们尊敬了。不仅我们需要这样想，这些默默耕耘的人更需要有这样的自信。那些不懂得成功艺术的人，通常是那种不懂得从平凡中找出伟大的人。

每个人都有不同的成功哲学，只要你能够打心灵深处对自己的生活方式感到满足，那么你就已经离成功不远了。一个人如果无法成功对待人生的话，那么他的一生就会变得毫无意义。为了做到这点，最重要的是必须能够在心里面描绘出自己成功的样子来。

艺术家芥川龙之介说过这样一句话：“希望自己的人生过得幸福快乐，必须从日常的琐事爱起。”这句话你不用担心无法理解，只要照字面的意思解释就可以了。人生其实就是由一大堆琐事堆积起来的。然而就因为是琐事，所以我们大多都不会去在意它，甚至也记不得它。想去爱这些琐事，并且把它们都做好，必须有相当的努力与能力才能做到。

在公司中我们经常可以发现这种人，他们看起来朴素踏实，也没有什么过人的能力，可就是能够把事情做得有条不紊，所以步步高升。

可以说平凡是一种十分积极而有意义的心态，因为只要你把自己对人生的苛求抛开了，你就不会再有挑肥拣瘦的想法而愉快地接受现实中的繁杂琐事了。

如果你觉得自己并没有特别杰出的能力，那就尽可能地试着做一个平凡的人物，把琐事做好，因为公司和人生的事务有九成以上都是烦人的琐事。如果你能够把那些琐事做好的话，那么你就可以像那些有能力的人一样，受到很高的评价。

千万不可以小看你做的这些琐事，它们有时候也可能是改变历史的重要关键也说不定。到那时候你可能会在无意中成为人们眼中的英雄。

被人们认为是迄今为止最有智慧的人物之一的爱因斯坦曾告诉我们："不要努力去做一个成功的人，宁可努力去做一个有价值的人。"他不但给我们指明了一个人生发展的取向，而且也教给了我们一种对待人生的方式。这可能也是最有智慧的人生箴言吧！

9. 责任重于一切

在人类社会，社会权利需要人类履行自己的职责。一旦责任感有所消退，社会将会崩溃。沃尔特·斯科特先生说过："如果人类停止相互帮助，种族必定灭亡。从母亲教育孩子要有责任感起，到死亡之际为人们揩去所有拘束，我们都不能脱离互助而生存。因此，所有需要帮助的人都有权利向同类请求得到帮助。没有人能够毫无愧疚地拒绝别人的求助。"

所有的一切都需要信心、勇气、谦虚、无私。无数的诱惑包围着人们，然而凭借信心和勇气，我们都能够置之不顾。责任要求我们行事正直，有爱心。正义拒绝所有形式的自私、悲观和残忍。如艾斯克里先生所说的："善终将战胜恶，使所有恶事物向善事物转化。它将使黑暗变为光明，使欺诈变成诚实。"

责任感使我们的人生之路变得顺畅。它帮助我们去理解、去学习和服从，它使我们具有克服困难和抵抗诱惑的力量，以及完成目标的追求，使我们变得诚实、友爱、真诚。一切经验都在教导我们要塑造自我。我们拒绝干坏事，争取做好事。逐渐地，就成为了我们每天努力去争取的一切。而日复一日的努力使得这一奋斗变得更容易了。我们播种了，就会得到收获。

培塞斯说："我认为只有丰富的想像力和创造力，才能使尘世的生活变得有趣。没有它，生活便成了一架空骨骼。但是，一个人的天赋越高，他所承担的责任也越重。"他曾对一位年轻人说："怀着希望和信心朝前走吧，这是一位饱尝生活艰辛的老人给你的忠告。不管发生什么事，我们永远要站得正、行得直，我们必须愉快地投入到多姿多彩、不断变化的生活中去……对人生的这种领悟是达到更高生活目标的途径，而决不会阻止我们愉快地使用它。而且我们必须这么做，否则，我们就没有足够的精力彻底地投入到行动中去。"

青少年时期是成长的时期，它是整个人生的春天。年轻人投身社会，并尝试各种生活。在生活中，他被自己的父母疼爱，从他们那里接受高尚品德和价值观念，他必须维护父母的荣誉，不做任何让他们蒙羞的事情。"证明你自己无愧于你的父母"是古希腊七贤人之一佩雷安德尔的一句名言。一个家族的形象就像一个人的形象一样，是依靠坚强的毅力才使荣誉得以生辉。但是，如果年轻人的心智不经过培养，就不会出现希望的花朵，那么，我们即便不是绝望，也将会沮丧地预见他以后的人格。

所以，责任首先是在家庭中学到的。孩子们赤身裸体地来到这个世界，他的健康、个性、道德、身体都要依靠其他人来培养。最后，孩子们吸收了各种理念，通过正确思想的指引，学会了服从师长、自我控制、善待他人，并充满责任感和幸福感。他逐渐形成了自己的意愿，而且无论其意愿是好还是坏，很大程度上都直接源于其父母的影响力。

当他们完全脱离了家庭，开始独立生活时，这种影响力就将伴随他们的人生旅程。但这并不意味着他们可以不为任何人负责。相反，这时的他们开始对自己的独立生活负责。而且，他们还开始具备了更高层次的责任感，并在心里形成了一种高度负责精神，开始默默地履行自己的职责。

在所有责任中，许多都是私下履行的。因为公众生活是为人所知的，但是私生活却没有人能看得见——如精神和灵魂方面的内心生活。它们可能是有价的，也可能是无价的。没有人能毁灭精神，它只能自我泯灭。但是，只要有心让自己和他人过得更好一点、更美一点、更高尚一点，就能使自己做到最好。

10. 对自己负责

也许你可能会说，虽然自己也希望能以乐观的心态开始每一天，但由于大多数时你都生活在一种个性被束缚、发展受到阻碍的不良环境中，生活在一种足以挫伤人的热诚、消磨人的志气、分散人的精力、浪费人的时间的氛围中，所以你没有勇气去斩断束缚自己的绳索，更没有毅力去抛弃一切可以凭借的东西，而仅仅依赖自己的努力去向更高远的目标攀登，你往往会不由自主地步入一种独来独往、散漫无聊的环境中，而你的志向最终会因没有活动的空间而在失望之中归于毁灭。

假使你要想成就事业上的伟大，要想求得自我的充分发展，你就必须首先不惜任何代价，取得精神上的自由。

将你生命中的最高、最好的东西发挥出来，对自己负责。当然，要做到这些你必须得经历大量的痛苦、承受常人难以想像的磨难，要向各种阻碍和困苦做不懈的斗争。要知道：如果没有经过磨琢，钻石所内含的光芒和华美是绝不可能显现出来的，而磨琢就是将钻石从黑暗中释放出来所必需的过程。

许多人都被愚昧所囚禁，他们永远得不到自由，他们的精神永远被封锁着，从不对外开放。他们没有将自己从愚昧中释放出来的勇气，于是，本可以达到优越地位的他们，就只能终身屈居下层了。还有许多人更是为偏见与迷信的桎梏所束缚，于是他们的生命越来越狭隘渺小。这类人最为可怜，他们已麻木到了不知自己不自由，反而硬要说别人不自由的程度。

那些曾经成就过伟大事业的人，他们伟大的动力、宽广的胸怀、丰富的经验，究竟是从哪里来的呢？成功者会告诉你，那是奋斗的结果；他们还会告诉你，他们正是在挣脱不自由、改变不良环境以及实现理想的种种努力中，使自己得到了最好的训练，接受了最严格的品格修养。

有愿望而不能得到满足、有志向却被窒息，这是人生的一种悲哀。它会削弱人的能力、消灭人的希望、破灭人的理想，它会使人成为一个空壳。

在今天，有许多人本来可以指挥别人的，现在却处处受制于人，就因为他们被债务、不良的交际及种种不良的习惯所束缚，以致使自己失去了表现能力的机会。

不管待遇怎样优裕、报酬怎样丰厚、地位怎样高不可攀，你千万不可以去从事一种妨碍你自由、光明磊落地做事的工作，你不应当让任何顾虑钳制你的行动！你应当将自由、独立作为你神圣不可侵犯的权利，对自己最深处的那个声音负责。只有这样，你才不会辜负自己的潜力。

所以，退一步而言，即使我们不为其他人和物负责也应该为自己负责。当然，一个人一旦懂得了对自己负责的真正涵义，也就不会再对其他的一切视而不见了。对自己负责是对他人、对社会负责的前提，我们须把自己的一切处理好，才可能处理好其他的事情。

第十五章　看得清人　走得对路

做事总要与人打交道，再好的做事方法也不能回避形形色色的人和事，有好人，有坏人，也有不好不坏的人。我们不能抱怨在工作、生活中总会遇到一些不愿遇到的人，给自己带来麻烦的人，因为这些人不以某一个人的意志为转移而真实地存在。解决问题要想“手”到擒来，我们惟一能做的就是找到对付这各色人等的最佳方法，在低调的前提下有所作为。

1. 对付可能遇到的四种人

现实中的人大致可以分为四种：内方外方，内方外圆，内圆外圆，内圆外方。和这四种人交往，应根据其秉性灵活应对。

第一种　是内方外方的人。

典型代表：宋朝包拯，明朝海瑞。

内方外方的人喜欢直来直去，行事坦率，不会拐弯抹角地迎合他人。但他们很讲原则，刚正不阿；办事认真，敢做敢当。

同内方外方的人打交道，首先要以诚相待。他们也乐于和直爽的人交往，不喜欢那些口是心非、阳奉阴违、表里不一的人。其次，与他们相处也要讲究委婉。内方外方的人喜欢直来直去，往往不加变通，常常会使人难以接受。但一想到他们决无恶意，就大可放心。与他们交往也要灵活应对，免得硬碰硬、方对方，伤了和气。

第二种　是内方外圆的人。

典型代表：洞明世事的诸葛亮，谦虚自律的曾国藩，汉初张良。

当直来直去会伤害别人自尊心时，当方方正正不能达到满意效果时，有些人会采用变通的策略。明明是正确的，应该义无反顾地坚持，但因为坚持的阻力太大，就采取了灵活变通的手法。他们将高度的原则性和高度的灵活性完美地结合在一起，是一种高超的态度。这些人，就是内方外圆的人。他们洁身自好，处世练达，既有原则性，又有灵活性。在复杂的人际、利益关系中，往往游刃有余。

同这种类型的人交往，首先要谦恭有礼、不卑不亢。内方外圆的人虽然表面随和，但内心却是厌恶粗鲁，仇视邪恶，无礼无理的人是不能和这类人结为至交的。如果想缩短同这类人的心理距离，就必须表现出你的积极、健康、向上的交往心态。耻于见人、低三下四的言行举止，尽量在这

些人面前少出现，如此，才能得到这类人的认同。其次要进退有度。内方外圆的人，即使对他人相当反感，也不会把不满情绪表现在脸上。他表面上对你很友好，但他的内心究竟如何却使你捉摸不透。因此，同这类人交往，要讲究分寸，把握适度，不要因为他的脸上挂着微笑，就得寸进尺，忘乎所以。

第三种 是内圆外圆的人

典型代表：秦桧之类，三国曹操，清朝和珅。

生活中，有些人长于研究“人事”，偏重于个人私利。内圆外圆的人与内方外圆的人的不同点是，他们一般不会同情弱者，救济穷人，甚至为了私利，还会算计人、歪曲人。这种人的代表，当属一些市井无赖，街头小人。由于他们缺少顶天立地的气概，而一旦得志，就会危害巨大，不得不防。

同这种类型的人交往，首先要心存戒备。由于他们内心深处，并无什么必须遵守的做人规则，所以，可能干出表面华丽亮堂、实则损人利己的勾当。对他们的不当做法，应该明确指正，不要因为太爱面子，便不好意思将实情说出口，使自己受委屈；其次要保持距离，有所提防，不要过于相信他们。内圆外圆的人非常清楚自己的缺点，所以也害怕别人不讲义气，不守诺言，因此，和这样的人打交道，要清楚地示意他们：如果你讲信用，那么我就守诺言。在这种做法引导下，能够使他们在正确交际轨道上行事。

第四种 是内圆外方的人。

典型代表：罩着金色光环的贪官、奸臣、伪君子。

内圆外方的人内心黑暗，表面大度。满口仁义道德，实际上一肚子男盗女娼。因为他们玩弄两面术，所以极具欺惑性。

对于内圆外方的人，不能被他们的表面所迷惑，要注意弄清他们的真实面目，做到心中有数。由于他们嘴上一套，心里一套，所以和他们打交道，既不能不听他们说的，又不能完全相信他们说的。如何交往，运用什么策略，采用什么方式，谈论什么内容，要根据当时情况研究变通，切不可被他们的“精彩论述”迷住了双眼，进入了死胡同。与这类人交往，首要的任务是根据各个方面的信息，分析出他的真实内心，然后再对症下药，巧妙引导。

如此的话，就能够把他们带到正确的交往轨道上来。

面对不同的人的脾气秉性、作风习惯，必须以不同的做事方法去应对。成事，首先需要的是看清人的智慧。

2. 降服“头痛人物”

现实生活中有些人会令你头痛，可这种头痛人物又无处不在。怎样应对这些人？首先要学会区分对付九种“头痛人物”。

(1) 一点即燃的“导火索”

生活中这种人是随处可见的，他们性子急、脾气暴，常常会突然为一件不相干的小事情完全失控，大发雷霆。尽管事后他们可能后悔莫及，希望时间能止痛治疗，但是疼痛的裂痕已深，而下一次，他们仍然会失控，以发脾气来赢得注意。

碰到这种状况，尽管你忿忿不平，千万不要以暴制暴，或默默怀恨在心。你要做的是控制局势，提高音量，或叫他的名字引起他的注意；以真诚的关心和倾听打动他的心，当对方开始试图克制脾气时，你要降低音量，减缓紧张气氛；找到触发风暴的原因，预防再度爆发，平时多聆听，是治本之道。

(2) “万事通”先生

“万事通”先生通常知识丰富，能力超群，勇于发表自己的看法，希望凡事都能按照他心目中的方式完成，不愿忍受怀疑和歧视。

面对“万事通”先生，千万要按捺下你的不满和想辩论的冲动。沟通的目标应该是想办法让“万事通”先生能放弃自己的想法，接受新的观点。所以要准备充分，让他无法挑出你的毛病；怀着敬意重述他说的话，让他觉得你充分了解他的“英明”，这样他也能接受你的想法；了解他的顾虑或期望，并且据以提出你的想法，解除他的“武装”之后，再委婉地提出意见和看法；多用“或许”之类的字眼，以“我们”代替“我”的字眼，

多用问句。

不要与“万事通”为敌，而要与他们搞好关系，你会发现，他们的知识和经验可能对你很有帮助。

(3) 优柔寡断的“或许先生”

在面临做决定的关键时刻，这种人总是迟疑不决，嘴巴老是嚷嚷“或许”、“很难说”。有决断力的人知道每个决定都有利有弊，“或许”先生却只看到每个方案的缺点和风险，所以一直拖延，直到错失时机。

对于优柔寡断的人，如果是你的上级，最好委婉地建议他早下决定，不要贻误时机；如果是你的同事，最好帮他放松，找到解决途径；如果是你的下属，就要让他明确自己的任务，以免误事。

(4) 自以为是的“半瓶醋”

有这样一种人，生怕别人不知道他的本事，讨论事情的时候，他更是不停地发表他自以为是的“高见”。

面对这种人，要有同情心或耐心：首先，肯定他们的用心；假如你觉得他实在是不知所云，可以问几个问题，请他们阐述论点；以你的观点，实事求是地把事实讲清楚；放他们一马，不要让他们出丑栽面子，为他们找个台阶；委婉地说明夸大其辞的不良后果，同时也肯定他们做对了的事情。

(5) 秀口难开的“闷葫芦”

你碰到过这种闷不做声的人吗？任凭你打破砂锅问到底，他们总是缄默不语。

无论“闷葫芦”怎么三缄其口，你的目标就是说服他开口。做法是：眼睛注视着他，用期待和关注的眼神，问他开放式的问题，千万不要让他轻易就以“是”或“不是”的答案把你打发掉，多问“你在想什么”、“我想听一下你的意见”、“下一步该怎么办”之类的问题；轻松一下，来一点无伤大雅的幽默，笑声常常能打破僵局；如果他到这个时候还是坚持沉默，那么就设身处地地想想到底发生了什么事，以及可能的后果，把你的想法说出来，观察对方的反应。

(6) 暗箭伤人的“狙击手”

生活中常常有这样一些人，当你在前台发表你的见解或介绍新的点子时，不料，台下倏地放出一枝冷箭：“我好像在一本书上看过这个点子！”后果可想而知，大家会用很诧异的眼光看着你，当然，对你说的话也就半信半疑了。

通常我们把这种以突然的评论或尖刻的嘲讽为手段，旨在出你的洋相的人称之为“狙击手”。因此，碰到这种人，我们首要的原则是内心尽量保持平静，先稳住阵脚，不要手忙脚乱，语无伦次，那样恰恰是上了别人的当了。你可以冷静地就此打住，找出“狙击手”，重述他刚刚说的话，直接发问：“你是在哪本书上看到这个观点的？也许你有更好的想法？”同时建议对方：“如果你这么想急于表现自己，我想还是走上台来，不必躲在台下畏首畏尾。”

(7) 悲观泄气者

这种人成事不足，败事有余，往往会影响士气，拖大家的后腿。

面对悲观泄气的人时，你的目标是把焦点从挑毛病转为解决问题，把他们当资源，譬如他们的危机意识可以发挥绝佳的作用。将他们的观点变害为利也是一门艺术。

你也可以在他还没来得及批评之前，就提出悲观意见，或许比他说得还灰暗。例如：“你说得没错，简直毫无希望，真的很难解决这个问题。现在的当务之急是如何解决，这需要大家共同努力。”

(8) 满口应承的“好好先生”

这种人往往口至而实不全，口头答应得很好，就是光说不练，是个嘴把式。

这种“好好先生”不喜欢冲突，他们希望与每个人都能和睦相处，但又缺乏某些方面的能力，最终弄得两头不讨好。这种人也有优点，那就是遇到危机的时候，他们的好话可能会打个圆场。面对这种人，你必须以耐心和爱心协助他，只承诺能做到的事情，说不定他因此成为你的最佳搭档。

和他坦诚地讨论哪些是可以做得到的承诺，鼓励他老实说出自己的感觉；帮助他学会如何规划，认清完成一件工作必经的步骤和程序；让他清楚食言的后果等，事后给他适当的反馈，强化彼此的关系。

(9) 牢骚大王

和牢骚满腹的人在一起，很让人厌烦，他们只知道埋怨出现的问题，却不知如何改善，总是这也不好，那也不好，没有一句好话。

因此，和牢骚大工相处要注意：对于这种人，要多听少说，即使表态，也要含糊其辞，免得煽风点火或打击他们的面子。吸取他们的牢骚中有用的成分，主导谈话，要让他们把问题说清楚，不要浪费大家的时间。把谈话焦点导向解决问题的方向，问他们："你到底能不能做得更好一些？"多考虑一下现实需要，如果他们还是不停地发牢骚，那么就直截了当地停止谈话，这种废话，不听也罢。

我们身边永远也不会缺乏令人头痛的人，只是在某种场合和阶段遇到此类型的多一些，而在另一场合或阶段遇到彼类型的多一些。所以对于"头痛人物"不能采取躲的态度，只要认清他们、熟识了他们的特点，"头痛人物"也并不难降服。

3. 凡事预留退路

在人际交往中，我们常常可以发现，有的人能够在交际圈内进退自如，而有的人却常常被动，进退维谷。其原因可能是多方面的。

《红楼梦》中的平儿，虽是凤姐儿的心腹和左右手，但在待人处世方面，始终注意为自己留余地、留退路，决没有犯凤姐儿所说的"心里头只有我，一概没有别人"的错误，更不像凤姐那样把事做绝。平儿对下人决不依权仗势，趁火打劫，而是经常私下进行安抚，加以保护。一方面缓和化解众人与凤姐的矛盾，另一方面顺势做了好人，为自己留下余地和退路。凤姐死后，大观园一片败落，平儿却多次获得众人帮助渡过难关，终得回报。

历史的经验和文学名著中人物的结局都告诉人们一个道理：在待人处世中，万不可把事做绝，要时时处处为自己留下可以回旋的余地，就像行车走马一样，你一下走到山穷水尽的地方，调头就不容易了，你若留有一些余地，调头就容易得多。常言道：“过头饭不可吃，过头话不可讲”，很有道理。另外，在大多数情况下要特别注意才不可露尽，力不可使尽，在办任何事的时候，都要多用点“太极推手”的功夫，永远保留一些应变的能力。具体如何留余地，这里提出两大技巧：

在承诺别人时，注意使用“模糊语言”，以便自己赢得主动；在回绝别人时，不妨先拖延一下，最好不当面拒绝，答应考虑一下，给自己留点回旋的余地，以便使自己“进退有据”；在批评别人时，特别是有多人在场时，最好“点到为止”，以维护对方的自尊；在与人争论或争吵时，切忌使用“过头话”、把话说绝，要给对方留个面子。

对一些不太好把握的事，千万不要急于表态，东拉西扯，多说点无关痛痒的话；对于不便回答的问题，那就先放一放，免得考虑不周说错了自己受牵连；对那些表面看来无关大局的事，也要含蓄地处理，巧妙地避开疑难之处，免得惹麻烦。另外，对于某些难以回答而又不好回避的问题，不妨含糊其辞，来一番模棱两可的回答，如“可能是这样”，“我也不太了解”等等，以给自己留有余地。总之一句话，无论办什么事，说什么话，能躲就躲，以自己不担什么无谓的不该承担的责任为好。

做事情不能总想着一往无前，好的时候要想到坏的可能，进的时候要想到退时的出路，这样的人生才不至走进死胡同。

4. 灵活应对各种合作者

如何与人合作关系到能否得到自己想要的合作结果。不是所有的合作者都是好搭档，关键是要学会应对不同类型合作者的种种策略。

第一、口蜜腹剑的合作者。

如果这种人是你的同级同事，合作关系又不太深、不太广的话，最简单的应付方式是故作陌生。每天上班见面，如果他要与你接近，你就以工作忙等理由马上闪开，不给他任何接近的机会；能不和他合作的话，尽量敬而远之，万一真的无法避开这种合作关系的话，你就一定要小心谨慎；

谈话只围绕着工作展开，不说不做任何与工作无关的事情。

如果他比你高一级，比如是你所在部门的负责人，你要假装糊涂，他让你做任何事情，你都唯唯诺诺满口答应下来。他客气，你要比他更客气。他笑着和你商量事情，你便笑着猛点头，万一你感觉到他要你做的事情太绝，你也不要当面拒绝和当场翻脸，虚蛇推诿是上策。

第二、吹牛拍马的合作者。

如果他是你的上一级的同事，他吹牛拍马对你没有什么危险，纵然你心里瞧不起他，也不宜表露，可适当地与他搞好关系。如果他与你同级，你就要多加小心，谨防得罪他，平时见面笑脸相迎，和和气气，你好我好大家好。如果你有意孤立他，或者找他的麻烦，他就很有可能不择手段地置你于死地。

倘若他是你的部下，你一定要冷静地对待他的故意逢迎，搞清他的真正意图。

第三、尖酸刻薄的合作者

尖酸刻薄型的人，是在单位里较不受欢迎的一类人。他们的特征是和别人竞争时往往揭人短处，同时冷嘲热讽无所不至，让合作者的自尊心受损，颜面扫地。

这种人平常还以贬损同事，挖苦领导为乐。你不幸被领导批评了一顿，他会幸灾乐祸地说"这是老天有眼，罪有应得。"你和其他合作者发生矛盾，他会说："狗咬狗一嘴毛，两个都不是好东西。"你去批评部下，他知道了也会说："有人是恶霸，有人是天生的贱骨头。"

尖酸刻薄的人得理不让人，无事生非。由于他的这种行事作风，在单位是不会有任何知心朋友的。他之所以能够暂时生存下来，是因为别人不愿搭理他。

如果这类人是高你一级的合作者，你最好走为上策，但在事情还没有眉目之前，千万别让他知道，否则，他会予以打击。如果你们两个是同级合作者的话，最好的办法是和他保持距离，不要惹火上身，万一吃了亏，听到一两句刺激的话或闲言碎语，就装聋作哑，像没听见，切不可轻易动怒，否则会搞得很惨。

若他是你的部下，你得稍微多花点时间和他聊聊天，讲些人生的积极的一面，告诉他做人厚道、仁义自有其好处。或许你付出了爱心和教诲，有时会有份意想不到的收获。

第四、雄才大略的合作者。

这类同事胸怀大志，眼界广阔，不会斤斤计较。他们在工作时，时刻不忘充实自己并广结善缘。除了完成自己的工作外，他们还不会忘记帮助与他合作的人。每到一个地方，无论他是否呆很久，或成为集体中的正式领导，他都会发挥重大的影响。

雄才大略的人，见识往往异于常人，思维方式颇具特色。他在时机不成熟时可以长期忍耐，无论是卧薪尝胆或是忍辱负重，他都能欣然接受。但是，时机一旦成熟，他会一鸣惊人，没有人能与之争锋。当然，不是每一个有雄才大略的人都能成就大事。但为人处世不卑不亢、不急不躁是他的本色。

如果他是你的主管，你应该庆幸自己跟对了人。要虚心地向他学习，搞好关系，否则到最后别人都受益匪浅而你却两手空空。若是同级，利益一致的话，大可共创一番轰轰烈烈的事业，若其有自己的打算，也不勉强，大可各自发展，各得其所。

若以上都行不通的话，你可以尽力帮助他，自己将来多少也留下识才的美名。

若他是你的部下，你应有自知之明，要知道日后他一定会超过你。你应该虚心地接纳他，给他实质性的帮助及肯定。这也是一种投资，到时候一定会有利于你的。

第五、愤世嫉俗的合作者。

愤世嫉俗类型的人对社会上的不良风气非常的看不惯，认为社会变了，人心不古，世风日下，快活不下去了，并把自己的这种情绪带到工作当中来。

和这类同事合作，有好的一面，因为如果他们对单位的某些制度、福利有意见时，往往会冲到最前面为大家谋些利益，而不惜牺牲自己。但千万要注意，倘若你的某些行为或所具备的气质引起他的忌恨，那么，他会处处跟你过不去。这种人最大的特点就是爱走极端，所以，对付愤世嫉

俗类型的合作者最好敬而远之，睁只眼闭只眼算了。

第六、敬业乐群的合作者。

这种类型的同事由于工作态度和办事方法得当，颇受领导的肯定和合作者的赞赏。凡是他所在的单位或群体，都会有着不错的成绩。这种合作者，会感染其工作同仁，使组织或部门朝着正确的方向发展，给其他同事带来一个合作而和谐的工作环境。

当单位顺利时，大家共同努力，有福同享；当单位不顺时，大家都紧咬牙关，奋发图强，有祸同当。平时没事的当儿，他会主动地训练新手，培养团体实力；工作忙的时候，他又能影响合作者，相互提携。

所以，这种类型的合作者，无论高你一级还是和你平级或是你的下属，在与他们相处时，你要学着和他们一样敬业乐群。如果你的表现不如他们的话，你就会被比下去，从而在与合作者竞争时处于被动地位。

第七、踌躇满志的合作者。

踌躇满志的人，事事都有主见。他之所以踌躇满志，是因为一直处在一种极顺的状态之下，使他不曾吃过失败的苦头，因此，他也不怕失败。这种合作者不会随便接受别人的意见，如果你聪明的话，在没有利害冲突的情况下，不要与他计较。

如果他是你的主管，那么，你在他面前不要乱出点子，尽管照着他的意思去做，他会把他的意思明白地告诉你。因为他怕你笨，所以他会多下功夫。

有时，他也会很有礼貌地问你一下，对他的看法有没有意见？此时你要做的就是立即肯定。你若稍有犹豫或再多问上两句，都会被他小瞧几分。

和同级的此类同事相处，不能太顺着他，只有让他得到点教训，才能真正地改变及帮助他。

对这种类型的部下，要交给他一些极富挑战性的工作做。成功了，也不必说什么，失败了，就让别人去做，要让他明白人外有人、天外有天。

第八、佯装无能的合作者。

佯装无能的人可能看起来很笨，连一些很简单的事都干不了，看得你都想过去帮他一把。

实际上，这恰恰中了他的计，他这一切只不过是“作戏而已”，目的在于偷奸耍滑，只要能不干就不干，以虚心请别人帮忙的态度把自己分内的事推给别人去做，即使出了事，也是别人的责任。

对待这类合作者的请求你应该委婉地拒绝，因为这种帮助是毫无止境的，有了第一次就会有第二次、第三次……没完没了，到头来只能影响到你自己的事情。所以，你应该对他说：“对不起，我也很忙。”当然语气要自然而坦诚，他碰了一次“软钉子”后自然会知趣地走开。

合作的目的是为了成事，所以在合作的过程中要尽量了解对方的弱点和缺点，但不要死盯着这些弱点和缺点不放，而是有的放矢地从中找到避免矛盾激化、使合作更加顺畅的最佳切入点。

5. 后发制人

策略运用后发制人的策略，往往是先让对方动手，自己主动退让一下，然后再反击，以制服对方。由于后发制人是在对手已经有了行动，并且从一定意义上对自己构成了威胁之时的应变，因此，它是一种重要的临危应变术。

《荀子·议兵》云：“后之发，先之至，此用兵之要术也。”后发制人的策略在军事上的运用很多。

公元221年7月，刘备为报东吴杀害关羽之仇，亲自率领军队攻打孙权。孙权命陆逊率五万军兵迎敌。战争持续了几个月。到第二年2月，刘备重新组织兵力，沿江而下，向东吴发动了大举攻击。东吴军面对强敌，采取后发制人之策略，先让敌人一步，退至夷陵（湖北宜昌境）一带。陆逊领军与蜀军相持半年之久，待蜀军士卒疲惫、处于极为不利的境地时，陆逊集中优势兵力进行决战，以火攻大败蜀军。

1812年6月，拿破仑亲自率领60万步兵、骑兵和炮兵组成的联合部队，向俄国发动进攻。俄国用于前线作战的部队仅21万，处于明显劣势。俄军元帅库图佐夫根据敌强己弱的局势，采取后发制人的策略，实行战略

退却，避免过早地与敌军决战。在俄军东撤的过程中，库图佐夫指挥部队采取坚壁清野、袭击骚扰等种种方法，打击迟滞法军，削弱法军的进攻气势。9月5日，俄军利用博罗季诺地区的有利地形，给予敌军以重创。接着，又将莫斯科的军民撤出，让一座空城给法军。10月中旬，法军在莫斯科受到严寒和饥饿的巨大威胁，不得不撤退。此时，库图佐夫抓住战机，予以反击，将法军打得大败。几十万法军，幸存者只有3万人。

将计就计就是一种典型的后发制人术。顺着对手的计谋施计，使对手的计谋为己所用，或当对手用其计谋时，却落入我方的圈套，这就是将计就计的应急应变术。

将计就计的基点，是对对手的谋略有了充分的认识和了解，然后，佯顺其意，在对手的计上用计。公元前506年冬，吴军在孙武、伍子胥等指挥下，千里迂回，从楚国防御薄弱的北部边境深入楚地。吴军进至大别山一带时，先派先锋夫概出兵挑战，击溃了迎战的楚军。此时，孙武分析楚军主帅子常有侥幸取胜的心理，判断其必定在夜间前来劫营。于是，将计就计预先做了部署。果然，楚军想乘吴军立足未稳，夜袭吴军大营，这正好中了孙武的圈套。经过一场激战，不仅偷袭吴营的楚军被击溃，而且，楚军大本营也被事先安排的伍子胥、夫概等兵将所劫。

公元412年，刘裕想剪除政敌刘毅，但一直没有好的办法。突然，刘毅上表请求调其本家兄弟、兖州刺史刘藩到江陵充当他的副手，刘裕觉得这是一个极好的机会，于是将计就计，答应了刘毅的请求。当刘藩到石头城（江苏南京）拜辞时，刘裕将其抓了起来，投进了监狱。随即命手下部将王镇恶率领一支精兵，打着刘藩的旗号，以赴任为幌子，混过了刘毅下属的关卡，偷袭江陵，最后除掉了刘毅。

唐朝初年，窦建德率十余万大军进军洛阳，要救被唐军围困在洛阳的王世充。秦王李世民依靠虎牢之天险阻击窦建德的军兵。两军相持一个多月。李世民得知窦建德想等唐军粮草用尽而把马放到河北吃草时袭击虎牢，于是将计就计，率军北渡黄河，抵达广武（山西境内）南边，留下一千多匹马放牧于河边，以引诱迷惑窦建德，晚上便率唐军悄悄地赶回虎牢。窦建德果然中计，出动全部兵力进攻虎牢。李世民待窦建德军队疲惫后，予以反击，大败窦军。

将计就计不仅在军事上被广泛运用，在政治斗争中，也是一条重要的应变之术。公元 201 年，曹操掌权不久，急需人才，便召司马懿出来做官。司马懿看出汉朝国运衰微，朝权已落入曹操之手。司马懿是大士族的后裔，而曹操乃宦官之后代，他不愿屈节事曹。于是，他以患风病不能起居为由，拒绝应召。曹操马上怀疑司马懿是借口推辞，对己不敬。为此，曹操派人扮作刺客前去查验。一天深夜，刺客悄悄潜入司马懿的卧室，暗中观察，见司马懿果然直挺挺地躺在床上。刺客仍不放心，挥刀向司马懿劈去。刺客暗想，司马懿如果是装病，见到利刀夺命，一定会匆忙招架。可是，司马懿只是睁开眼睛瞅了瞅刺客，身子仍然像僵尸一样一动未动。刺客这才信以为真，收起佩刀，回去向曹操禀报。其实，司马懿在刺客潜入卧室之时就已察觉，并且猜到是曹操派来打探其病况的。他十分清楚，如不露马脚，定会安然无恙；若露出破绽，必然死在刺客刀下。所以，司马懿将计就计，演出了这场惊险剧。

明朝韩雍在南蛮驻守时，有一个郡守要打探韩雍营寨的情况。一天，郡守准备了丰盛的酒菜，用一个大盒子装上，还把一个女子也藏在盒子里，直接进献到韩雍的营帐中。韩雍见到抬进的大盒子，就猜到里面必有隐藏的东西。于是，他召请郡守入军帐，当面打开盒子，并让藏在盒子里的女子出来献酒。酒毕，仍请女子进盒子，然后把盒子还给郡守，使女子随着郡守一起离开了营寨。韩雍将计就计除埋伏，既没有违郡守请他饮酒的好意，又若无其事地处理了郡守安插的探子，真可谓高明之举。

后发制人是一种效率极高的成事策略，但对一般人而言又是一种难以运用到位的高级智慧。第一，它要求你能够沉得住气，有一种做大事的气度；第二，它要求你具有善于应变的机智；第三，它还要求后发之时有对“前势”的充分把握。

总之，后发制人要求的是后发先至，追求的是一切尽在掌握的效果。

第十六章　客观分析　从容应对

有困难，有帮助；有成就，有祝贺；有施恩，有报恩……这些都是人之常情，是社交过程中的基本准则。如果所有人都以这个准则行事，社交活动就容易多了。但遗憾的是，并非所有人都按牌理出牌，面对这一不和谐音，首先要平静地接受它，然后以一种低调和从容的姿态找到最佳的应对策略。

1. 怎样对待别人不知感恩的行为

生活中你为别人做了好事有时候却难得到真诚的感恩，如果你每付出一点都希望得到别人的感激的话，那你将惹来无尽的烦恼。

吕女士认为自己太倒霉了，总是遇上忘恩负义的白眼狼。先说她的先生，先生是搞科研的，为了工作常常是废寝忘食，家务活像照顾老人、孩子什么的半点儿也指望不上他。为了支持先生的工作，吕女士一狠心，就把工作辞了，回到家里当了个全职主妇。这个牺牲够伟大的吧，但先生却似乎一点也没有被感动，还反过来指责吕女士越来越俗气了。再说，二号楼那对小夫妻，他们之所以能在一起，那全是吕女士的功劳，红线是她牵的，矛盾是她调解的，两家父母闹意见还是她劝解开的，结果呢，这对小夫妻有了矛盾才来找“吕姨”，没事的时候就把吕女士丢在一边。吕女士一想起这事儿，就气不打一处来，但更可气的还在后头呢。某年春天的时候，丈夫的一个远亲的孩子要跨学区转学，因为知道吕女士有点门路，所以就千求万请的，碍于情面吕女士只好披挂上阵，没想到接收学校的管理太严格，吕女士费尽千辛万苦，求爷爷、告奶奶地折腾了几天，事情也没办妥；而那位亲戚一听事儿没办成，脸立刻拉了下来，对吕女士的苦心没有半句感谢。不仅如此，那位亲戚还到处说吕女士虚情假意，不地道。吕女士不但没得到感激，还落了一身不是，她这一气就病了一场。病好后，她逢人就说：“现在的人都是狼心狗肺，以后啊就自己管自己，别人的事儿啊我再也不跟着瞎忙了！”

吕女士的委屈确实可以理解，她热情地付出，热心地帮助别人，但她的努力似乎都白费了，她没有得到任何人的感恩。但是从另外一个角度再想一下，我们每个人每天的生活都在仰赖着他人的奉献，那么，在抱怨别人不知感恩的时候，我们向帮助过自己的人表达感激之情了吗？吕女士如果仔细想一下就会知道，生活中也曾有许多人曾经给过她无私的帮助，只

是她忘记了这一点。

世界上最大的悲剧就是一个人大言不惭地说："没有人给过我任何东西！"不论是穷人或富人，他的灵魂一定是贫乏的。人们总是这样，对怨恨十分敏感，对恩义却感觉迟钝，所以下一次当你要怨恨别人的忘恩负义时，先想想自己是否做好了这一点。

老姜是个小肚鸡肠的人，至少邻居们都这么说，他帮人做一点儿事，就得意的不得了，人前总要提几次；人家要是忘了说谢谢，他就得生气几天。可是如果是人家帮助了他，他就会患上一种健忘症，事情一办成，立刻就把办事的人忘个一干二净。前两天，田先生就被他给气坏了。老姜的一个亲戚来找老姜，说想要去农村收购出口山菜，但是得找一个进出口公司接收，亲戚问老姜有没有这方面的门路。老姜一想，三楼 B 门的田先生不就是在进出口公司上班吗？于是他让亲戚回家等着，自己买了两瓶酒就去找田先生。田先生见是街坊来求自己，就尽心尽力地把这事办成了。事一办成老姜立刻就像变了一个人一样，看到田先生就趾高气扬地喊一声"小田！"对山菜合同的事竟提也不提，回头还对街坊吹嘘自己神通广大。田先生被气得几天吃不下饭，一提老姜就一肚子火。

其实生活中像老姜这样的人并不少见，他们有时会有人庇佑，而威风一时。不过由于此类人多半专横、自私，只知从别人身上得到好处，却不知回馈，而短视近利的后果，往往令帮助他的人感到失望，不再给予支持。这类人多半自以为是，从不考虑自己的责任，老是认为别人在算计他，对他不怀好意，想要陷害他。

消极的心态会使这类人远离对他有利的人，而和同类型的人在一起，然后逐渐深陷其中而无法自拔。

大多数人都是这样：只注意到自己需要什么，却忽略了这些东西是从哪里来的。所以抱怨别人的不知感恩，还不如先培养自己感恩的心。不要总计较别人欠你多少，在你以自己的成功为荣时，应该先想想自己从别人那里接受的有多少。

2. 怎样对待成功后遭受的无端攻击

身处社会中，偶尔遭到某些人的恶意攻击是不可避免的，但不能让这种攻击干扰了我们的心态和生活。

美国曾有一位年轻人，出身寒微，依靠自己的努力，在 30 岁时当上了全美有名的芝加哥大学的校长，这时各种攻击落到了他的头上。有人对他的父亲说："看到报纸对你儿子的批评了吗？真令人震惊！"他父亲说："我看见了，真是尖酸刻薄。但是记住，没有人会踢一只死狗的。"

卡耐基很赞美这句话，他说：不错，而且愈是具有重要性的"狗"，人们踢起来愈感到心满意足。所以，当别人踢你，恶意地诋毁你时，那是因为他们想借此来提高自己的重要性。当你遭到诋毁时，通常意味着你已经获得成功，并且深受人注意。

恶意的批评通常是变相的恭维，因为没有人会踢一只死狗。

美国独立运动的奠基者、美国第一任总统华盛顿，也曾被人骂为"伪善者"、"骗子"、"比杀人凶手稍微好一点的人"。对于这些污蔑，华盛顿毫不在意，事实证明他是美国历史上最具影响力的人物。

屠隆在《婆罗馆清言》中说："一个人要实现自己的理想，要找到真理，纵然历经千难万险，也不要后退。奋斗的过程中，要用坚强的意志来支撑自己，忍受一切可能遇到的屈辱，只要坚持下去，就能取得成功。艰难羞辱不但损害不了你人格的完整，还会使人们真正了解你人格的伟大。重要的是，在遭遇苦难侮辱时，把这一切都抛诸脑后，得一份清爽的心情。"

屠隆的话告诫我们，当面临无耻之徒的恶意诋毁时，你的态度应该是置之不理。

有些人对那些无中生有的污蔑表现得异常激愤，甚至反唇相讥，其实那都是没有必要的。如果换一种角度来看，那些遭人诋毁的人反倒应觉得庆幸，因为正是此人极具重要性，别人才会去关注、去议论、去污蔑。所以不要理会那些无聊的人，事实自会让流言不攻自破。

有位朋友对小仲马说："我在外面听到许多不利于你父亲大仲马的传言。"

小仲马摆出一副无所谓的样子回答："这种事情不必去管它。我的父

亲很伟大，就像是一条波涛汹涌的大江。你想想看，如果有人对着江水小便，那根本无伤大雅，不是吗？”

听到别人的流言蜚语，再三客观地分析、判断之后，只要认为自己的做法合理，站得住脚，那么大可以坚持到底，不必妥协。

美国总统罗斯福的夫人艾丽诺曾受到许多攻讦，但她都能够泰然处之。她说：“避免别人攻讦的惟一方法就是，你得像一只有价值的精美的瓷器，有风度地静立在架子上。只要你觉得对的事，就去做——反正你做了有人批评，不做也会有人批评。”

林肯曾就那些刻薄的指责写过一段话，后来的英国首相丘吉尔把这段话裱挂在自己的书房里。林肯是这样说的：“对于所有的攻击的言论，假如回答的时间大大超过研究的时间，我们恐怕要关门大吉了。我竭尽所能，做我认为最好的，而且我一定会持续直到终了。假如结局证明我是对的，那些反对的言论便不用计较；假如结局证明我是错的，那么，纵有十个天使替我辩护，也是枉然啊！”

其实，做人就应如此，益则收，害则弃。对于正确的批评，我们应该欢迎，哪怕言辞激烈或只有百分之一的正确。但对于纯属恶意的人身攻击、诽谤、诋毁、中伤，我们如果不想被它所害，那就只有不去理会。

不必太在意别人的攻击，事实会说话，时间会证明。何况别人攻击你，说明你至少有被人攻击的价值，所以先不要去反击，这样你反而可能会不战而胜。

3. 怎样对待别人背后踢你一脚的恶行

生活中，我们有时难免会碰到一些心存恶意的人，他们会不由分说就抓你几把、踢你几脚。不要憎恨他们，因为有时候这种伤害会成为你成功的动力。

在东方一个美丽的国家里，国王惟一的女儿已经到了适婚的年龄，但却一直没有找到意中人，国王为此十分着急。终于公主提出了自己的择婿条件：他必须是全国最勇敢的年轻人！于是国王就决定通过比赛来招亲。比赛招亲规定：以城外 100 米为起点，第一个跑过 50 米平地和游过 50 米护城河的便是冠军。冠军者，可任选“良田万亩”、“黄金万两”或“招为驸马”。

一声令下，成群的勇士们如脱缰野马般往前跑，跑到护城河边，眼前的景象让所有人目瞪口呆：几百条鳄鱼正在河里张牙舞爪地游着！

一分钟、二分钟、三分钟，没有一个人往下跳，五分钟过去了，场上还是寂静无声。正当大家无比失望之际，就听“扑通”一声，一名男子在池中拼死前游。国王兴奋地大呼：“加油！加油！”所有在场的人也放开喉咙为这个男子喝彩。

奇迹出现了：小伙子可以说是九死一生，最后终于游过了护城河。

小伙子的勇敢震慑了所有的人，国王激动得紧紧握住了小伙子的手。丞相则毕恭毕敬地对小伙子说：“年轻的勇士，你可以任意选择国王为你而设的三个奖项。请问，你想要良田万亩吗？”小伙子拼命地摇头。丞相又问：“那你是想要黄金万两吧？”小伙子头摇得更厉害了。丞相笑了：“年轻的勇士，你不但拥有神将般的勇气，而且还拥有上帝般的智慧，你一定是选择第三条，要做我国的驸马爷。那么，你不但可以有良田万亩、黄金万两，同时还可以得到世上最美丽的妻子。是吗？”

气喘吁吁的小伙子，费力地挺了挺身子，哑着声音说：“不！”全场的人都愣住了，小伙子接着转过身，向人群大吼：“刚才是哪个王八蛋把我踢下水去的？！”

这个故事的结尾似乎有点可笑：惟一的一个“勇敢者”，是因为被人踢了一脚才游过护城河的。这个让他愤怒至极的意外，却帮他成为了大英雄。故事中那个“勇敢”的小伙子如果真当了驸马，那他就应该感谢那个踢他下水的“王八蛋”才是，因为正是那一脚给了他机会和勇气。而中国最早的一批个体户能发家致富，应该感谢当时社会对他们的歧视；孟子能成名，则要感谢三迁的严母；万科放弃多元化，集中搞“房地产”获得成功，应该多感谢“逼宫”的君安。因此如果没有人踢你那一脚，你也就没有勇气跳进满是“鳄鱼”的“护城河”，更不可能摘到胜利的果实。

生活中，常听到有人抱怨，“这件事本来可以做好的，怎么会失败了呢？”

这样抱怨的人在做事的时候一定是怀着这样的想法：这件事即使做不好也没关系，我还可以……正是因为给自己留了后路，做起事来才不会全力以赴，如果当时有人狠狠"踢"他一脚的话，他就会不顾一切奋勇向前了。

有一家人住在一所破旧的房子里，一天晚上，一个和他们有仇的人用火点着了他们的房子，一家人毫无损伤，但房子却烧了个一干二净，而冬天马上就要到了。看着家人难过的样子，男主人很快振作了起来。"大家一起动手吧！我们要尽快住进新房子里。"在一家人的努力下，房子很快盖好了。圣诞夜大家坐在又大又暖的新房子里吃晚餐，这时男主人说："让我们一起为点火烧我们旧房子的人祈祷吧！如果没有他，我们现在还住在透风的旧房子里呢！"

当这家人还有旧房子住的时候，他们可能也考虑过建新房子的问题，只不过惰性使他们搁置下了这个问题。房子被烧之后，拆不拆旧房子的顾虑和建不建新房子的犹豫一下子就没有了。一无所有时，也就没有了选择的犹豫，没有了再固守现状的可能，而惟一需要做的，惟一能做的就是勇往直前，做到最好。

希望在每个关键时刻，都有一个"王八蛋"来狠狠地踢你一脚，帮你大胆地迈开步子，走向你渴望已久的成功。

4. 怎样对待企图诱惑、改变你的人

一个人总要有自己的原则，自己的立场，不能一味迁就别人，一点主见也没有。这里的原则既包括办事的方法，也包括日常生活中为人处世的立场、原则，少了哪个都会给你带来困难，并将影响你的生活。

工作、办事没有自己的方法，只听命于他人，别人怎么说你就怎么做，如果别人说得对还好，假若别人说得不对，而你自己又不动脑筋，走弯路、浪费时间不说，有时难免要犯错误。举个简单的例子：某个人想挖鱼池养鱼，有人建议坑底要铺上一层砖，这样既干净又会节省水；又有人建议说，不能铺砖，铺了砖鱼就接触不着泥土，对鱼的生长不利；还有人说……于是，

这位养鱼者开始犯难了，左也不是，右也不是，不知该听谁的好。其结果是，事情就此搁了下来，这个人最终放弃了养鱼的计划。当然，这只是个简单的例子，生活中有许多事情要复杂得多，而且有些事情没有犹豫的时间，这就更需要我们要有自己的方法。既然别人的意见也不一定正确，为什么不试试自己的办法呢？

老胡没别的毛病，就是天生的耳根子软，别人说什么他听什么，老婆一生气就骂他是“应声虫”。比如说中午订餐，同事问老胡吃什么，他犹犹豫豫地想了一会儿说：“吃扬州炒饭吧！”同事一听，“扬州炒饭有什么好吃的，就要鱼香肉丝盖饭吧！”老胡赶紧点点头，“行，行，行！”老胡不但生活中这样，工作中也是这样，他从来也提不出什么像样的意见，什么事都听人家的，所以单位里开会时，老胡永远是坐在角落里发呆的那一个。前不久，老婆回娘家了，说是要跟他离婚，起因就是一卷墙壁纸。老婆嫌卧室里的壁纸太旧了，想换上新的，正巧她身体不舒服，就让老胡一个人去买。走之前老婆一再嘱咐他按照家具的颜色搭配着买，可老胡却禁不住售货小姐的怂恿，买了一种深蓝色直条纹的壁纸。贴上以后，老婆总觉得自己是睡在监狱里，她觉得老胡这人太没用了，很多同事都利用他的好说话占便宜，领导把他当软柿子来捏……现在一个售货小姐居然也把他当“冤大头”，日子再也没法过了！老婆愤怒地收拾东西离开了家，老胡则坐在沙发上唉声叹气，看来他“耳朵软”的毛病是改不了了！

社会太复杂了，过于迁就别人的人很容易就会吃亏，多少人排队等着算计这种老实人呢！办事没有原则，有时就表现为一味地迁就、顺从别人。由于自己没有立场，所以很容易被他人所诱惑或利用。迁就别人，表面看来是和善之举，但实际上则是软弱的表现。软弱到一定程度，就会逐渐失去自信力，而没有自信力的人是很难成就什么大事业的。有时，性格上的自卑和懦弱，也表现为没有自己的立场和观点。自卑，就会觉得处处不如别人，怯懦则往往会导致卑微。时时看着别人的脸色行事，怎么能走出自己的路呢？其实，这样做是大可不必的。

著名漫画家蔡志忠先生讲过这样一句话：“每块木头都是座佛，只要有人去掉多余的部分；每个人都是完美的，只要除掉缺点和瑕疵。”正是如此，每个人都有他自己的长处，为什么要去迎合别人的口味呢？

没有原则的人还往往禁不住他人的诱惑，什么事情，最初还能遵循自己的原则，但经别人三言两语一劝，马上防线就崩溃了。举个日常生活中最简单，最普遍的小例子：拿喝酒来讲，几个朋友坐在一起，常常要推杯换盏，边喝边聊。几杯酒下肚之后，本来规定自己只喝三杯，开始时方能坚持，但没多久，在朋友的再三劝说之下，脑袋一热，什么三杯原则，五杯又能怎么样？于是，原则丢在了脑后，放开肚子喝了起来。其结果常常是酩酊大醉，误了事不说，对自己的身体也会损害极大。这是多么不合算的事啊！

所以，做什么事情都要有个度，不能过度，否则就是没有原则。任何事情没有原则，只会带来不良后果，而不会有什么好的结局。

按照古代寓言书记载，谁能解开奇异的高尔丁死结，谁就注定成为亚洲王。所有试图解开这个复杂怪结的人都失败了，后来轮到了亚历山大来试一试，他想尽办法要找到这个死结的线头，结果还是一筹莫展。后来他说：“我要建立我自己的解结规则。”于是，他拔出剑来，将结劈为两半，他成了亚洲王。

这当然是传说，但这则故事告诉我们，亚历山大之所以成功地做了亚洲王，就是因为他有自己的方法，创立了自己的规则。他绝不是没有主见，没有办法之人。因此，干什么事情都要动脑筋，不要轻易听从他人，要有自己的一套规则。这样做，有时会收到意想不到的效果。

每个人都有自己的立场和方法，做事时应该多坚持自己的意见，不要轻易改变立场，“你有千条妙计，我有一定之规”，“走自己的路，让人家说去吧！”这样你就可以抵制那些企图诱惑你、改变你的人！

5. 怎样对待别人的诬陷

黑锅是没有人愿意背的，但有时候有些黑锅是别人强加给我们的，我们却也不得不背。比如说为了维护上司的威信或是为了维护比名誉更重要的事情的时候。

上司的“威信”，说到底是由自己树立并维护的。然而，下属有时对上属树立并维护威信会起到极其重要的作用。有的上司想不到的，下属就要替上司想到；上司做不到的，下属就要替上司做到。上属一旦发现你的良苦用心，定会感激涕零。

一天，某市劳动局秘书科的赵科长正在办公室批阅文件。这时，本单位一位以爱上访告状闻名的退休干部李某走了进来，说是要找局长。

赵科长先热情地招呼他坐下，然后敲开了局长办公室的门，请示局长如何处理。局长此时正忙于局里的业务，不想见李某，就非常干脆地对赵科长说："告诉他我不在。"

赵科长回到办公室，对李某说："局长不在。你先回去，有什么事我可以代你转告。"既然这样，李某也无话可说，只好悻悻地离开了秘书科。

大约过了半个多小时，赵科长起身去档案室，来到走廊，不想竟看到局长与李某在卫生间门口握手寒暄，并听到李某说："刚才赵科长说你不在办公室！""哪里，我一直在啊！"局长不假思索地答道。赵科长顿觉浑身一阵冰凉。

原来，李某离开秘书科后并未回家，而是极不甘心地在走廊里来回走动，刚巧碰到局长上卫生间，急忙抢上前去打招呼，这才有了刚才那一幕。

事后，李某逢人就散布赵科长不地道，品质太差，欺上瞒下。赵科长有口难辩。刚开始赵科长感到很委屈，后来一想，领导这样做也是出于无奈，当秘书的应宽容上属，注意维护领导的形象，否则将给工作造成不良影响。所以，他从不对人解释此事，听到议论，也一笑置之。

下属根据上司的意图，以各种方式回绝来访，也是工作需要。赵科长尊重领导的意图处理此事无可厚非，尤其难能可贵的是，他在遭人误解时能从大局出发，坦然处之。

为下属，为了维护领导的威信，为领导背背黑锅也是分内的工作之一。

另外一种情况就是，如果背上黑锅只会损害你的声誉，但却可以救了某人时，你就吞下这口冤枉气吧！反正事情总会有真相大白的一天，到时候你的雅量，会为你换来别人更多的尊敬！

日本的白隐禅师是位品德高尚的修行者，受到乡里居民的称颂，都认为他是个可敬的圣者。

有一对夫妇，在白隐禅师的住处附近开了一家食品店，他们有一个漂

亮的女儿。不料，有一天，夫妇俩忽然发现女儿的肚子无缘无故地大了起来。

这种见不得人的事，使得她的父母震怒异常！好端端的黄花闺女，竟做出如此不可告人的事。在父母的逼问下，她起初不肯招认那个人是谁，但经过一再苦逼之后，她终于吞吞吐吐地说出“白隐”二字。

她的父母怒不可遏地去找白隐理论，但这位大师不置可否，沉默不语。

孩子生下来后，就被送给白隐。此时，他的名誉虽已扫地，但他并不以为然，只是非常细心地照顾孩子——他向邻居乞求婴儿所需的奶水和其他用品，虽不免横遭白眼或是冷嘲热讽，他总是处之泰然，仿佛他是受托抚养别人的孩子一般。

事隔一年后，这位没有结婚的妈妈，终于不忍心再欺瞒下去了。她老老实实地向父母吐露了真情，孩子的生父是在鱼市工作的一名青年。

她的父母立即将她带到白隐那里，向他道歉，请他原谅，并将孩子带回。

白隐没有表示愤怒，也没有乘机教训他们，他只是在交回孩子的时候，轻声说道：“就是这样吗？”仿佛不曾发生过什么事；即使有，也只像微风吹过耳畔，霎时即逝。

白隐这一德行，赢得了人们更多、更久的称颂。

“就是这样吗？”只此一句话，无数的干戈都化成了片片的玉帛。

白隐禅师背上黑锅，却救了那个女孩，有人可能会觉得白隐太傻了，这种吃亏的事儿都肯做。但是仔细想一想，名誉和生命到底哪个更重要一些呢？恐怕还是生命更宝贵吧！

在被人诬陷时保持沉默，实在是一件很困难的事，但权衡一下当时的情况，可能背起黑锅是惟一的选择。背起黑锅，可能会牺牲很多，但也会因此得到更多！

6. 怎样对待别人的恶意挑衅

生活中有些侮辱可能是别人无意中施加给我们的，而有的时候却是来自别人恶意的挑衅，这时候我们就需要蔑视别人的挑衅，将他们对自己的侮辱转化为激发自己前进的力量。

利特尔公司是世界上最著名的咨询公司之一。但它的前身只是其创始人利特尔 1886 年建立的一个小小的化学实验室，创立最初鲜为人知，丝毫也不引人注目。

1921 年的一天，在许多企业家参加的一次集会上，一位大亨高谈阔论，否定科学的作用。而一向崇拜科学的利特尔带着轻蔑的微笑，平静地向这位大亨解释科学对企业生产的重要作用。

这位大亨听后，不屑一顾，还嘲讽了利特尔一番，最后他挑衅地说："我的钱太多了，现有的钱袋已经不够用了，想找猪耳朵做的丝钱袋来装。或许你的科学能帮个忙，如果能做成这样的钱袋，大家都会把你当科学家的。"说完，他哈哈大笑。聪明的利特尔怎么会听不出大亨的弦外之音呢？他气得嘴唇直抖，但还是抑制住自己，表面上非常谦虚地说："谢谢你的指点。"因为利特尔感到这是一个千载难逢的大好机会。其后的一段时间里，市场上的猪耳朵被利特尔公司大量收购。购回的猪耳朵被利特尔公司的化学家化解成胶质和纤维组织，然后又把这些物质制成可纺纤维，再纺成丝线，并染上各种不同的颜色，最后纺织成五光十色的丝钱袋。这种钱袋投放市场后，顿时一抢而空。

"用猪耳朵制丝钱袋"，这一看来荒诞不经的恶意挑衅被粉碎了。那些不相信科学、也看不起利特尔的人，不得不对利特尔刮目相看。

利特尔公司因此名声大振。面对挑衅，利特尔忍受轻蔑，"虚心"接受指点；不大吵大闹、争执强辩，也不义正词严地加以驳斥，他不露声色，暗中准备，将猪耳朵制成丝钱袋，从而一举成名。

面对侮辱，与其出言反驳，还不如用实际行动反击。

英国诗人拜伦在上阿伯丁小学时，因跛足很少运动，身体虚弱，走路都困难。

一天，几个健壮的同学在操场上踢足球，拜伦在旁边出神地观看。他有惊人的想像天赋，边看边在自己的脑海里想：自己该怎样拦截、抢球、射门，脸上不时呈现出紧张、惋惜、欣喜的神色。就在他自我陶醉的时候，一个健壮而顽皮的同学郎司拉他去踢足球。拜伦不肯，郎司眼珠一转，想出了个坏主意。他恶作剧式地找来一只篮子，强迫拜伦把一只脚放进去，并"穿"着这只篮子绕场一圈。当时拜伦真想扑上去打郎司一拳。但他怎

么打得过高大健壮的郎司呢？拜伦无奈只好忍气吞声地把竹篮穿在脚上，一瘸一拐地绕操场走起来。同学们看了笑得前仰后合，郎司更是开心得双脚在地上跳。

但这次当众受辱的经历彻底改变了拜伦日后的命运。他意识到一切不公都来自于自己的体弱。后来，这个意志坚强的人刻苦参加各项运动。一年半以后，他的体质明显增强了，手臂上的肌肉也凸了起来。在球场上，他能像三级跳远的运动员那样连续不断地飞跑。不久，他参加了学校运动会，恰巧他在拳击比赛中与郎司相遇，激战相持了很久，最后，拜伦一个勾手拳，击中郎司下巴，把他打倒在台上。观众为拜伦的意志、力量和永不服输的精神深深感染，他们欢呼着将拜伦抛向空中。

当拜伦遭到同学的恶意挑衅时，他没有冲动地扑上去，这是因为他知道自己还太弱；他当然可以斥责那位同学，可以和他吵骂，但这样做都不可能换回自己失去的尊严，而且很可能还会惹来更多的侮辱。而拜伦就给我们做出了一个榜样，身为弱者，要能忍别人难以忍受的东西，能屈能伸，不断地积蓄力量，增强忍耐力和判断力，这样才能取得最后的胜利。

生活中，我们常会遇到别人的挑衅，很多人按捺不住脾气，就硬对硬，不管三七二十一。这固然表明一个人的勇气和自信，但事情往往会因此变得更糟糕，毫无价值的牺牲最终受害的是自己。所以遇到别人的挑衅时，最好的办法就是尽量忽视它，韬光养晦，在自己有能力的时候再出手一击，用实力来证明你的骨气。

7. 怎样对待别人的“卸磨杀驴”之举

不要以为你帮人打出了天下，你就是功臣，你就可以与人共富贵。正所谓“狡兔死，走狗烹”，每个老板都可以跟你同患难，但很少有能跟你共富贵的。

高先生今年 40 岁，刚离开他待了 15 年的公司。

15 年前，他到一家小电器行工作。高先生忠诚能干，颇有“士为知己者死”的豪气，每天卖命地做。老板也未亏待他，二人情同手足，业务也因此而一日千里。

后来公司扩大，进口外国家电，高先生花了半年时间建立了全省的经销网，可说备尝艰苦。老板对他的表现相当满意，待遇、红利也一年比一年给得多。

公司开始稳定成长后，高先生以为他混得差不多了，开始把担子放了下来，有空时常出国散心。在老板的指示下他把很多重要的工作交了出去，成为一个“德高望重”的“长老”。高先生也对他能在立下战功之后享“清福”大为满意，谁知半年后，老板拿了一张支票放在他的桌上，要他离开这家公司……

高先生万分不情愿，可是也不得不离开。

在这个故事中，高先生就成了被“杀”的功臣。高先生的遭遇很让人同情，但他也有需要检讨自己的地方。比如他天真地认为自己有大功于公司，就该得到最好的待遇；他相信自己对老板忠诚，老板就该对他有情有义。要知道不是每个人都会这样按牌理出牌，否则哪来那么多“杀功臣”的事。

为什么与人共富贵那么难呢？为什么“功臣”常常有被“杀”的下场呢？

就“老板”这边来说，有的纯粹是基于私利，不愿“功臣”来分享他的利益，抢他的光芒，所以“杀功臣”；有的老板为了保持“天下是我打的”这一绝对成就感，所以“杀功臣”；更有的老板认为“利用”完了，再也不需要这批当年共打天下的“战友”，所以“杀功臣”。

就“功臣”这边来说，有的“功臣”自以为帮老板打下天下，如今“天下太平”，自己正可以握重权、领高薪，甚至“威胁”老板顺从自己的意志；有些“功臣”因为的确“功绩不凡”，颇受属下爱戴，因而结党营派，向老板“勒索”利益；有的“功臣”则不断对外炫耀自己的功绩，忘了老板的存在……

总之，功臣让老板产生威胁感、剥夺感，老板自尊受损，又不愿功臣成为负担，从私心考虑，于是不得不假借各种名目把功臣“杀”了。说句老实话，有时候“功臣”还不得不杀，因为有些功臣在立下“战功”后，会认为自己的功劳天大地大，其嚣张跋扈会成为大局的危险因素，杀了他，

反而可使大局清明稳定。所以“杀功臣”这件事并不见得都应受到责备。

不过，再怎么说，“杀功臣”之事总是令人伤感的，而一个人若有能力，也不必避讳当“功臣”，倒是“天下”打下来之时，自己的态度要有所调整:

（1）急流勇退，另谋出路

功臣被杀的可能性永远存在，因此不如在老板“还珍惜”你时，以最光荣、风光的方式离开，为自己寻找另一片天空。也许你走不掉，至少这个“退的动作”也是表态，老板会欣赏你这个举动的。

（2）隐姓埋名，不提当年勇

也就是说，如今只有老板的名字，你的名字“消失”了，一切“荣耀”归于“老板”，你从此“没有声音”。也不可提当年勇，你一提，不就在和老板争风头吗？他是不会高兴你这么做的。

（3）淡泊明志，终生为“臣”

利用各种时机表现自己的“胸无大志”，无自立为“王”的野心，愿永远做老板的人。你若野心勃勃，老板怕控制不了你，又怕商机被夺，迟早会对你下“毒手”。

（4）与时俱进，自显价值

很多“功臣”认为“理所应得”很多利益而不做事。然后成为退化的一群，因而被“杀”。因此要保全，必须随时显露自己的价值，让老板觉得少不得你，否则一旦成为“废物”，就会被当成“垃圾”丢掉，谁还会在乎你曾是“功臣”呢？

当“老板”不得不肯定你的功绩的时候，你就该小心了，千万别犯高先生那样的错误，要记住不是每个人都能跟你共富贵的。

8. 怎样对待言不由衷的恭维

人人都喜欢别人赞美自己，于是有的人就利用人们的这一心理特点，布下一个个甜美的陷阱。他们奖励你的错误，赞美你的缺点，对你的一切行为都不加选择地赞美。很多人都因为沉浸在甜言蜜语里而迷失了自己。

在古朴宁静的乡村里，有一棵枝叶茂盛的大榕树，榕树下摆有几张石椅，这里是村民夏日纳凉的最好去处。

一天中午，有个满头白发的老人正在树下乘凉。在阵阵微风吹拂下，老人忍不住昏昏欲睡。

忽然，有水滴从天而降，淋湿了老人。

他抬头一看，原来不是雨滴，而是树上有个小男孩正在他的头上撒尿，还恶狠狠地扮了一个鬼脸。

“臭小子，你居然在我头上撒尿！下来，看我不揍你一顿才怪！”老人指着小男孩大骂，还气得浑身发抖。

谁知小男孩一点也不害怕，还顽皮地吐舌道：“嘻嘻，我才不怕你呢！有本事，你爬上来啊！”

老人气得说不出话来，隔了一会儿，只见他颤抖着手，从口袋里拿了一张10元纸币放在石椅上，还皮笑肉不笑地说：“好小子，你有种！算我服了你，小小年纪就天不怕地不怕，将来一定有出息！天气这么热，这10块钱我请你吃一根雪糕吧！”

老人说完后，便拄着拐杖，头也不回地走了。

等老人一走远，小男孩便利落地从树上跳下来，开心地拿起老人留下的10元钱，心想：“在人家头上撒尿，还能得到钱，这个游戏不错！”

尝到甜头的男孩，第二天故伎重施。这回，树下是一个中年人，小男孩照例对准他的头上撒尿。

看着树下气得七窍生烟的中年人，这个顽皮的小男孩又挑衅地说：“有本事你上来啊！”

没想到这个中年人二话不说，立即爬到树上，将小男孩揪了下来，狠狠地痛打了他一顿。

每个人都喜欢被赞美，然而，在这么多歌功颂德的赞美词里，我们是否能认清哪些是发自真心？还是大多数都只是些客套话？

过度的赞美是一种虚伪的表现，所以不要只挑好听的话听，也不要老是沉浸在甜言蜜语里，因为这些都会使我们迷失方向。

《莫斯科时报》曾刊登了一则报道，透露了一则趣事。

报道里提到，有一年，俄罗斯总统叶利钦决定，这年夏天要在邻近芬兰的度假胜地卡雷利亚的北部度假，而且在这段休息时间内，他每天都会去钓鱼。

接到消息的当地官员，为确保总统能够钓到鱼，便暗中在乌克苏泽罗湖里放入了一万条鱼。

这个消息是卡雷利亚渔业委员会的一名官员透露的，他说："这是市政府为确保总统能愉快地度假，要求我们做的。"

这名官员还得意地说："其实，叶利钦总统一点也不擅长钓鱼。不过，第一天他居然钓到了20多条鱼，第二天他更是钓到了30多条鱼，这样的钓鱼技术令当地的渔民惊讶不已，也获得众人一致的赞美。"

当然，关于这个安排，叶利钦本人事先毫不知情，因此还为自己的杰出表现感到沾沾自喜。

这就像老布什总统卸任后，有一天突然有感而发地说："自从卸职后，我才发现，比我会打高尔夫球的人居然这么多。"

莎士比亚曾说："对你恭维不离口的人，不一定是真正的患难朋友！"

就像老布什在卸任后的体会，当人们有求于我们，或是对我们别有企图时，他对待我们的方式，只有"迎合"两个字。于是，我们在"迎合"的遮掩下，看不见自己的缺点，也无法让自己有任何成长。

所以，我们必须试着保持客观的判断力，听出人们赞美的虚实，只有这样我们才不会被甜言蜜语所蒙蔽。

言不由衷的夸大赞美，是许多喜欢奉承的人惯用的方式。过度赞美别人会损害我们的人格，不加选择地接受赞美会给我们带来无法弥补的严重后果。所以给人适度的赞美和懂得聆听真心的赞美，对每个人来说都是非常重要的。

第十七章　心态超然　轻装上阵

大诗人白居易曾放言：“达则兼济天下，穷则独善其身”。当远大的理想难以实现时，不妨退而求其次，卸掉身上所载负的包袱，以超然的态度面对一切，在处世过程中让自己轻装上阵，一方面活得不必太沉重，一方面反倒可能收获更多。这也是对低调做人的另一种解读。

1. 名利之心不能太盛

很多人总是把得失看得太重，把名利看得太重，期望自己位高权重，期望能拥有万贯家财。这样通常会备受名利折磨，轻者身心劳累，重者害人害己。实际上，如此一来处世的起点就偏离了正确的方向。

生活中，有些人拥有金钱，但却没有快乐，他们对金钱垂涎三尺，整日挖空心思、千方百计想要得到它，以至于身心劳累。

四大吝啬鬼之一的严监生，都快死了，已经讲不出话来了，还是瞪大着两眼，直竖着两根指头不肯咽气。像他这样的人，绞尽了脑汁，“辛苦”经营了一辈子，挣下了万贯的家财，本来是可以带着“成就感”心满意足地去的，可是他却死活不肯咽下最后一口气。旁边的族人皆不明白严监生直竖的两根指头到底是什么意思，最后还是他的小儿媳妇机灵，因为她发现严监生的两眼死死地瞪着桌旁的油灯。油灯里燃着两根灯草，严监生伸着两根指头不就是不满意燃着的两根灯草吗？按照严家的规矩，本着“节俭”的原则，应该熄掉一根灯草才是。于是小儿媳妇赶紧跑过去熄掉了一根灯草。这招真是灵验，一根灯草刚熄，严监生就咽气了。

世上类似于严监生这样，临死了还被自己无尽的贪欲折磨着的人虽然不多，但是为了名、为了利，整日处心积虑，乃至不择手段的人实在是太多了。得到了名利也许能给人短暂的满足和快乐，然而名利如浮云，能够得到它，也会不留一丝痕迹地失去它。失去了名利之后，所剩下的只有深深的遗憾。生命对每一个人来说就是一张单程旅行，没有回头路可走。所以，尽量使自己的灵魂沉浸在轻松、自在的状态，这是最好不过的。

严监生还只是小贪，胡长清之流却是大贪。胡长清，身居副省长的要职，要名有名、要利有利之人，却还是感到极端的不满足。他嫌副省长之名太过严肃，也想附庸风雅，来个青史留名。他觉得作为一个领导，到哪儿都少不了给人家题词，这可是留下墨宝、青史留名的好机会，于是他在这方面下起功夫来。社会上不少善于钻营溜须拍马之人摸透了胡长清的心思，在付出了极大的代价讨得胡副省长的“墨宝”之后赞不绝口，弄得胡长清飘飘然起来，还真以为他胡长清除了当副省长之外还应该至少当个书法家协会副理事长才行。更为可笑的是，痴于虚名到了极点的胡长清，在锒铛入狱之后，得知自己罪大恶极，民愤极大，不久就要被枪毙，还跪在狱警面前，痛哭流涕地对狱警说他不想死，他愿意坐牢，在牢中他会给狱警们写书法，让狱警们拿着他的“墨宝”去卖个好价钱。瞧，贪得无厌的胡长清，死到临头了还在做梦。他不知道，自他犯事之日起，他以前所有留下的“墨宝”，早不知让别人扔到哪个垃圾堆里去了。可叹一个胡长清，好不容易当上了副省长，却怎么也摆脱不了自己无尽欲望的控制，要钱不怕多，要名嫌名小，最终落得个遗臭万年的可悲下场。这就是最典型的因名利之心过重致使心态失衡，最终导致处世之道的紊乱而招祸。

人人都有名利之心，这是不可避免的，但是一个人要求富贵，必须得之有道，持之有度。就生活的价值而言，如果我们能够体味人生的酸甜苦辣，没有虚度时光，心灵从容充实，则不管我们是贫还是富皆可以满意了。

富贵荣华生不带来，死不带走。如果我们看破了这一点，对于世间的荣华富贵不执著和贪恋，则我们的心胸自然就会平静如水。

现代人大多很浮躁，总是费尽心机地追逐金钱和地位，一旦愿望实现不了，便口出怨言，甚至生出不良之心，采用不义手段来为自己谋利，到头来只会因此害了自己。庄子曾说过：“不为轩冕肆志，不为穷约趋俗，其乐彼与此同，故无忧而已矣。”这句话大意是说那些不追求官爵的人，不会因为高官厚禄而沾沾自喜，也不会因为穷困潦倒、前途无望而趋炎附势、随波逐流，在荣辱面前一样达观，所以他也就无所谓忧愁。庄子主张“至誉无誉”，在他看来，最大的荣誉就是没有荣誉。尽管庄子的“无欲”、“无誉”观有许多偏激之处，但是当我们为官爵所累、为金钱所累的时候，何不从庄子的训喻中发掘一点值得效法和借鉴的东西呢？

其实人活着就是为了享受快乐，但生活中很多人由于贪心过重，为外物所役使，终日奔波于名利场中，每天抑郁沉闷，不知人生之乐。我们不妨花点时间，平心静气地审视一下自己，是否在心中藏着许多欲求而不可得的小秘密，是否常常被这些或名或利的欲望搅得心烦意乱。心中有点小

秘密是正常的，因为每个人总会有着这样或那样的欲求，只不过有的人懂得如何正确地面对这些正当或者不正当的欲求：正当的欲求，他会尽量去实现，实在凭自己的能力实现不了的，他也会平心静气地面对这样的事实；不正当的欲求，他会为此而感到内疚，感到惭愧，会在心底检讨自己，不会发展到为了这样的欲求而不择手段的地步。但也有人不会控制自己的名利之心，结果贻误了自己，毁了自己的一生。你所要做的就是做出明智的选择：做一个能够控制欲望的人。

2. 活得从容就要看淡名利

名利是一个非常富有吸引力的字眼，同时也是许多人立足社会、搏击人生的主动力。自古以来，功名利禄就是一些人的人生奋斗目标。有多少人为了光宗耀祖、福荫万世而削尖了脑袋挤仕宦之途，又有多少人因为人生的不得意而郁郁寡欢。综观古今，在这个世界上，春风得意、踌躇满志的人毕竟还是少数，历史上留下来的更多的还是众多为名和利所困扰、所击败的悲剧。生活的道路本来是很宽阔的，人生的价值也并不全是能够用名和利来衡量的，因此，若想活得轻松自如些，你就应该看淡名利，活出生活的本色来。

如果一个人心中的欲望是很有限的，那么对于他来说，外界获得的东西是多是少都与自己无关，少了不足以产生内心的不平衡，而多了也不会助长自己的欲望。而假若一个人心中时刻充满着无尽的欲望，那么他永远也不会有舒心的时候。名轻利少则一心想着往上爬、挣大钱，名成利收之后，欲望却又会再一次膨胀。如此循环下去，永远追求着名利，直至生命的尽头仍然不知满足。这样的生命还能有多大意义？

一个人如若养成看淡名利的人生态度，那么面对生活，他也就更易于找到乐观的一面。他所看到的是人生值得讴歌的部分，而对可望而不可及的空中楼阁没有兴趣。现代人面对着花花绿绿的精彩世界，更应当有淡名寡欲的思想，如此方能在纷繁的世界里，在众多的不公平中，在自己的心底，构筑一片宁静的田园。

要能够在纷繁的大千世界中始终保持着平和的心态，就要有穷通达观的人生态度。所谓穷通达观的人生态度，就是指“穷亦乐，通亦乐”：身处贫穷之中能够找到生活的乐趣，感到快乐；身处富裕之中也能够心态平和，享受生活之乐。说到底，我们应该始终保持乐观的生活态度，采取一种顺应命运、随遇而安的生活方式，那么不管是处于顺境还是逆境，我们都能过快乐的、自由自在的生活而不会庸人自扰，不会羡慕那些有钱的大款，不会抱怨自己的命不好。

一对夫妻年轻时共同创业，到了中年终于小有成就，公司净资产有一千多万元，而且发展势头良好。提起这对夫妻，商界的人都伸大拇指。然而就在他们的事业如日中天的时候，二人却隐退了。他们辞去了董事长、总经理的位置，将大部分股份卖给一个他们平时就很欣赏的企业家，将房子和车委托给好朋友照管，两个人就潇洒地环游世界去了。消息传出后，大家都觉得太可惜，一些亲戚朋友也不理解，讽刺他们说：“年龄这么大了，办事却像小孩子一样，那么大的家业说丢就丢，放着好好的老总不做，偏要去环游世界！”

在一些人眼里，这对夫妻确实傻得可以，竟然真的就这样抛下名利，从此以后，他们再也体验不到当老总被前呼后拥的风光，大把大把赚钱的乐趣了。其实，这对夫妻才是真正的聪明人，他们抛弃了虚名浮利，却得到了生活的真正乐趣。

名，是一种荣誉，一种地位。有了名，通常可以万事亨通，光宗耀祖。名这东西确实能给人带来诸多好处，因而不少人为了一时的虚名所带来的好处，会忘我地去追求名。

然而，沉溺于名会让你找不到充实感，让你备感生活的空虚与落寞。尤为可怕的是，虚名在凡人看来往往闪耀着耀眼的光芒，引诱人去追逐它。尽管虚名本身并无任何价值可言，也没有任何意义，但是总有那么一些人为了虚名而展开搏杀。真正体会到生命的意义、人生的真谛的人都不会看重虚名。其实，实在没有必要为了得到一个毫无价值、毫无意义的虚名而去勾心斗角，弄得邻里打得头破血流，朋友反目成仇，兄弟自相残杀。

钱，是一种财富，是让生活更加舒适的保证。有了钱，就可以住豪宅，

开名车，吃大餐，在一些人眼里，金钱甚至是一种带有魔力的、可以让人为所欲为的东西。

然而任何事情都有相反的一面，金钱也会给人带来很多麻烦。比如有了钱以后，就得为自己的安全担忧，谁知道是不是有人正打着“劫富济贫”的算盘；有了钱，就会失去很多朋友，可能会担心对方是不是冲着这些钱来的……

人的一生面临许多关卡，许多事情都是难以预料的。不管是名分地位还是财富，都不是自己所能决定的。人生活在这个社会中，不可能事事顺心。或许一生的努力都是徒劳，或许高官厚禄、巨额钱财在顷刻之间就会离去，荣耀风光成为黄粱一梦。一些人老谋深算，为了争名夺利，不择手段地算计他人。人何必活得这么辛苦，又何必活得这么低贱？因此，淡泊名利是人生幸福的重要前提。如果你渴望轻松，渴望真正地获得生命的意义，那么请记住——看淡名利。

如果你的心里还在为领导这次提拔了别人而没有提拔你感到忿忿不平，如果你还在因为与你一起购买体育彩票的邻居中了大奖而你却什么也没有得到久久不能释怀消气，那么看了上面的几个例子，你是不是觉得有所悟？其实，名利本来就是那么一回事。

其实，何必太醉心于名利，何必为了满足自己无止尽的欲望东奔西走，忙得唉声叹气！只要认真做好自己应该做的事，在知足中细细品味生活的乐趣，也就没有辜负自己的一生，没有白活一世。

3. 遗忘让你更快乐

上天赐给我们很多宝贵的礼物，其中之一即是“遗忘”。只是我们过度强调“记忆”的好处，却反而忽略了“遗忘”的功能与必要性。生活中，许多事需要你记忆，同样也有许多事需要你遗忘。

比如，失恋了，你总不能一直溺陷在忧郁与消沉的情境里，必须尽快遗忘；股票失利，损失了不少金钱，心情苦闷提不起精神，你也只有尝试着遗忘；期待已久的职位升迁，人事令发布后竟然没有你，情绪之低可想而知，解决之道别无他法——你只有勉强自己遗忘。

只有遗忘了那些不快，才会更好的前进。

然而想要遗忘，却不是想像中那么容易。遗忘是需要时间的。只不过，如果你连“想要遗忘”的意愿都没有，那么，时间也无能为力。

一般人往往很容易遗忘欢乐的时光，对于不快的经历却常常记起，这是对遗忘的一种抗拒。换言之，人们习惯于淡忘生命中美好的一切；但对于痛苦的记忆，却总是铭记在心。就如你吃过了糖会很快忘记甜，吃过了黄连却口有余苦。

一般人很少静下心来检查自己“已有的”或“曾经拥有的”，都总是“看到”或“想到”自己“失去的”或“没有的”。这样你就永远也难以遗忘。

的确，这一代的人，好像个个都太精明了。无论是待人或处世，很少检讨自己的缺点，总是记得“对方的不是”以及“自己的欲求”。其实到头来，还是很少如愿——因为，每个人的心态常彼此相克。

反之，如果这个社会中的每个人，都能够试图将对方的不是，及自己的欲求尽量遗忘，多多检讨自己并改善自己，那么，彼此之间将会产生良性的互补作用，这也才是每个人所乐见的。

有这样一个故事：有一次一位女士给了一个朋友三条缎带，希望他能送给别人。这位朋友送了两条给他不苟言笑、事事挑剔的上司，他觉得由于上司的严厉使他多学到许多东西，另外他还希望上司能把其中一条送给一个影响自己生命的人。

上司非常惊讶，因为所有的员工一向对他是敬而远之。他知道自己的人缘很差，没想到还有人会感念他严苛的态度，把它当作是正面的影响，而向他致谢，这使他的心顿时感动了一下。

这个上司一个下午都若有所思地坐在办公室里，而后他提早下班回家，把那条缎带给了他正值青少年期的儿子。他们父子关系一向不好，平时他忙着公务，不太顾家，对儿子也只有责备，很少赞赏。那天他怀着一颗歉疚的心，把缎带给了儿子，同时为自己一向的态度道歉，他告诉儿子，其实儿子的存在带给他这个父亲无限的喜悦与骄傲，尽管他从未称赞过儿子，也少有时间与儿子相处，但是他是十分爱儿子的，也以儿子为荣。

当他说完了这些话，儿子竟然号啕大哭。他对父亲说：他以为父亲一点也不在乎他，他觉得人生一点价值都没有，他不喜欢自己，恨自己不能讨父亲的欢心，正准备以自杀来结束痛苦的一生，没想到父亲的一番言语，打开了心结，也救了他一条性命。这位父亲吓得出了一身冷汗，自己差点失去了独生的儿子而不自知。从此他改变了自己的态度，调整了生活的重心，也重建了亲子关系，加强了儿子对自己的信心。就这样，整个家庭因为一条小小的缎带而彻底改观。

送人以缎带，证明你已遗忘了相处中所受的那些委屈和责难，忆起别人给你的快乐和益处。而受你缎带者却更能被你感动，看到你的心灵之美，由此爱你、助你。

4. 随时抛开坏心情

心情的好坏是由自己决定的，良好的心态会让你笑口常开，在遇到不如意的事时，你就会换种角度想问题，让快乐始终陪伴自己。

安徒生童话里有这样一个故事：

有一对清贫的乡下老夫妇，有一天他们想把家中惟一值点钱的一匹马拉到市场上去换点更有用的东西。老头牵着马去赶集了，他先与人换得一头母牛，又用母牛去换了一只羊，再用羊换来一只肥鹅，又用鹅换了母鸡，最后用母鸡换了别人的一口袋烂苹果。

在每次交换中，他都想给老伴一个惊喜。

当他扛着大袋子来到一家小酒店歇息时，遇上两个英国人。闲聊中他谈了自己赶集的经过，两个英国人听后哈哈大笑，说他回去准得挨老婆子一顿揍。老头子坚称绝对不会，英国人就用一袋金币打赌，三人于是一起回到老头子家中。

老太婆见老头子回来了，非常高兴，她兴奋地听着老头子讲赶集的经过。每听老头子讲到用一种东西换了另一种东西时，她都充满了对老头子的钦佩。

她嘴里不时地说着：

“哦，我们有牛奶了！”

“羊奶也同样好喝。”

“哦，鹅毛多漂亮！”

“哦，我们有鸡蛋吃了。”

最后听到老头子背回一袋已经开始腐烂的苹果时，她同样不愠不恼，大声说：“我们今晚就可以吃到苹果馅饼了！”

结果，两个英国人输掉了一袋金币。

看过故事，你可能会发现老婆子的心情一直都很好，不管老头子用一匹马换来换去，换到最后只换得一袋烂苹果，但她仍然没有生气，反而说：“我们今晚就可以吃到苹果馅饼了！”是的，就算你只能得到烂苹果又有什么关系？心情好才是最重要的。况且，一种好心情收获的是一个意想不到的惊喜，干么要让自己不高兴？

一个老太婆有两个女儿：大女儿卖遮阳伞，二女儿卖雨鞋。天晴的时候，老太婆愁二女儿的雨鞋卖不出去。天阴的时候，她又愁大女儿的伞卖不出去。所以她一直都愁眉苦脸，难得有高兴的时候。一个邻居见她这样就劝她说：“您应该想天晴的时候大女儿的伞好卖，天阴的时候二女儿的鞋好卖。”老太婆恍然大悟。

是啊，你只要肯换个角度想问题，调整一下心态，或者更动一下作息，就能让自己有新的心境。只要你肯稍作改变，就能抛开坏心情，迎接新的处境。

有个女人每天愁眉苦脸，很小的事情就会引起她的不安、紧张。孩子的成绩不好，会令她一整天忧心，先生几句无心的话也会让她黯然神伤。她说：“几乎每一件事情，都会在我的心中盘踞很久，造成坏心情，影响生活和工作。”

有一天，她有个重要的会议，但是沮丧的心情却挥之不去，整个人无精打采。她打电话给朋友，说：“我的心情沮丧，我的模样憔悴，没有精神，怎么去参加重要的会议？”

朋友告诉她：“把令你沮丧的事放下，把无精打采的愁容用水洗掉，修饰一下仪容以增强你的自信，想着自己就是得意快乐的人。注意！装成

高兴、充满自信的样子，你的心情就会好起来，很快地你就会谈笑风生，笑容可掬。”她试着按朋友的话去做，当天晚上在电话中告诉朋友说：“我成功地参加了这次会议，争取到新的计划和工作。我没想到强装信心，信心真的会来；装着好心情，坏心情会自然消失。”

人要懂得改变情绪，才能改变思想和行为。

人在心情不好的时候会不自觉地把坏心情抱得更紧；关门不跟人说话，噘着嘴生闷气，锁着眉头胡思乱想，结果心情更坏、更难过。所以，人要学会放下坏心情，拥抱好心情。

我们想拥有好心情，就得从原有的坏心情中解脱，从烦恼的死胡同中走出来。放下心情的包袱，好好检视清楚，看看哪些是事实，把它留下来，设法解决；哪些是垃圾，是给自己制造困扰的想法，把它扔掉。这样就能应付自如，带来好心情。

5. 松开手你会拥有更多

生活中，不管你有多努力，总会在不经意间失去某些东西，如果你只顾为失去的东西哀叹，那么你就将失去更多。要明白放弃是一种难得的智慧。

一位从事室内设计的工程师谈起关于简约的空间美学的话题时说：“就建筑或者室内设计而言，简约比复杂的难度还要高上许多，因为加上东西是容易的，可是要减掉东西，却需要更多、更敏锐的美学素养与判断。”

其实，要懂得放弃、放掉的智慧，何止是在空间设计上困难而已。在人生之中，它是更大、更深的课题。从呱呱落地开始，我们一直学习的都是用加法来面对人生的课题。从生理上的吃饭、长大；心理感情上得到的爱与关怀；知识上的不断学习与吸收，到物质或成就上的累积成长。可是，这样的加法却在许多时候，成为让我们困惑、停滞的关键。因为加法并不是面对人生课题时惟一的方法，有些时候，你必须用“减法”才能够解得开。而所谓的减法，正是放手的艺术。

在《卧虎藏龙》里李慕白对师妹说："把手握紧，什么都没有，但把手张开就可以拥有一切。"以退为进的道理谁都知道，可身体力行，却是困难的。

给你一道测试题：在一个暴风雨的夜里，你驾车经过一个车站。车站上有三个人在等巴士，其中一个是病得快死的老妇人，一个是曾经救过你命的医生，还有一个是你长久以来的梦中情人。如果你只能带走其中一个乘客，你会选择哪一个？

很多看过这个测试题的人都只选了其中的一个选项，事实上最理想的答案是：把车钥匙交给医生，让医生带老人去医院，然后和自己的梦中情人一起等巴士。

生活中的你是不是从来不想放弃任何好处，就像不愿放弃那把车钥匙？其实，有时候，如果放弃一些利益，我们反而可以得到更多。

"鱼，我所欲为，熊掌亦我所欲也。"无论你的选择什么，都注定会失去一些东西，也注定会在失去的同时获得一些东西。虽然有些东西，你以为这次放弃了，就再也不会出现，可当你真的错过了，你会发现它在日后仍然不断出现，就像当初它来到你身边时那样。所以那些你在不经意间所失去的并不重要的东西，完全可以重新取回来。

如果摆在你面前的都是重要的东西，那也没关系，看看贝尔纳给你的答案。

贝尔纳是法国著名的作家，一生创作了大量的小说和剧本，在法国影剧史上占有特殊的地位。有一次，法国一家报纸进行了一次有奖智力竞赛，其中有这样一个题目：如果法国最大的博物馆卢浮宫失火了，当时只能抢救出一幅画，你会抢救哪一幅？结果在该报收到的成千上万个回答中，贝尔纳以最佳答案获得该题的奖金。他的回答是："我抢离出口最近的那幅画。"

这个故事告诉我们这样一个道理：成功的最佳目标不是最有价值的那个，而是最有可能实现的那个。人的本质都是贪婪的，但一定要记住"有所得必有所失"，这才是真正的生活。学会松开你的手，才会抓住更好的东西。

6. 学会割舍才能享受更大的自由

《时代杂志》曾经报道过一则封面故事“昏睡的美国人”，大概的意思是说，很多美国人都很难体会“完全清醒”是一种什么样的感觉。因为他们不是忙得没有空闲，就是有太多做不完的事。

美国人终年昏睡不已，听起来有点不可思议。不过，这并不是好玩的笑话，而是一个极为严肃的课题。

仔细想一想，你一年之中是不是也像美国人一样，没多少时间是“清醒”的？每天熬夜、加班、开会，还有那些没完没了的家务，几乎占据了你所有的时间。有多少次，你可以从容地和家人一起吃晚饭？有多少个夜晚，你可以不担心明天的业务报告，安安稳稳地睡个好觉？

并且在大多数的时候，你都无法专心，总是担心这个、害怕那个。要不，就是想要这个，但又觉得那个也不错，贪心地想将所有的东西一网打尽。

这正是现代人共同的写照：一心可以数用。在这里却有大部分人已经高估了自己的能力，以为自己无所不能，可以手脚并用同时完成很多事。

应接不暇的杂务明显成为日益艰巨的挑战。许多人整日行色匆匆，疲态毕露。放眼四周，“我好忙”似乎成为大家共同的口头禅，忙是正常，不忙是不正常。试问，还有在日程表上能挤出空档的人吗？

美国作家杰夫·戴维森形容“狂乱湍流正袭卷着当今每个人的生活”。他引用了著名的趋势预言家托夫勒在1970年出版的著作《未来冲击》中所说的一段话：“人们将成为选择泛滥的奴隶……”然而，太多的选择也同时威胁着人们心灵的悠游空间，带来更大的焦虑，令人觉得时间与自由受到剥夺。

不幸被托夫勒先生说中，太多的选择让人们分心。一心数用的结果：你不能专心地做好每一件事，不能思考、不能交谈、不能运动、不能休闲……据托夫勒预言，即便是一家团聚，也要提前预约。

奇怪的是，尽管大多数人都已经忙昏了，每天为了“该选择做什么”觉得无所适从，但绝大多数的人还是认为“不够”。这是最常听见的说法：“我如果有更多的时间就好了”、“我如果能赚更多的钱就好了”，好像很少听到有人说：“我已经够了，我想要得更少！”

正如托夫勒所言，太多选择的结果，往往是变成无可选择。即使是芝麻绿豆大的事，都在拼命消耗人们的精力。根据一份调查，有 50% 的美国人承认，每天为了选择医生、旅游地点、该穿什么衣服而伤透脑筋。

如果你的生活也不自觉地陷入这种境地，你要来个“清理门户”的行动。以下有三种选择：①面面俱到，对每一件事都采取行动，直到把自己累死为止；②重新整理，改变事情的先后顺序，重要的先做，不重要的慢慢再说；③丢弃，你会发现，丢掉的某些东西，其实你一辈子都不会再需要它们。

当你发现自己被四面八方的各种琐事捆绑得动弹不得的时候，难道你不想知道是谁造成今天这个局面？是谁让你昏睡不已？原因很简单——是你，不是别人。所以，是你对它们负责，而不是要它们来对你负责。

昏睡中忙碌着的你我，必须学会割舍，才能清醒地活着，也才能享受更大的自由。

7. 工作要进得去出得来

“一头栽进去”，是很多人恋爱时都会经历的过程。但是你可知道，就像爱情一样，工作也能让人在不知不觉中陷入“无法自拔”的境地。

你每天的工作不一定只有 8 小时。虽然说，一般认为上班族的工作时间是早上 9 点到下午 5 点，但是，不遵守“规定”的大有人在。只要放眼望去，随处都可以发现许多的企业老板、律师、会计师、专业人员、中介经理人甚至自由工作者，在他们的时间表里，绝对没有所谓的“准时下班”。

在这个以工作为导向的社会里，制造了无数对工作狂热的人。他们没日没夜地工作，整日把自己压缩在高度的紧张状态中。每天只要睁开眼睛，就有一大堆工作等着他们。

有很多工作狂最讨厌节日，尤其是放长假，对他们而言，简直就是一种折磨。只要一闲下来，他们就会闷得发慌，恨不得赶紧逃回办公室去。

其实，工作狂不单单指做事的状态，也是一种心理的状态。据心理研究人员分析，具有工作狂特质的人大都是目标导向的完善主义者。他们一

切以原则挂帅，企图从工作中获得主宰权、成就感与满足感，任由生活完全受工作支配。他们相信只有工作才是一切意义的所在，活动、人际关系对他来讲都是无关紧要的。

表面看来，工作狂似乎别无选择，他就是无法让自己停下来；他们以为，一旦放松就是投降，表示自己认输。他们的这种心态，不论是对自己还是周围共事的人，都造成相当严重的困扰。

美国有位专门研究工作狂的心理医师杰·罗里奇，根据他的观察：绝大多数沉溺于工作的工作狂，往往不是那些需要殚精竭虑、必须靠出卖劳力以求生存的人。

当走进社会，从第一天工作开始，吉列公司香港区经理麦斯礼心里就只有一个目标——希望自己在30岁的时候能获得一个好的位置。由于急于求表现，他几乎是拼了命工作。别人要求100分，他非要做到120分不可，总是超过别人的预期。

29岁那年，麦斯礼果真坐到了主管的位置，比他预期的时间还提早了一年。不过，他并没有因此而放慢脚步，反而认为是冲向另一个阶段的开始，工作态度也变得更“狂”了。

那段时间，麦斯礼整个心思完全放在工作上，不论吃饭、走路、睡觉几乎都在想工作，其他的事一概不过问。对他而言，下班回家，只不过是转换另一个工作场所而已。

拼命工作的结果不仅使他与家人产生了距离，与员工更是形成了对立的局面。而他自己，其实过得也并不快乐，常常感觉处在心力交瘁的状态。

当时，麦斯礼不认为自己有错，觉得自己做得理所当然；反而责怪别人不知体谅，不肯全力配合。不过，慢慢地他发现，纵然自己尽了全力，却老是追不到自己想要的。

35岁以后，麦斯礼才开始领悟，过去的态度有很大的偏差，处处以工作成就为第一，没有想到工作只是人生的一部分，而不是全部。虽然，口口声声说是为了别人，但其实是为了掩盖自己追求虚荣找借口。

麦斯礼不否认“人应该努力工作”。但是，在追求个人成就的同时，不应该舍弃均衡的生活；否则，就称不上“完整”的人生。

重新调整之后，麦斯礼发现比较喜欢现在的自己，爱家、爱小孩，还有自己热衷的嗜好。他没想到这些过去不屑、认为浪费时间的事，现在却让他得到非常大的满足。对于工作，他还是很努力，至于结果，一切随缘。

8. 寻找心灵与精神的支点

当今社会，大多数人都被这色彩缤纷的物质世界所引诱，在这看似平静、暗藏汹涌的迷幻世界中迷失了方向。那么如何能在竞争激烈的市场中把握心灵与精神的支点，求得人生与环境的平衡？松下公司的创始人为我们做出了榜样。

现代市场瞬息万变，商场更是跌宕起伏。凡在商界立足的人，都在经受潮起潮落的考验、顺势逆势的煎熬。一时间也许捷报频传，战况尤佳，前途光明；转眼间，形势急剧下降，市场萎缩，资金困难，人才流失，疲惫不堪。

在此种情况下，大部分商人为寻求心灵上的平静和安慰，他们虔诚地去求神拜佛，就像西方人虔诚地走进教堂一样。特别是在港台及华裔商人中表现得更加明显。很难将这种方式归类到迷信里，它只不过是一种聊以自慰的信仰，寻求心灵和精神上的寄托和支点。因为商人是务实的，他们无非是想在世俗中找到一块宁静的绿地，这也是中国传统文化中超凡脱俗、宁静淡泊理想的人格在现代商人身上的折射。

随着松下电器风靡全球，松下幸之助也被誉为“经营之神”。其实，松下是人并不是神。创业之初，松下时常被商务上的各种困难和矛盾所困扰，难以自拔，加上体弱多病，神经衰弱，身心疲惫，烦躁不安。就在松下临近不惑之年时，遇上了“精神教父”加藤大观先生，松下从此拥有了心灵和精神上的支撑。

加藤先生是佛教真言宗和尚，从小在真言宗寺庙长大。他 30 岁时大病一场，3 年不能站立。病愈后，他自认是靠佛的力量战胜病魔的，自此皈依真言宗，获得度牒。加藤并不长住寺院，他常给企业当参谋、做顾问。

松下与加藤二人真是有缘，一个视之为“精神教父”，一个认定为根

器不劣的弟子。有一次，二人同室而居。一大早，松下告诉加藤先生，自己总是失眠。加藤对松下说："失眠是痛苦的。虽然我已 70 岁了，但一躺下去就呼呼大睡。你有大事业而心烦意乱，我两袖清风却心静气和，那说到底谁才是人生的成功者呢？"加藤劝松下应节制欲念，修身养性，提炼理念。当时，松下浑浑噩噩，似懂非懂。加藤则不失时机地说教，将东方先哲的至理名言"无欲则刚"，"无为而无不为"，"虚怀若谷，心旷似海"，"淡泊以明志，宁静以致远"化作甘露般流入了松下干枯的心田。在加藤的启蒙点化下，松下长期修炼，在松下后半生里，不仅事业蒸蒸日上，而且生命之树常青。他一反年轻时那种对生命所持的悲观态度，转向豁达、乐观、向上，甚至期望做一个跨越 20 世纪的人。松下于 1989 年与世长辞，享年 96 岁。

松下一生福禄双收。他成功的因素也是多方面的，其中与受加藤先生的指教、点拨密切相关。每当松下遇到挫折和烦恼，常会向加藤先生叙说、求教。但加藤先生极少向松下提供具体措施和方案，总是给他讲人生哲理、处世哲学，提供精神力量，使之有所傍依，使他从繁杂的商务涡流中摆脱出来，从另一个角度，用另一个方法重新思考再做判断。松下曾说："一个将军要赢得最后的胜利，除了千军万马，最重要的还得有个军师。而加藤先生便是我最重要的参谋。"更确切地说，加藤更多的是松下精神上的教父、心灵上的依托。

松下把加藤先生敬若神明。同时，他也从实践中认识到：世上并没有神，只有富有远见和充满智慧的人。精神上的贫穷、空虚要比物质上的贫乏、短缺更可怕，更危险。真正有智慧者应该学会随时反观自身，每天都放弃一个过去的我，每天都让一个全新的我诞生。

9. 做工作与生活的双重赢家

多数人的人格都是分裂的，我们的身体里至少有两个敌对的自我，一个想要退隐山林种番茄，另一个却想成为一个伟人。

你会不会觉得自己像“双面人”一样，对一件事想放弃却又有许多的不舍，内心的两个声音在不停地挣扎？

“工作”和“生活”的不相容，使“双面人”有着莫大的苦恼。既想在工作上做出一番令人刮目相看的成就，又想过着自在惬意的生活。结果总是两头不讨好，最终一事无成。

你会不会觉得，白天的工作已经把你变成一只好斗的“斗鱼”，看到别人猛力冲撞，你不甘示弱地奋起直追。可是，一旦摘下“斗鱼”面具，你已是又累又倦，只想好好地睡一觉，到海边钓鱼，或者什么事都不做，只是愣愣地对着窗口发呆。

有一句名言是这样说的：“工作可以使一个人高贵，但也可能把他变成禽兽。”这句话也可能是你的写照。意气风发的时候，你觉得自己仿佛可以征服天下；沮丧疲惫的时候，你看你自己可能连一只小蚂蚁都不如。

同样一个人，如此纠葛不清的原因很可能是把“工作”与“生活”混为一谈。说开了，工作就是工作，生活就是生活，如果错把谋生的工具当成人生的目标，而且太倚它为重，到头来只有作茧自缚的下场。

“工作”与“生活”应该用两种不同的态度来看待。工作上，你是医生、教师或是一个企业家，而你在扮演的只是“职务”这个角色；而回到现实生活里，你要扮演的却是真实的“自我”。

虽然说，人能做自己最喜欢的事，便是最大的福分。然而，事与愿违，有很多人事实上都是“做了自己不喜欢的事”。并不是每一个人都能幸运地从工作中得到自我满足感，工作的目的仅仅是为了糊口而已，他们实在没有办法一边快乐地唱着歌、一边工作。

做着自己不喜欢的事，为了生计又不能辞职，那么别忘了，下了班之后要把自己“拉”回来！除了工作之外，你应该还有其他人生的目标，一些希望完成的事，例如，你想在阳台上种番茄，想到海边钓鱼。不要迟疑，赶紧动手吧！除了工作之外，生活依然属于你自己，不要忘了为自己的快乐而奋斗！

做“双面人”时同样可以将自己塑造成“双赢人”。工作上是赢家，生活中也是赢家。不管你有过多少丰功伟业，不管你是不是受人注目，回到生活里就把它忘掉吧！其实，世上大多数人的人生目标都很简单：平安

地活着，拥有幸福的家庭，做一点让自己开心的事，就足够了！

人们生而有欲又从不加以限制，致使现代社会的大多数人都不约而同地追求欲望的满足，于是，无休止的竞技争斗和自我欲望的无限膨胀也就应运而生。有人将获取无限财富，并跻身于世界十富的排行榜，视做自己一生的奋斗目标；有人声色犬马、日耗斗金，过着奢靡得不能再奢靡的生活；还有人为了名声地位、出人头地，以至于竭思尽虑、无所不用其极。

林语堂即是一个充满欲望的人，无论工作、金钱、感情和饮食上他都有着强烈的需求，但与众不同的是，他对这些欲望常常加以限制，这就带来了林语堂人生追求的“中庸”性质，即“半半哲学”的人生观。

林语堂深受儒家学派思想的影响，特别是孔子，所以林语堂对中庸思想推崇备至，他说：“我像所有的中国人一样，相信中庸之道。”林语堂还非常喜欢清代李模（密庵）那首《半字歌》，认为它最好地反映了自己的人生理想。这首《半字歌》写道：“看破浮生过半，半之受用无边。半中岁月尽幽闲，半里乾坤宽展。半郭半乡村舍，半山半水田园。半耕半读半经廛，半士半姻民眷。半雅半粗器具，半华半实庭轩。衾裳半素半轻鲜，肴馔半丰半俭。童仆半能半拙，妻儿半朴半贤。心情半佛半神仙，姓字半藏半显。一半还之天地，让将一半人间。半思后代与沧田，半想阎罗怎见。饮酒半酣正好，花开半时偏妍。半帆张扇免翻颠，马放半缰稳便。半少却饶滋味，半多反厌纠缠。百年苦乐半相参，会占便宜只半。”这是对中庸哲学的形象阐释，它将天地人生的种种现象与关系写得绘声绘色，一览无余，其中在对天地万物的悲悯中又有着达观超然的人间情怀。

基于这一“半半哲学”思想，林语堂反对过于努力工作和过于慵懒闲适的生活态度，而提出了工作和休闲相结合的生活方式，那就是努力工作和尽情享受生活。他说：“我主张‘尽力工作尽情作乐’的人，英文只有work hard，play hard四字，这样才得生活之调剂，无意中得不少收获。”在林语堂笔下，他所崇拜的陈芸和姚木兰也是这样：她们知足常乐，对生活所求不多，平淡悠闲的田园生活最令她们感到惬意，即使是布衣菜饭，也自乐其中。林语堂认为还是张潮说得好：能闲人之所忙，然后能忙人之所闲。

其实，人生中存在着多个矛盾体，对每个矛盾体都应采取一种“半半哲学”的调和方法。因为人生永远有两个方面，工作与消遣、事业与游戏、应酬与燕居、守礼与陶情、拘泥与放逸、谨慎与潇洒。其原因就在于人之心灵总是一张一弛，若海之有潮汐，音之有节奏，天之有晴雨，时之有寒暑，日之有晦明。

林语堂将“半半哲学”运用到人生上，也为自己找到了一个有力的支点。他说：“我们承认世间非有几个超人——改变历史进化的探险家、征服者、大发明家、大总统、英雄——不可，但是最快乐的人还是那个中等阶级者，所赚的钱足以维持独立的生活，曾替人群做过一点点事情，可是不多；在社会上稍具名誉，可是不太显著。只有在这种环境之下，名字半隐半显，经济适度宽裕，生活逍遥自在，而不完全无忧无虑的那个时候，人类的精神才是最为快乐的，才是最成功的。”（《谁最会享受人生》）心态从容平静，精神饱满丰盈，生命充实内在，此种人生才值得一活。

人生苦短，最长命者亦不过百岁。以往我们的人生观可能比较注重不断地奋斗、获得，扼住命运的咽喉并与之抗争之精神，但却相对忽略了充分地体会人生，细细地咀嚼生命中的每一时刻。

凡事适可而止，欲念只求适度而已，不宜过火，太过犹如不及。对事情过分追求，效果反而不美。不如放宽胸怀，追求另一种残缺的美，这更能将美发挥得淋漓尽致。僵化的概念，只会把自己活生生地钉死在框子里，生命遂变得呆板乏味。

究竟要多少名、多少利，人才会有所满足？媒体的广泛传播，使人们很容易了解到各种阶层、各种身份的人如何争名逐利，又如何为了名利而身陷江湖，身不由己。看到那么多宦海浮沉、人情冷暖，应该想到，在名利之外，总是要为自己保留一些尊严。一介布衣不见得一定清寒，但绝对可有万丈豪气。

10. 不做金钱的仆人

无论在一种什么样的状况下，权利对人的诱惑力都很大，换句话说每一个人都崇拜权力。

你可以这样询问一个小孩子："你有低劣的心理吗？"他会望着你呆笑，因为他不懂其中的涵义。但是，你如果问他："将来你长大了，希望做一个什么样的人呢？"那他就会告诉你："我要做一个救火员！"因为在他的心目中，威严地坐在"叮当叮当"的救火车上，超过路上各种普通的车辆，那救火员实在是达到了人类最伟大事业的高点。所以他要做救火员，因为在他看来救火员有着代表最高权力的光荣。

美国是世界上"金钱万能"国家的先锋队。它向来没有世袭的权力，只要努力工作，善于经商、赚钱，有了钱，就可变为有权力者了。因为有了钱，随之而来的名誉、地位、安全、快乐都可以得到。在当初，金钱不过是用作达到拥有权力的目的的一种工具而已，后来却发展到金钱本身就是权力者了。

想为达到目的所利用的工具，摇身一变自己成为目的本身，人们也就为此深陷泥潭而无法自拔。因为在当初，用金钱来达到权力的目的时，它只是一种工具，所以大家容易获得它。现在，拥有金钱变成了目的时，它也就变成了主人。而在人类的历史之中，金钱是最无情、最残酷的奴隶驾驭者。

例如说，你要有 30000 元钱，于是你劳苦工作，苦干不止，目的就是赚得 30000 元钱。你会不顾一切地排除万难，即使对你身心有益的活动你也不会参加，吃饭时你也在狼吞虎咽，你拼命地挤时间，原因只有一个：赚钱。除了"钱"之外，别无可取，别无可谈：你毫不体贴你的妻子，对你的儿女也没有宠爱之心，即在打球玩牌的时候，你也不当作享乐而游戏，为的也是赚钱。总之，钱是你生活中的重心，而你惟一的兴趣是赚更多的钱。

经过诸多努力，你终于赚到了30000元钱。当银行里的职员交给你一张清单的时候，你便感到了得意。但是，这不过是很短促的兴奋，因为你不会有了钱去周游世界，或做许多新衣服，买一辆精美的汽车，因为你在拼命赚钱的过程之中早已忘记了生活的方式，变成了金钱的奴隶。你惟一喜欢干的是赚钱，于是你继续努力。其实，你钱越多，受钱的束缚压力就越大，而享受快乐的机会也随着钱的增多而减少，你的一切都完了！将来会和可怜的老皇帝麦达斯用他的点金术，把世间一切都点成了黄金，直点到鸡蛋和面包也变为硬质的金子不能入腹时，就只好饿死是一样的。

我曾看见有些享受世间物质上的快乐的人们却患上精神崩溃的病，我曾看见有些富得能买一个小国的财阀却买不到片刻的心境安定，这些人无法想通钱不是万能的。所以他们相信没有钱是不能生活的，然而当穷鬼来向他们求布施的时候，他们却是那么的愤怒。

总而言之，你如果要做一个快乐的人，一定要记住：金钱不是万能，不是权力；只是用来达到目的的一种工具罢了。若你不注意发展你的人格而只注重赚钱，那么，全世界银行金库里的钱也不够为你买到快乐！赚钱变为你的生活目的时，怕连你的生活也要保不住了。这个时候，你不放弃生活，生活也会放弃你！

11. 以淡泊之心处世

有几个爬山的人，见到山上有一个人站了很长时间也不动，他们非常好奇，就走过去问他。

“你是在欣赏这里的风景还是在等人？”

“不是。”

“那么，你累了吗？”

“没有。”

“既然什么都不是，那你为什么站在这里？”

“我只是在这儿站着。”

站着，未必就非得因为什么。什么也不为就没有得，也没有失。在禅宗看来，因为人们生活在“二元世界”里，就有了物与我的对立，就有了得失、美丑等等的是非判断。除去自我中心，抛开物我对立，你就是万物自然，你就是一。

庄子说：“至人无己。”

“无己”即破除自我中心，亦即扬弃功名束缚的小我，而达到与天地精神往来的境界。

从这里可以看出，庄子所主张的超脱，实际上是摆脱了一切之后的无知无欲，表现在人生理想上，那就是“无名”，即独与天地相往来的独善其身。

任何人也不能做到如庄子所言无知无欲而达到超脱，但效法天地之自然浑成，而注意自我心性的保持，能够超然物质欲求之外，也许，倒亦是颇为有益的境界。

关于此，庄子曾在“逍遥游”中讲了这样的寓言：

尧把天下让给许由，说：“日月都出来了，而烛火还不熄灭，要和日月比光，不是很难为吗？先生一在位，天下便可安定，而我还占着这个位，自己觉得很羞愧，请容我把天下让给你。”

许由说：“你治理天下，已经很安定了。而我还来代替你，为着名吗？是为着求宾位吗？小鸟在森林里筑巢，所需不过一枝；鼹鼠到河里饮水，所需不过满腹。你请回吧，我要天下做什么呢？”

这则寓言是说：天地之间广大无比，而在此之中，人所需又如此的渺小，拿自己的所需与天地相比那不是很可怜吗？那么何不效法天地之自然，而求得心性的自由和逍遥呢！

作为生命的个体，我们是淹没在万象的生命之中的。但亦正是作为个体，我们才时常能真切地感受到生命的世界所能具有的伟大和恢宏。

现代社会，人们越来越依附于文明所创造的一切。在我们看来，我们是与社会的联系更为密切了，但实际上，对物的依赖使我们与生命本然、万物自然的联系日趋减弱，人生命的联系已不是人与人，而是人与物。

自从你出生以后，就有很多东西标上了你的名字，如金钱物质，但这些东西果真是你的吗？

的确，有了金钱，可使生活更加安定，也可以使生活变得多姿多彩。

但尽管如此，有些人仍然不满足，只对贮积的增加引以为乐。我们不是为了金钱物质而生存着的，是为了生存才有必要拥有金钱物质；要活得像个人就不能成为金钱的奴隶，而应该有效地使用它，成为它的主人才对。

由于人们的欲望是无边无际的，难免多少有扩大的倾向，应该认清其界限，满足于目前所能拥有的，心存感谢之心。尽管在数量上攫取拥有了许多，但这未必就能带给自己幸福。

日本奈良东大寺的长老清水公照大师去德国旅行时，在晚宴上曾被某位德国人问道："何谓无？"面对这么难以回答的问题，大师却不慌不忙地拿起身旁的啤酒杯一口饮尽，然后施以日本式的礼节并说道："谢谢您的款待。"

通过翻译他解释道："肚子饿时任何东西都感到美味，这种空腹的状态就是无。"众人高兴地拍手对他表示赞佩。

在我们身旁有不少人拥有着一些自己并不需要的东西，而又在费尽脑汁想使这些东西能不灭反增。为了能脱离这种烦恼与拘束，与其整日担忧会失去，倒不如就让它失去吧！